UG NX 12完全实训手册

张云杰　编著

清华大学出版社

北　京

内 容 简 介

UG NX是美国著名的3D产品开发软件，因其强大的功能，已逐渐成为当今世界最为流行的CAD/CAM/CAE软件之一，产品的最新版本是UG NX 12（NX 1847）中文版。全书针对目前非常热门的UG NX技术，以详尽的视频教学讲解UG NX 12中文版的大量设计范例。全书共11章，通过288个范例，配以视频教学，从实用的角度介绍了UG NX 12中文版的设计方法。另外，本书还配备了包括大量模型图库、范例教学视频和网络资源介绍的海量教学资源。

本书内容丰富、通俗易懂、语言规范、实用性强，使读者能够快速、准确地掌握UG NX 12中文版的绘图方法与技巧，特别适合中、高级用户学习，是广大读者快速掌握UG NX 12中文版的实用指导书和工具手册，也可作为大专院校计算机辅助设计课程的指导教材。

图书在版编目(CIP)数据

UG NX 12 完全实训手册 / 张云杰编著 . —北京：清华大学出版社，2021.1（2023.9重印）
ISBN 978-7-302-56895-7

Ⅰ . ① U… Ⅱ . ①张… Ⅲ . ①计算机辅助设计－应用软件－手册 Ⅳ . ① TP391.72-62

中国版本图书馆 CIP 数据核字 (2020) 第 226854 号

责任编辑： 张彦青
封面设计： 李 坤
版式设计： 方加青
责任校对： 周剑云
责任印制： 丛怀宇

出版发行： 清华大学出版社
　　　　　 网　　　址：http://www.tup.com.cn，http://www.wqbook.com
　　　　　 地　　　址：北京清华大学学研大厦 A 座　　　　　　　 邮　　编：100084
　　　　　 社 总 机：010-83470000　　　　　　　　　　　　　 邮　　购：010-62786544
　　　　　 投稿与读者服务：010-62776969，c-service@tup.tsinghua.edu.cn
　　　　　 质 量 反 馈：010-62772015，zhiliang@tup.tsinghua.edu.cn
印 装 者： 三河市铭诚印务有限公司
经　　销： 全国新华书店
开　　本： 190mm×260mm　　　　 **印　　张：** 26.5　　　　 **字　　数：** 644 千字
版　　次： 2021 年 3 月第 1 版　　　 **印　　次：** 2023 年 9 月第 2 次印刷
定　　价： 78.00 元

产品编号：086816-01

前言 Preface

UG NX是Siemens公司出品的一个产品工程解决方案，它为用户的产品设计及加工过程提供了数字化造型和验证手段，是当前三维图形设计软件中使用最为广泛的应用软件之一，广泛应用于通用机械、模具、家电、汽车及航天领域。在UG NX 12后，软件命名不会再使用按顺序的方法，而是命名为NX 1847，业内将其约定俗称为NX 12。

为了使读者能更好地学习，同时尽快熟悉NX 12中文版的设计功能，云杰漫步科技CAX教研室根据多年在该领域的设计和教学经验，精心编写了本书。全书主要针对目前非常热门的NX 技术，以详尽的视频教学讲解大量的NX 12设计范例。全书共11章，通过288个范例，配以视频教学，从实用的角度介绍了NX 12中文版的设计方法。

云杰漫步科技CAX设计教研室长期从事UG NX的专业设计和教学，数年来承接了大量的项目，参与UG NX的教学和培训工作，积累了丰富的实践经验。本书就像一位专业设计师，将设计项目时的思路、流程、方法和技巧、操作步骤面对面地与读者交流。本书内容丰富、通俗易懂、语言规范、实用性强，使读者能够快速、准确地掌握NX 12中文版的绘图方法与技巧，特别适合中、高级用户的学习，是广大读者快速掌握NX 12中文版的实用指导书和工具手册，也可作为大专院校计算机辅助设计课程的指导教材。

本书还配备了包括大量模型图库、范例教学视频和网络资源介绍的海量教学资源，其中范例教学视频以多媒体方式进行了详尽的讲解，便于读者学习使用。另外，本书还提供了网络的免费技术支持，读者可以关注"云杰漫步科技"微信公众号，查看关于多媒体教学资源的使用方法和下载方法。也欢迎读者在云杰漫步多媒体科技的网上技术论坛进行交流，论坛分为多个专业的设计版块，可以为读者提供实时的软件技术支持，解答读者的疑问。

本书由云杰漫步科技CAX设计教研室编著，参加编写工作的有张云杰、靳翔、尚蕾、张云静、郝利剑等。书中的范例均由云杰漫步多媒体科技公司CAX设计教研室设计制作，由云杰漫步多媒体科技公司提供技术支持，同时要感谢出版社的编辑和老师们的大力协助。

由于本书编写时间紧张，编写人员的水平有限，因此在编写过程中难免有不足之处，在此，编写人员对广大用户表示歉意，望广大用户不吝赐教，对书中的不足之处给予指正。

编著者

目录 Contents

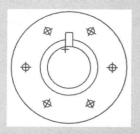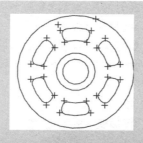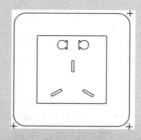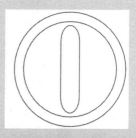

第1章　NX基础操作和草绘

第2章　实体特征设计

第3章　特征的操作和编辑

第4章 曲面设计

第5章 曲面编辑

第6章　装配设计

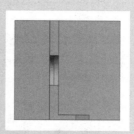
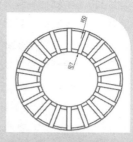

第7章　工程图设计

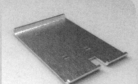

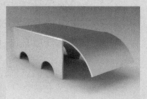

第8章　钣金设计

第9章 模具设计

 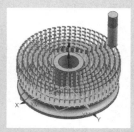  

第10章 数控加工

  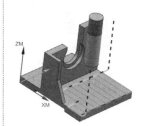 

第11章　综合实例

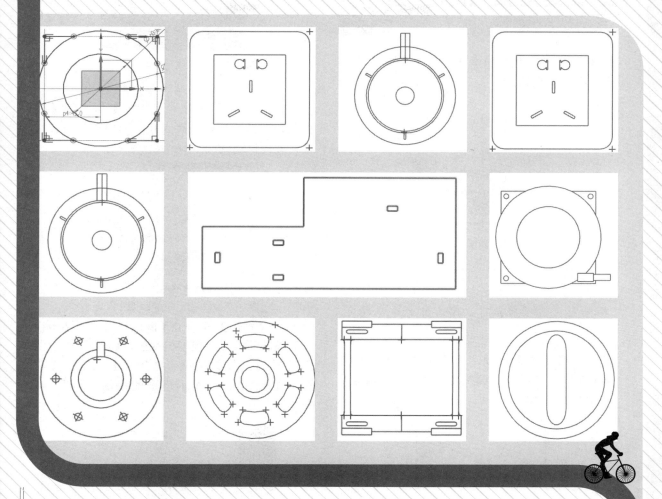

第 **1** 章　NX基础操作和草绘

导块视角操作

01 单击【主页】选项卡【直接草图】组中的
【生产线】按钮╱，绘制直线图形，如图1-1
所示。

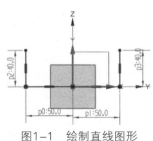

图1-1　绘制直线图形

> ◉提示·◦
>
> 　　三维造型生成之前需要绘制草图，草
> 图绘制完成以后，可以用实体命令生成实
> 体造型。

02 单击【主页】选项卡【直接草图】组中的
【生产线】按钮╱，绘制斜线图形，形成导块
的斜面槽，如图1-2所示。

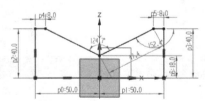

图1-2　绘制斜线图形

03 单击【主页】选项卡【特征】组中的【拉
伸】按钮🔲，拉伸距离为30，如图1-3所示。

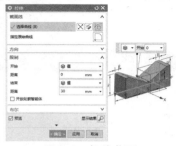

图1-3　拉伸草图

04 单击【主页】选项卡【直接草图】组中
的【矩形】按钮▢，绘制10×4的矩形，如
图1-4所示。

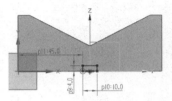

图1-4　绘制10×4的矩形

05 单击【主页】选项卡【特征】组中的【拉
伸】按钮🔲，拉伸距离为30，形成布尔减去特
征，如图1-5所示。

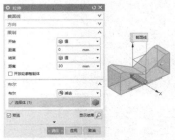

图1-5　拉伸草图

06 单击【视图】选项卡【操作】组中的【俯视
图】按钮🔲，显示模型俯视图，如图1-6所示。

07 单击【视图】选项卡【操作】组中的【前
视图】按钮🔲，显示模型前视图，如图1-7
所示。

图1-6　模型俯视图　　　图1-7　模型前视图

08 单击【视图】选项卡【操作】组中的【左
视图】按钮🔲，显示模型左视图，如图1-8
所示。

09 单击【视图】选项卡【操作】组中的【仰视
图】按钮🔲，显示模型仰视图，如图1-9所示。

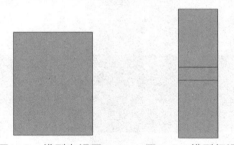

图1-8　模型左视图　　　图1-9　模型仰视图

10 单击【视图】选项卡【操作】组中的【正三轴测图】按钮 ，显示模型正三轴测图，如图1-10所示。

图1-10　模型正三轴测图

实例 002　创建模型基准
案例源文件：ywj/01/002.prt

01 单击【主页】选项卡【特征】组中的【基准平面】按钮 ◆，创建一定距离的基准平面，如图1-11所示。

图1-11　创建基准面

02 创建两平面夹角的基准平面，如图1-12所示。

图1-12　创建倾斜基准面

03 创建两直线确定的基准平面，如图1-13所示。

图1-13　创建两直线基准面

04 单击【主页】选项卡【特征】组中的【基准轴】按钮 ✎，创建直线上的基准轴，如图1-14所示。

图1-14　创建基准轴

05 创建点和方向确定的基准轴，如图1-15所示。

图1-15　创建点和方向确定的基准轴

06 创建两点确定的基准轴，如图1-16所示。

图1-16　创建两点确定的基准轴

07 单击【主页】选项卡【特征】组中的【基准坐标系】按钮 ⚒，创建动态基准坐标系，如图1-17所示。

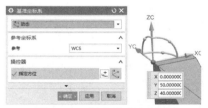

图1-17　创建动态坐标系

08 创建三平面确定的基准坐标系，如图1-18所示。至此完成模型的各基准创建，如图1-19所示。

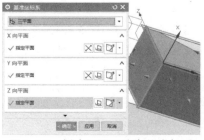

图1-18　创建三平面确定的坐标系

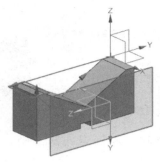

图1-19 完成基准创建的模型

实例 003

案例源文件: ywj/01/003.prt

绘制导板草图

01 单击【主页】选项卡【直接草图】组中的【矩形】按钮▢，绘制100×140的矩形，如图1-20所示。

> ◎提示·◦
>
> 　　利用草图，可以快速勾画出零件的二维轮廓曲线，再通过施加尺寸约束和几何约束，就可以精确确定轮廓曲线的尺寸、形状和位置等。

02 单击【主页】选项卡【直接草图】组中的【圆角】按钮⌐，绘制半径10的圆角，如图1-21所示。

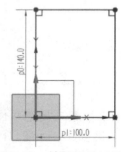

图1-20　绘制100×140的矩形

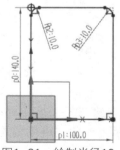

图1-21　绘制半径10的圆角

03 单击【主页】选项卡【直接草图】组中的【生产线】按钮╱，绘制斜线图形，如图1-22所示。

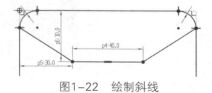

图1-22　绘制斜线

04 单击【主页】选项卡【直接草图】组中的【圆】按钮◯，绘制直径10的圆形，如图1-23所示。

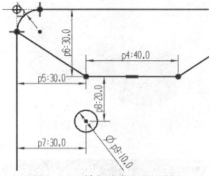

图1-23　绘制直径10的圆形

05 单击【主页】选项卡【直接草图】组中的【阵列曲线】按钮，绘制线性阵列曲线，如图1-24所示。

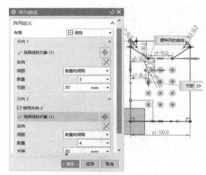

图1-24　阵列圆形

06 单击【主页】选项卡【直接草图】组中的【圆】按钮◯，绘制直径20的两个圆形，如图1-25所示。

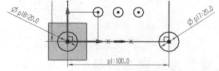

图1-25　绘制直径20的圆形

07 单击【主页】选项卡【直接草图】组中的【快速修剪】按钮╳，修剪角和圆的交界图形，如图1-26所示。至此完成导板草图，如图1-27所示。

图1-26　修剪草图

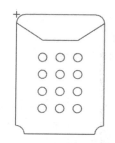

图1-27 完成导板草图

实例 004
 案例源文件：ywj/01/004.prt
绘制线板草图

01 单击【主页】选项卡【直接草图】组中的
【矩形】按钮 □，绘制80×50的矩形，如
图1-28所示。

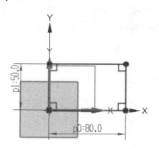

图1-28 绘制80×50的矩形

◎提示·。

　　矩形输入模式有两种，绘制方法有三
种，根据需要进行设置即可。

02 绘制120×90的矩形，如图1-29所示。

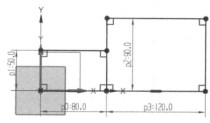

图1-29 绘制120×90的矩形

03 单击【主页】选项卡【直接草图】组中的
【快速修剪】按钮×，修剪草图形成一个封闭
图形，如图1-30所示。

04 单击【主页】选项卡【直接草图】组中的
【生产线】按钮／，绘制两条直线，如图1-31
所示。

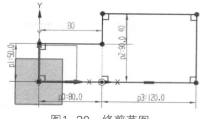

图1-30 修剪草图

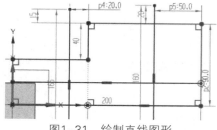

图1-31 绘制直线图形

05 单击【主页】选项卡【直接草图】组中
的【矩形】按钮 □，绘制4×8的矩形，如
图1-32所示。

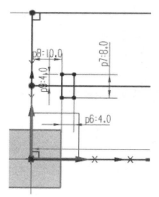

图1-32 绘制4×8的矩形

06 单击【主页】选项卡【直接草图】组中的
【镜像曲线】按钮 △，镜像绘制的矩形，如
图1-33所示。

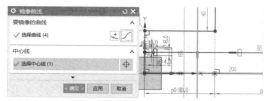

图1-33 镜像矩形

07 单击【主页】选项卡【直接草图】组中的
【阵列曲线】按钮 ，将矩形进行线性阵列，
如图1-34所示。

08 单击【主页】选项卡【直接草图】组中的
【移动曲线】按钮 ，向上移动矩形，如图

1-35所示。

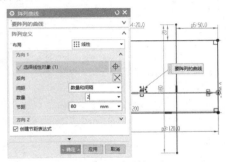

图1-34　阵列矩形

图1-35　向上移动矩形

09 单击【主页】选项卡【直接草图】组中的【移动曲线】按钮 ✍，向右移动矩形，如图1-36所示。

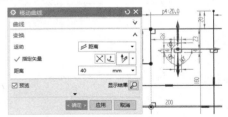

图1-36　向右移动矩形

10 单击【主页】选项卡【直接草图】组中的【阵列曲线】按钮 ✍，将矩形进行线性阵列，如图1-37所示。

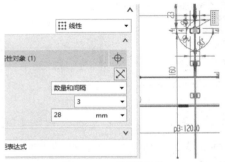

图1-37　阵列矩形

11 单击【主页】选项卡【直接草图】组中的【移动曲线】按钮 ✍，向左移动矩形，如

图1-38所示。至此完成线板草图，如图1-39所示。

图1-38　向左移动矩形

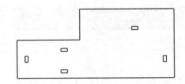

图1-39　完成线板草图

实例 005　　⊕案例源文件：ywj/01/005.prt

绘制导块草图

01 单击【主页】选项卡【直接草图】组中的【生产线】按钮 ╱，绘制3条直线图形，如图1-40所示。

图1-40　绘制直线图形

02 绘制斜线图形，形成槽部分，如图1-41所示。

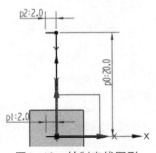

图1-41　绘制斜线图形

03 绘制垂线和斜线，形成封闭草图，如图1-42所示。

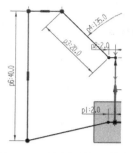

图1-42　绘制垂线和斜线

04 单击【主页】选项卡【直接草图】组中的【镜像曲线】按钮，将绘制的图形镜像，如图1-43所示。

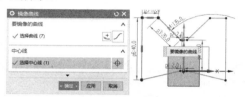

图1-43　镜像曲线

05 单击【主页】选项卡【直接草图】组中的【倒斜角】按钮，绘制倒斜角，如图1-44所示。

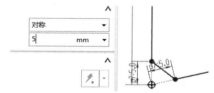

图1-44　绘制倒斜角

06 单击【主页】选项卡【直接草图】组中的【快速修剪】按钮，修剪如图1-45所示的草图细节。至此完成导块草图，如图1-46所示。

图1-45　修剪草图

图1-46　完成导块草图

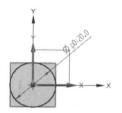

实例 006 ⊗ 案例源文件：ywj/01/006.prt

绘制体模轮草图

01 单击【主页】选项卡【直接草图】组中的【圆】按钮○，绘制直径20的圆形，如图1-47所示。

02 绘制直径80和84的圆形，形成外圈轮子外形，如图1-48所示。

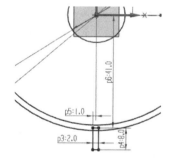

图1-47　绘制直径20　　图1-48　绘制两个圆形
　　　的圆形

03 单击【主页】选项卡【直接草图】组中的【矩形】按钮，绘制2×8的矩形，如图1-49所示。

图1-49　绘制2×8的矩形

04 单击【主页】选项卡【直接草图】组中的【阵列曲线】按钮，将矩形进行圆形阵列，如图1-50所示。

图1-50　阵列圆形

05 单击【主页】选项卡【直接草图】组中的【快速修剪】按钮，修剪矩形和圆相交部

01

第1章　ZX基础操作和草绘

02

03

04

05

06

07

08

09

10

11

007

分，如图1-51所示。

图1-51　修剪草图

06 单击【主页】选项卡【直接草图】组中的【圆】按钮○，绘制直径110的圆形，如图1-52所示。

07 单击【主页】选项卡【直接草图】组中的【生产线】按钮╱，绘制垂直直线，如图1-53所示。

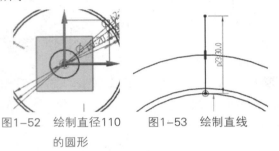

图1-52　绘制直径110　图1-53　绘制直线
　　　　的圆形

08 单击【主页】选项卡【直接草图】组中的【偏置曲线】按钮，绘制偏置曲线，如图1-54所示。

图1-54　绘制偏置曲线

09 绘制水平连接直线，形成轮键图形，如图1-55所示。

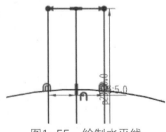

图1-55　绘制水平线

10 修剪草图中多余的线，如图1-56所示。至此完成体模轮草图，如图1-57所示。

图1-56　修剪草图

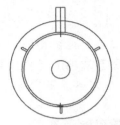

图1-57　完成体模轮草图

实例 007　◉ 案例源文件：ywj/01/007.prt

绘制插座头草图

01 单击【主页】选项卡【直接草图】组中的【矩形】按钮▭，绘制100×100的矩形，如图1-58所示。

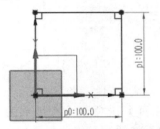

图1-58　绘制100×100的矩形

02 单击【主页】选项卡【直接草图】组中的【圆角】按钮，绘制半径10的圆角，如图1-59所示。

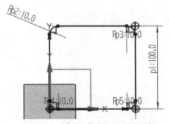

图1-59　绘制半径10的圆角

03 绘制60×60的矩形，如图1-60所示。

04 绘制两个1×8的矩形，如图1-61所示。

05 单击【主页】选项卡【直接草图】组中的【圆】按钮○，绘制直径8的两个圆形，如

图1-62所示。

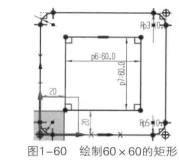

图1-60　绘制60×60的矩形

图1-61　绘制两个矩形

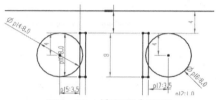

图1-62　绘制两个圆形

06 单击【主页】选项卡【直接草图】组中的【快速修剪】按钮✕，修剪圆和矩形相交的部分，如图1-63所示。

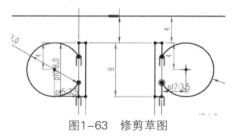

图1-63　修剪草图

07 单击【主页】选项卡【直接草图】组中的【矩形】按钮▢，绘制2×10的矩形，如图1-64所示。

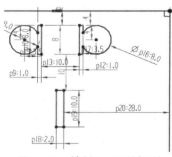

图1-64　绘制2×10的矩形

08 单击【主页】选项卡【直接草图】组中的【阵列曲线】按钮，将矩形进行圆形阵列，如图1-65所示。至此完成插座头草图，如图1-66所示。

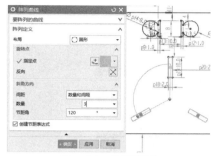

图1-65　阵列矩形

图1-66　完成插座头草图

实例 008 ⊙ 案例源文件：ywj/01/008.prt
绘制插盒草图

01 单击【主页】选项卡【直接草图】组中的【矩形】按钮▢，绘制160×240的矩形，如图1-67所示。

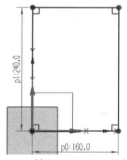

图1-67　绘制160×240的矩形

02 单击【主页】选项卡【直接草图】组中的【偏置曲线】按钮，将矩形的线偏置，如图1-68所示。

03 单击【主页】选项卡【直接草图】组中的【矩形】按钮▢，绘制8×20的矩形，如

01
第1章 NX基础操作和草绘
02
03
04
05
06
07
08
09
10
11

图1-69所示。

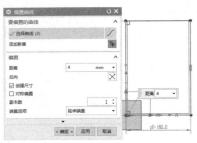

图1-68　绘制偏置曲线

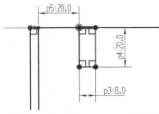

图1-69　绘制8×20的矩形

04 单击【主页】选项卡【直接草图】组中的【圆】按钮○，绘制直径8的圆形，和矩形两长边相切，如图1-70所示。

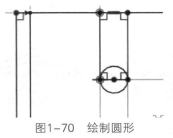

图1-70　绘制圆形

05 单击【主页】选项卡【直接草图】组中的【阵列曲线】按钮，将圆进行线性阵列，如图1-71所示。

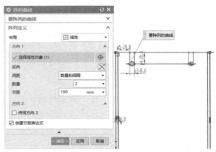

图1-71　阵列草图

06 单击【主页】选项卡【直接草图】组中的【快速修剪】按钮×，修剪草图上的线，如图1-72所示。

07 单击【主页】选项卡【直接草图】组中的【矩形】按钮□，绘制60×50的矩形，如

图1-73所示。

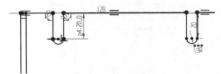

图1-72　修剪草图

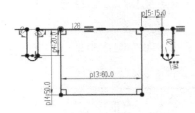

图1-73　绘制60×50的矩形

08 单击【主页】选项卡【直接草图】组中的【圆角】按钮，绘制半径10的圆角，如图1-74所示。

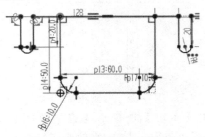

图1-74　绘制半径10的圆角

09 再次绘制120×160的矩形，如图1-75所示。

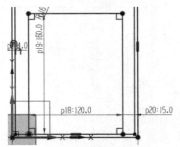

图1-75　绘制120×160的矩形

10 继续绘制14×30的矩形，如图1-76所示。

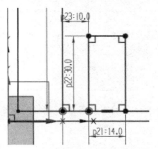

图1-76　绘制14×30的矩形

11 绘制直径6的两个圆形，如图1-77所示。

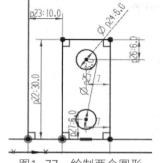

图1-77 绘制两个圆形

12 绘制10×20的矩形，如图1-78所示。

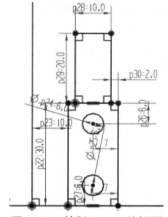

图1-78 绘制10×20的矩形

13 绘制梯形图形，如图1-79所示。

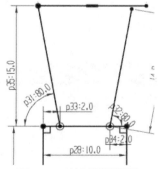

图1-79 绘制梯形图形

14 单击【主页】选项卡【直接草图】组中的【快速延伸】按钮，延伸草图右上部的线，如图1-80所示。

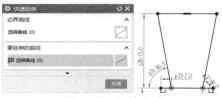

图1-80 延伸直线

15 单击【主页】选项卡【直接草图】组中的【阵列曲线】按钮，将刚绘制好的曲线进行线性阵列，如图1-81所示。至此完成插盒草图，如图1-82所示。

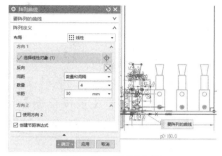

图1-81 阵列曲线

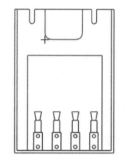

图1-82 完成插盒草图

实例 009 ⊕案例源文件：ywj/01/009.prt

绘制机箱草图

01 单击【主页】选项卡【直接草图】组中的【矩形】按钮，绘制200×250的矩形，如图1-83所示。

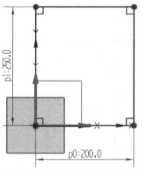

图1-83 绘制200×250的矩形

02 单击【主页】选项卡【直接草图】组中的【偏置曲线】按钮，将矩形向内偏置，如图1-84所示。

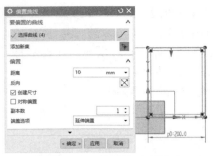

图1-84　绘制偏置曲线

03 单击【主页】选项卡【直接草图】组中的
【生产线】按钮 ╱ ，绘制斜线，如图1-85
所示。

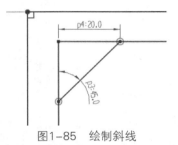

图1-85　绘制斜线

04 单击【主页】选项卡【直接草图】组中的
【镜像曲线】按钮 ，将斜线镜像，如图1-86
所示。

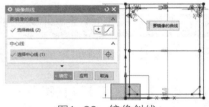

图1-86　镜像斜线

05 再次绘制直线图形，如图1-87所示。

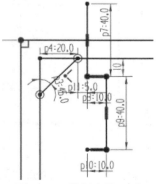

图1-87　绘制直线图形

06 单击【主页】选项卡【直接草图】组中的
【阵列曲线】按钮 ，绘制阵列曲线，如

图1-88所示。

图1-88　阵列直线图形

07 最后绘制封闭的直线图形，如图1-89所示。
至此完成机箱草图，如图1-90所示。

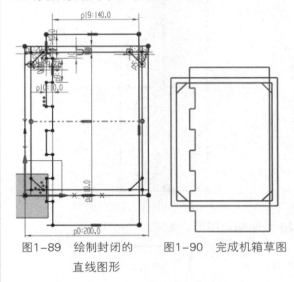

图1-89　绘制封闭的　　　图1-90　完成机箱草图
　　　　直线图形

实例 010
绘制振动盘草图

案例源文件：ywj/01/010.prt

01 单击【主页】选项卡【直接草图】组中的
【圆】按钮○，绘制直径60和100的同心圆，
如图1-91所示。

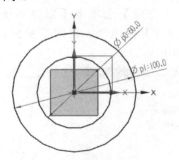

图1-91　绘制同心圆

02 单击【主页】选项卡【直接草图】组中的【矩形】按钮 ▭，绘制 90×90 的矩形，如图1-92所示。

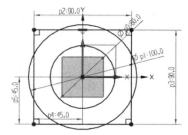

图1-92　绘制90×90的矩形

03 单击【主页】选项卡【直接草图】组中的【快速修剪】按钮 ✕，修剪矩形和圆，如图1-93所示。

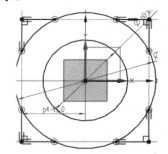

图1-93　修剪草图

04 再次绘制直径5的圆形，如图1-94所示。

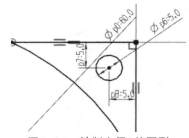

图1-94　绘制直径5的圆形

05 单击【主页】选项卡【直接草图】组中的【阵列曲线】按钮 ◇，将圆进行圆形阵列，如图1-95所示。

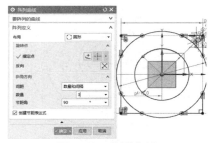

图1-95　阵列曲线

06 单击【主页】选项卡【直接草图】组中的【矩形】按钮 ▭，绘制 15×8 的矩形，如图1-96所示。

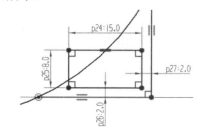

图1-96　绘制15×8的矩形

07 再次绘制16×6的矩形，形成右边的通道，如图1-97所示。

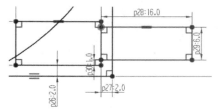

图1-97　绘制16×6的矩形

08 最后按照图1-98所示修剪草图。至此完成振动盘草图，如图1-99所示。

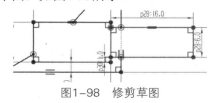

图1-98　修剪草图

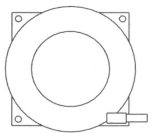

图1-99　完成振动盘草图

实例 011　　● 案例源文件：ywj/01/011.prt

绘制轮控件草图

01 单击【主页】选项卡【直接草图】组中的【圆】按钮 ○，绘制直径40和60的两个同心圆，如图1-100所示。

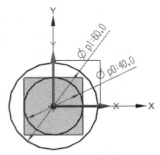

图1-100　绘制直径40和60的同心圆

02 绘制直径100和140的两个同心圆，形成外层轮圈，如图1-101所示。

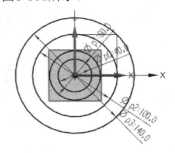

图1-101　绘制直径100和140的同心圆

03 单击【主页】选项卡【直接草图】组中的【生产线】按钮 ╱，绘制斜线，形成一定的角度，如图1-102所示。

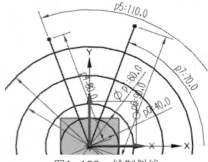

图1-102　绘制斜线

04 单击【主页】选项卡【直接草图】组中的【快速修剪】按钮 ✕，修剪斜线和圆弧，如图1-103所示。

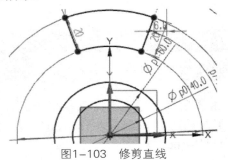

图1-103　修剪直线

05 单击【主页】选项卡【直接草图】组中的【圆角】按钮 ╮，绘制半径8的圆角，得到键槽图形，如图1-104所示。

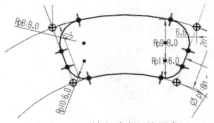

图1-104　绘制半径8的圆角

06 单击【主页】选项卡【直接草图】组中的【阵列曲线】按钮 ❀，将绘制好的键槽进行圆形阵列，如图1-105所示。

图1-105　阵列曲线

07 最后绘制直径180的圆形，如图1-106所示。至此完成轮控件草图，如图1-107所示。

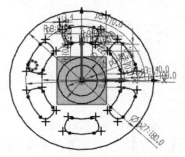

图1-106　绘制直径180的圆形

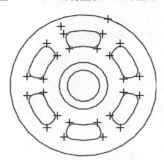

图1-107　完成轮控件草图

实例 012

案例源文件：ywj/01/012.prt

绘制法兰草图

01 单击【主页】选项卡【直接草图】组中的【生产线】按钮 ╱ ，绘制长200的直线，如图1-108所示。

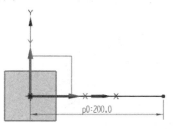

图1-108　绘制长200的直线

02 绘制长140和60的垂直直线，如图1-109所示。

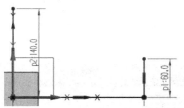

图1-109　绘制长140和60的直线

03 绘制长70和80的直线，如图1-110所示。

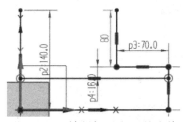

图1-110　绘制长70和80的直线

04 单击【主页】选项卡【直接草图】组中的【偏置曲线】按钮 ，绘制偏置曲线，如图1-111所示。

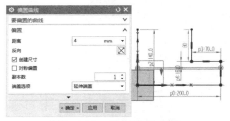

图1-111　绘制偏置直线

05 单击【主页】选项卡【直接草图】组中的【矩形】按钮 □ ，绘制10×30的两个矩形，

如图1-112所示。

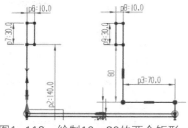

图1-112　绘制10×30的两个矩形

06 绘制宽为4的矩形，连接之前的两个矩形部分，如图1-113所示。

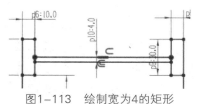

图1-113　绘制宽为4的矩形

07 单击【主页】选项卡【直接草图】组中的【镜像曲线】按钮 ，将图形进行镜像，如图1-114所示。至此完成法兰草图，如图1-115所示。

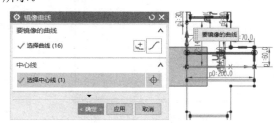

图1-114　镜像曲线

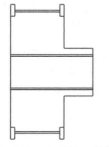

图1-115　完成法兰草图

实例 013

案例源文件：ywj/01/013.prt

绘制簧片草图

01 单击【主页】选项卡【直接草图】组中的【矩形】按钮 □ ，绘制140×40的矩形，如

图1-116所示。

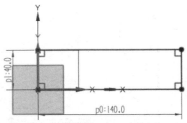

图1-116　绘制140×40的矩形

02 绘制矩形内部长40的矩形，如图1-117所示。

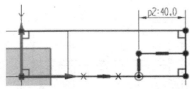

图1-117　绘制长40的矩形

03 单击【主页】选项卡【直接草图】组中的【圆】按钮◯，绘制直径10的两个圆形，如图1-118所示。

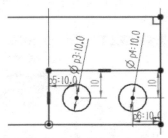

图1-118　绘制两个圆形

04 单击【主页】选项卡【直接草图】组中的【艺术样条】按钮／，绘制样条曲线，如图1-119所示。

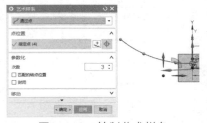

图1-119　绘制艺术样条

05 单击【主页】选项卡【直接草图】组中的【偏置曲线】按钮🗔，绘制偏置曲线，形成簧片，如图1-120所示。

06 单击【主页】选项卡【直接草图】组中的【生产线】按钮／，绘制连接直线，如图1-121所示。至此完成簧片草图，如图1-122所示。

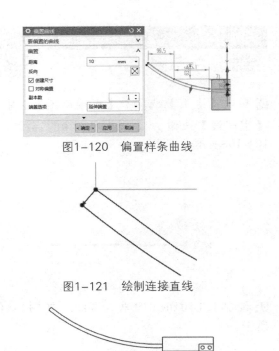

图1-120　偏置样条曲线

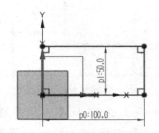

图1-121　绘制连接直线

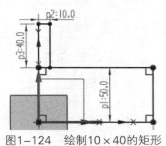

图1-122　完成簧片草图

实例 014　　🔗 案例源文件：ywj/01/014.prt

绘制泵接头草图

01 单击【主页】选项卡【直接草图】组中的【矩形】按钮▢，绘制100×50的矩形，如图1-123所示。

图1-123　绘制100×50的矩形

02 绘制矩形上部10×40的矩形，如图1-124所示。

图1-124　绘制10×40的矩形

03 绘制矩形内部4×20的矩形，如图1-125所示。

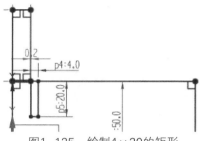

图1-125　绘制4×20的矩形

04 绘制10×30的矩形，形成大矩形的右端部位置特征，如图1-126所示。

05 单击【主页】选项卡【直接草图】组中的【生产线】按钮 ╱，绘制直线图形，间距为6，如图1-127所示。

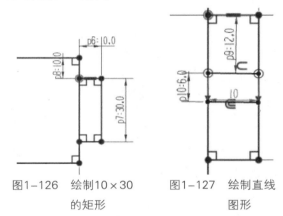

图1-126　绘制10×30　　　图1-127　绘制直线
　　　　　的矩形　　　　　　　　　图形

06 单击【主页】选项卡【直接草图】组中的【矩形】按钮 ▭，绘制60×20的矩形，形成右边的接头部分，如图1-128所示。

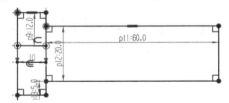

图1-128　绘制60×20的矩形

07 单击【主页】选项卡【直接草图】组中的【生产线】按钮 ╱，绘制夹角85°的斜线，如图1-129所示。

08 单击【主页】选项卡【直接草图】组中的【阵列曲线】按钮 ╱╱，将斜线进行线性阵列，得到螺纹图形，如图1-130所示。至此完成泵接头草图，如图1-131所示。

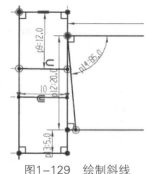

图1-129　绘制斜线

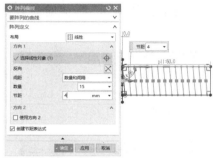

图1-130　阵列斜线

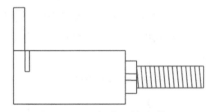

图1-131　完成泵接头草图

实例 015 绘制缸体草图

案例源文件：ywj/01/015.prt

01 单击【主页】选项卡【直接草图】组中的【矩形】按钮 ▭，绘制100×60的矩形，如图1-132所示。

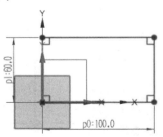

图1-132　绘制100×60的矩形

02 单击【主页】选项卡【直接草图】组中的【偏置曲线】按钮 ▱，偏置矩形，如图1-133

所示。

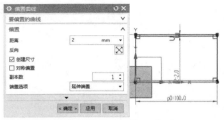

图1-133 绘制偏置曲线

03 单击【主页】选项卡【直接草图】组中的【生产线】按钮／，绘制垂直直线，如图1-134所示。

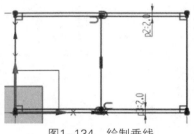

图1-134 绘制垂线

04 单击【主页】选项卡【直接草图】组中的【圆弧】按钮／，绘制圆弧，如图1-135所示。

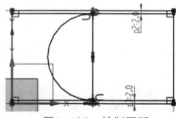

图1-135 绘制圆弧

05 单击【主页】选项卡【直接草图】组中的【生产线】按钮／，绘制圆弧切线，如图1-136所示。

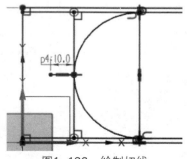

图1-136 绘制切线

06 单击【主页】选项卡【直接草图】组中的【二次曲线】按钮╱，绘制二次曲线，如

图1-137所示。

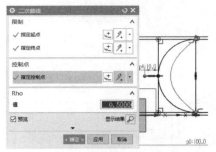

图1-137 绘制二次曲线

07 单击【主页】选项卡【直接草图】组中的【阵列曲线】按钮，将曲线进行线性阵列，如图1-138所示。至此完成缸体草图，如图1-139所示。

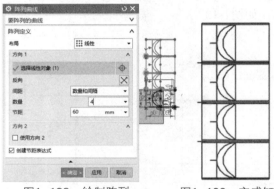

图1-138 绘制阵列   图1-139 完成缸
曲线   体草图

实例 016
案例源文件：ywj/01/016.prt

绘制底座草图

01 单击【主页】选项卡【直接草图】组中的【生产线】按钮／，绘制长100和60的直线，如图1-140所示。

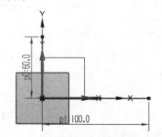

图1-140 绘制长100和60的直线

02 单击【主页】选项卡【直接草图】组中的【矩形】按钮□，绘制100×25的矩形，如

图1-141所示。

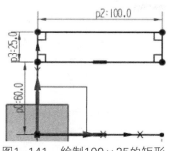

图1-141　绘制100×25的矩形

03 绘制50×10的矩形，形成交叉的矩形，如图1-142所示。

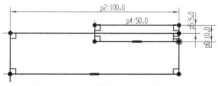

图1-142　绘制50×10的矩形

04 绘制内部的30×6的矩形，如图1-143所示。

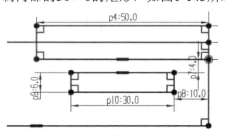

图1-143　绘制30×6的矩形

05 单击【主页】选项卡【直接草图】组中的【圆】按钮〇，绘制直径6的两个圆形，如图1-144所示。

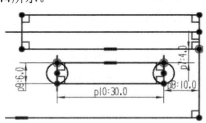

图1-144　绘制两个圆形

06 单击【主页】选项卡【直接草图】组中的【快速修剪】按钮✕，修剪草图，得到键槽图形，如图1-145所示。

07 单击【主页】选项卡【直接草图】组中的【生产线】按钮╱，绘制两条垂直直线，如图1-146所示。

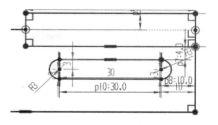

图1-145　修剪草图

图1-146　绘制两条垂线

08 单击【主页】选项卡【直接草图】组中的【圆角】按钮⌐，绘制半径4的圆角，如图1-147所示。

图1-147　绘制半径4的圆角

09 单击【主页】选项卡【直接草图】组中的【镜像曲线】按钮◿，绘制上下对称的镜像曲线，如图1-148所示。

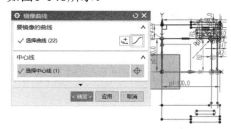

图1-148　镜像上下对称曲线

10 单击【主页】选项卡【直接草图】组中的【镜像曲线】按钮◿，绘制左右对称的镜像曲线图形，如图1-149所示。至此完成底座草图，如图1-150所示。

图1-149　镜像左右对称曲线

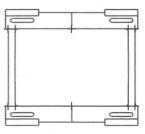

图1-150 完成底座草图

实例 017

案例源文件：ywj/01/017.prt

绘制转接件草图

01 单击【主页】选项卡【直接草图】组中的【圆】按钮○，绘制直径50和70的两个同心圆，如图1-151所示。

02 单击【主页】选项卡【直接草图】组中的【多边形】按钮⬡，绘制同心的六边形，如图1-152所示。

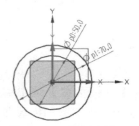
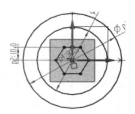

图1-151 绘制直径50   图1-152 绘制六边形
和70的同心圆

03 单击【主页】选项卡【直接草图】组中的【圆】按钮○，在右侧绘制直径70和100的同心圆，如图1-153所示。

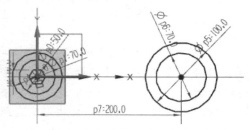

图1-153 绘制直径70和100的同心圆

04 单击【主页】选项卡【直接草图】组中的【生产线】按钮╱，绘制垂直直线，如图1-154所示。

05 继续绘制与圆相切的直线，如图1-155所示。

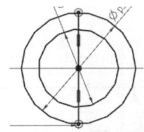

图1-154 绘制垂线

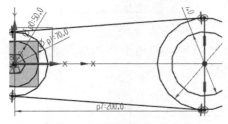

图1-155 绘制切线

06 单击【主页】选项卡【直接草图】组中的【快速修剪】按钮✕，修剪草图中的圆形，如图1-156所示。至此完成转接件草图，如图1-157所示。

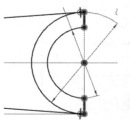
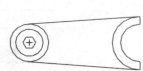

图1-156 修剪草图   图1-157 完成转接件草图

实例 018

案例源文件：ywj/01/018.prt

绘制卡槽草图

01 单击【主页】选项卡【直接草图】组中的【矩形】按钮▢，绘制30×90的矩形，如图1-158所示。

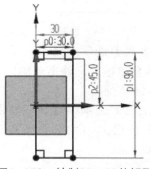

图1-158 绘制30×90的矩形

02 绘制60×40的矩形，在左边组成交叉特征，如图1-159所示。

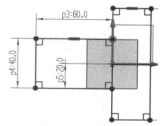

图1-159　绘制60×40的矩形

03 绘制两个80×20的矩形，在右边形成卡脚部分，如图1-160所示。

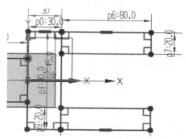

图1-160　绘制两个80×20的矩形

04 单击【主页】选项卡【直接草图】组中的【倒斜角】按钮，绘制倒斜角，倒角距离为20和6，如图1-161所示。

图1-161　绘制倒斜角

05 再次绘制对称的倒斜角，如图1-162所示。

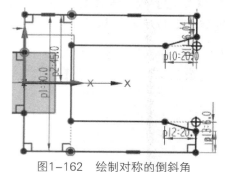

图1-162　绘制对称的倒斜角

06 单击【主页】选项卡【直接草图】组中的【偏置曲线】按钮，绘制偏置曲线，如图1-163所示。

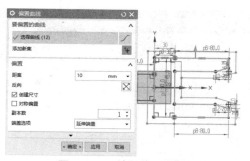

图1-163　绘制偏置曲线

07 单击【主页】选项卡【直接草图】组中的【生产线】按钮，绘制直线图形，如图1-164所示。

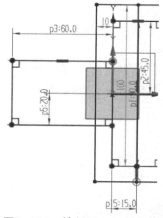

图1-164　绘制60×20的矩形

08 修剪如图1-165所示的草图部分。至此完成卡槽草图，如图1-166所示。

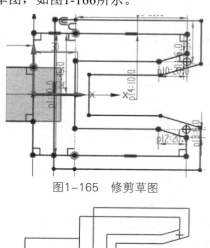

图1-165　修剪草图

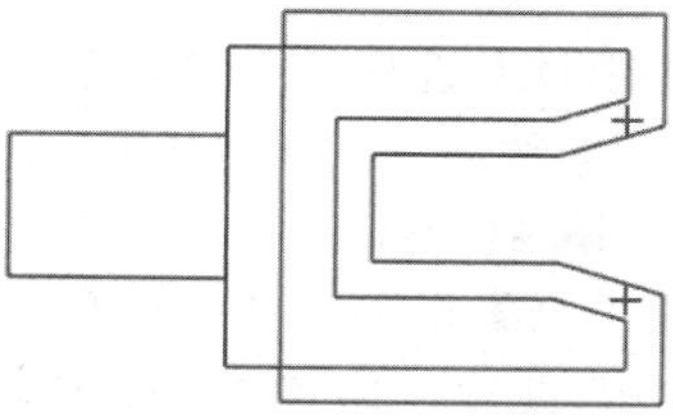

图1-166　完成卡槽草图

案例源文件：ywj/01/019.prt

绘制水龙头草图

01 单击【主页】选项卡【直接草图】组中的【矩形】按钮 ▭，绘制80×120的矩形，如图1-167所示。

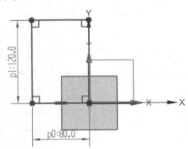

图1-167 绘制80×120的矩形

02 单击【主页】选项卡【直接草图】组中的【生产线】按钮 ∕，绘制梯形，如图1-168所示。

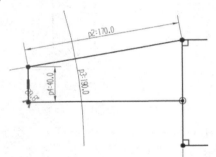

图1-168 绘制梯形

03 绘制一个140×20的矩形，形成底座，如图1-169所示。

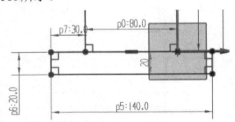

图1-169 绘制140×20的矩形

04 单击【主页】选项卡【直接草图】组中的【快速修剪】按钮 ✕，修剪草图，得到龙头上部图形，如图1-170所示。

05 单击【主页】选项卡【直接草图】组中的【圆角】按钮 ⌐，绘制半径20的圆角，如图1-171所示。

图1-170 修剪草图

图1-171 绘制半径20的圆角

06 单击【主页】选项卡【直接草图】组中的【偏置曲线】按钮 ⬚，绘制偏置曲线，如图1-172所示。

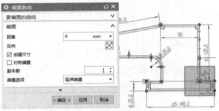

图1-172 绘制偏置曲线

07 单击【主页】选项卡【直接草图】组中的【生产线】按钮 ∕，绘制直线图形，如图1-173所示。

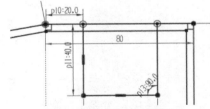

图1-173 绘制直线图形

08 单击【主页】选项卡【直接草图】组中的【快速修剪】按钮 ✕，修剪草图，如图1-174所示。

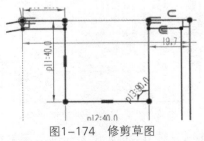

图1-174 修剪草图

09 单击【主页】选项卡【直接草图】组中的【矩形】按钮 ▭，绘制26×20的矩形，如

图1-175所示。

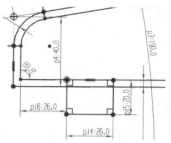
图1-175　绘制26×20的矩形

10 单击【主页】选项卡【直接草图】组中的【偏置曲线】按钮，绘制偏置曲线，如图1-176所示。

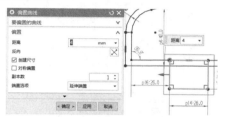
图1-176　绘制偏置曲线

11 单击【主页】选项卡【直接草图】组中的【快速修剪】按钮，修剪草图，如图1-177所示。至此完成水龙头草图，如图1-178所示。

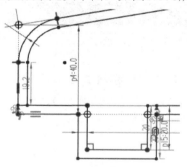
图1-177　修剪草图

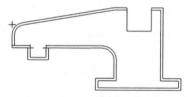
图1-178　完成水龙头草图

实例 020　　　⊙ 案例源文件：ywj/01/020.prt

绘制接头草图

01 单击【主页】选项卡【直接草图】组中的

【矩形】按钮，绘制50×50的矩形，如图1-179所示。

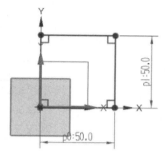
图1-179　绘制50×50的矩形

02 绘制60×35的矩形，形成左边接头部分，如图1-180所示。

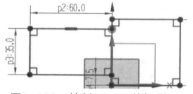
图1-180　绘制60×35的矩形

03 绘制30×4的矩形，形成内部特征，如图1-181所示。

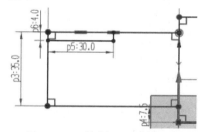
图1-181　绘制30×4的矩形

04 单击【主页】选项卡【直接草图】组中的【阵列曲线】按钮，将矩形进行线性阵列，如图1-182所示。

图1-182　阵列矩形

05 单击【主页】选项卡【直接草图】组中的【矩形】按钮，绘制30×20的矩形，如

图1-183所示。

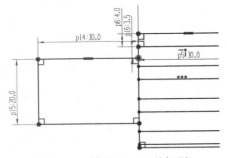

图1-183　绘制30×20的矩形

06 继续绘制10×20的矩形，形成上部的接头，如图1-184所示。

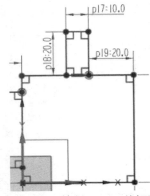

图1-184　绘制10×20的矩形

07 再次绘制30×6的矩形，完成上部的接头，如图1-185所示。

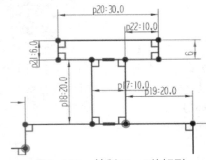

图1-185　绘制30×6的矩形

08 绘制30×5的矩形，形成右边的接头，如图1-186所示。

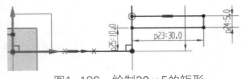

图1-186　绘制30×5的矩形

09 绘制5×15的矩形，完成右边的接头，如图1-187所示。

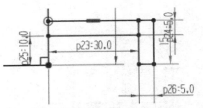

图1-187　绘制5×15的矩形

10 单击【主页】选项卡【直接草图】组中的【快速修剪】按钮✕，修剪如图1-188所示的草图。至此完成接头草图，如图1-189所示。

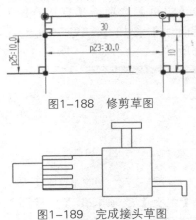

图1-188　修剪草图

图1-189　完成接头草图

实例 021

绘制零件底座草图

案例源文件：ywj/01/021.prt

01 单击【主页】选项卡【直接草图】组中的【矩形】按钮▢，绘制160×50的矩形，如图1-190所示。

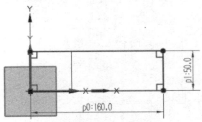

图1-190　绘制160×50的矩形

02 绘制120×30的矩形，形成内部的特征，如图1-191所示。

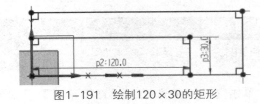

图1-191　绘制120×30的矩形

03 单击【主页】选项卡【直接草图】组中的【圆角】按钮﹁，绘制半径10的圆角，如图1-192所示。

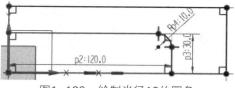

图1-192　绘制半径10的圆角

04 单击【主页】选项卡【直接草图】组中的【矩形】按钮□，绘制30×50的矩形，形成右边的特征，如图1-193所示。

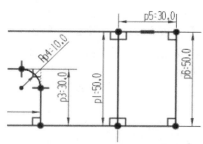

图1-193　绘制30×50的矩形

05 单击【主页】选项卡【直接草图】组中的【圆】按钮○，绘制直径6的圆形，如图1-194所示。

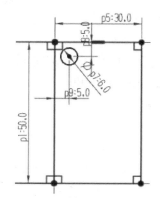

图1-194　绘制直径6的圆形

06 单击【主页】选项卡【直接草图】组中的【阵列曲线】按钮，绘制线性阵列曲线，如图1-195所示。

07 单击【主页】选项卡【直接草图】组中的【镜像曲线】按钮，绘制镜像曲线，如图1-196所示。

08 单击【主页】选项卡【直接草图】组中的【偏置曲线】按钮，绘制偏置曲线，如图1-197所示。

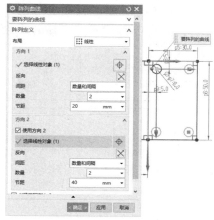

图1-195　阵列圆形

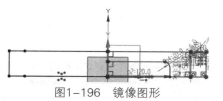

图1-196　镜像图形

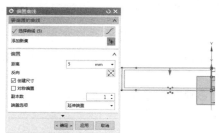

图1-197　绘制偏置曲线

09 单击【主页】选项卡【直接草图】组中的【快速修剪】按钮×，修剪草图，如图1-198所示。

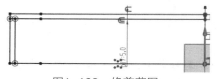

图1-198　修剪草图

10 单击【主页】选项卡【直接草图】组中的【矩形】按钮□，绘制140×50的矩形，形成上部的特征，如图1-199所示。

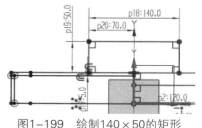

图1-199　绘制140×50的矩形

11 绘制200×10的矩形，完成上部的特征，如图1-200所示。至此完成零件底座草图，如图1-201所示。

图1-200　绘制200×10的矩形

图1-201　完成零件底座草图

实例 022 　　　⊙ 案例源文件：ywj/01/022.prt

绘制端盖草图

01 单击【主页】选项卡【直接草图】组中的【圆】按钮〇，绘制直径60和80的同心圆，如图1-202所示。

02 绘制直径10的小圆形，如图1-203所示。

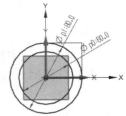
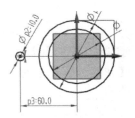

图1-202　绘制直径60
和80的同心圆

图1-203　绘制直径10
的圆形

03 单击【主页】选项卡【直接草图】组中的【生产线】按钮／，绘制圆的中心线，如图1-204所示。

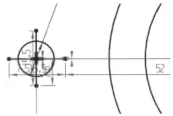

图1-204　绘制圆的中心线

04 单击【主页】选项卡【直接草图】组中的【阵列曲线】按钮，绘制圆形阵列曲线，如

图1-205所示。

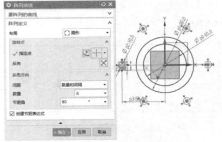

图1-205　绘制阵列曲线

05 单击【主页】选项卡【直接草图】组中的【圆】按钮〇，绘制直径160的圆形，如图1-206所示。

06 单击【主页】选项卡【直接草图】组中的【矩形】按钮▭，绘制10×24的矩形，如图1-207所示。

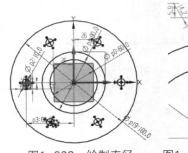
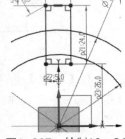

图1-206　绘制直径
160的圆形

图1-207　绘制10×24
的矩形

07 修剪草图中如图1-208所示的细节。至此完成端盖草图，如图1-209所示。

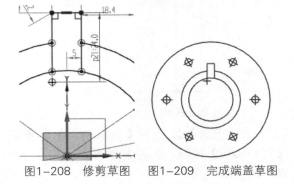

图1-208　修剪草图　　图1-209　完成端盖草图

实例 023 　　　⊙ 案例源文件：ywj/01/023.prt

绘制垫圈草图

01 单击【主页】选项卡【直接草图】组中的【圆】按钮〇，绘制直径100和120的两个同心

圆，如图1-210所示。

02 单击【主页】选项卡【直接草图】组中的
【矩形】按钮☐，绘制20×60的矩形，如
图1-211所示。

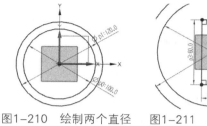

图1-210　绘制两个直径　　图1-211　绘制20×60
　　　　100和120的　　　　　　的矩形
　　　　同心圆

03 单击【主页】选项卡【直接草图】组中的
【椭圆】按钮◯，绘制椭圆，大半径和小半
径为10和16，如图1-212所示。

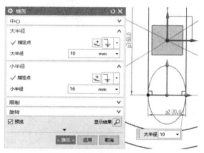

图1-212　绘制椭圆

04 继续绘制对称的椭圆，如图1-213所示。

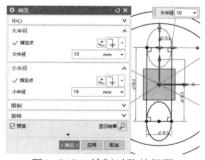

图1-213　绘制对称的椭圆

05 修剪如图1-214所示的草图细节。至此完成
垫圈草图，如图1-215所示。

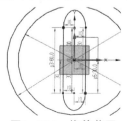

图1-214　修剪草图　　图1-215　完成垫圈草图

实例 024　　◉ 案例源文件：ywj/01/024.prt

绘制螺栓连接草图

01 单击【主页】选项卡【直接草图】组中的
【矩形】按钮☐，绘制120×60的矩形，如
图1-216所示。

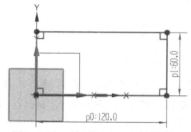

图1-216　绘制120×60的矩形

02 继续绘制16×30的矩形，完成内部特征，如
图1-217所示。

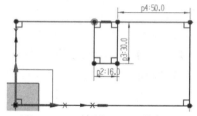

图1-217　绘制16×30的矩形

03 单击【主页】选项卡【直接草图】组中的
【偏置曲线】按钮▷，绘制矩形内的偏置曲
线，如图1-218所示。

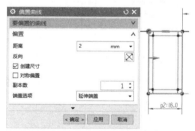

图1-218　绘制偏置曲线

04 单击【主页】选项卡【直接草图】组中的
【快速延伸】按钮╱，延伸内部矩形的线，如
图1-219所示。

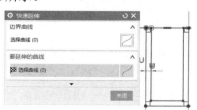

图1-219　延伸曲线

05 单击【主页】选项卡【直接草图】组中的【圆角】按钮⏝，绘制半径4的圆角，如图1-220所示。

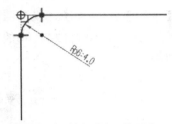

图1-220　绘制半径4的圆角

06 单击【主页】选项卡【直接草图】组中的【生产线】按钮／，在外部绘制直线图形，如图1-221所示。

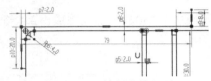

图1-221　绘制直线图形

07 单击【主页】选项卡【直接草图】组中的【圆角】按钮⏝，绘制半径4的圆角，如图1-222所示。

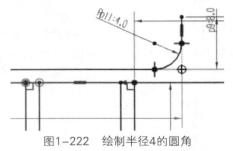

图1-222　绘制半径4的圆角

08 继续绘制直线图形，形成封闭拐角，如图1-223所示。

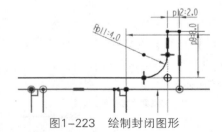

图1-223　绘制封闭图形

09 绘制螺栓帽图形，如图1-224所示。

10 单击【主页】选项卡【直接草图】组中的【圆角】按钮⏝，绘制半径4的圆角，如图1-225所示。

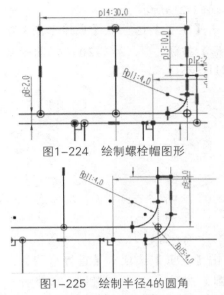

图1-224　绘制螺栓帽图形

图1-225　绘制半径4的圆角

11 单击【主页】选项卡【直接草图】组中的【圆弧】按钮⌒，绘制两条圆弧，如图1-226所示。

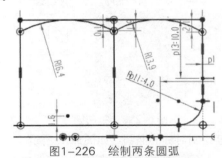

图1-226　绘制两条圆弧

12 最后修剪螺栓帽边角，如图1-227所示。至此完成螺栓连接草图，如图1-228所示。

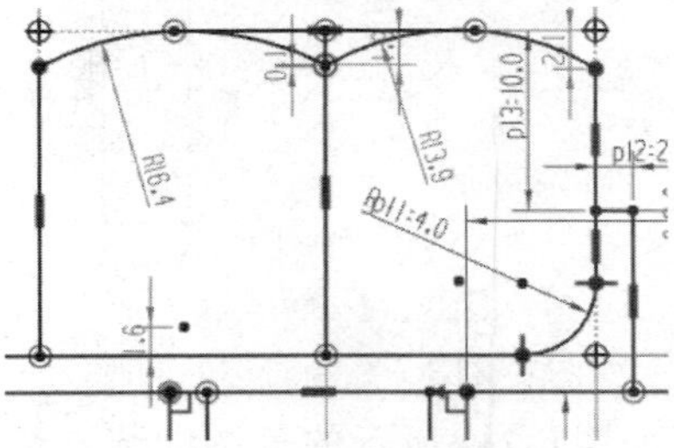

图1-227　修剪螺栓帽边角

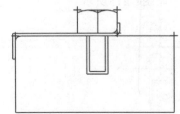

图1-228　完成螺栓连接草图

第 **2** 章 实体特征设计

实例 025

案例源文件：ywj/02/025.prt

绘制方盒

01 单击【主页】选项卡【直接草图】组中的【矩形】按钮▢，绘制100×100的矩形，如图2-1所示。

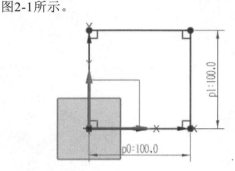

图2-1　绘制100×100的矩形

02 单击【主页】选项卡【特征】组中的【拉伸】按钮🔷，拉伸距离为50，创建拉伸特征，如图2-2所示。

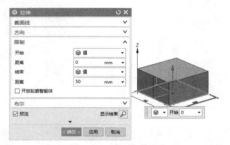

图2-2　拉伸草图

03 单击【主页】选项卡【特征】组中的【抽壳】按钮🔷，创建抽壳特征，如图2-3所示。

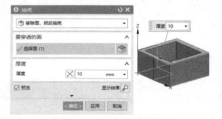

图2-3　创建抽壳特征

04 单击【主页】选项卡【直接草图】组中的【矩形】按钮▢，绘制两个矩形，以形成盒体边缘处的切削草图，如图2-4所示。

05 单击【主页】选项卡【特征】组中的【拉伸】按钮🔷，拉伸距离为10，创建拉伸切除特征，如图2-5所示。至此完成方盒模型，如图2-6所示。

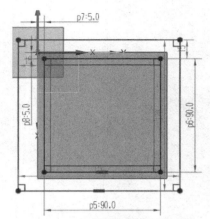

图2-4　绘制两个矩形

图2-5　拉伸草图

图2-6　完成方盒模型

实例 026

案例源文件：ywj/02/026.prt

绘制阶梯

01 单击【主页】选项卡【直接草图】组中的【生产线】按钮／，绘制长20、20和120的3条直线，如图2-7所示。

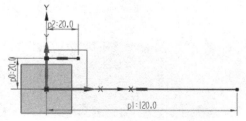

图2-7　绘制3条直线

02 选择【菜单】|【编辑】|【复制】菜单命令，复制长为20的直线，并选择【菜单】|【编辑】|【粘贴】菜单命令，进行粘贴，如图2-8所示。

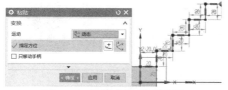

图2-8　复制直线形成阶梯

03 单击【主页】选项卡【直接草图】组中的【生产线】按钮╱，绘制直线封闭图形，如图2-9所示。

图2-9　绘制封闭图形

04 单击【主页】选项卡【特征】组中的【拉伸】按钮，拉伸距离为60，创建拉伸特征，如图2-10所示。

图2-10　拉伸草图

◎提示·○

拉伸体是截面线圈沿指定方向拉伸一段距离所创建的实体。指定方向有很多方式，对于拉伸操作而言，它是指拉伸方向。

05 单击【主页】选项卡【直接草图】组中的【生产线】按钮╱，绘制三角形，如图2-11所示。

06 单击【主页】选项卡【特征】组中的【拉伸】按钮，拉伸距离为20，创建拉伸切除特征，如图2-12所示。至此完成阶梯模型，如图2-13所示。

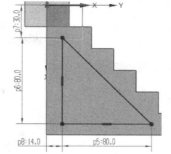

图2-11　绘制三角形

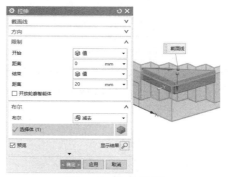

图2-12　拉伸草图

图2-13　完成阶梯模型

实例 027　⊙案例源文件：ywj/02/027.prt

绘制饮料瓶

01 单击【主页】选项卡【直接草图】组中的【圆】按钮○，绘制直径20的圆，如图2-14所示。

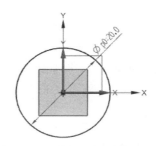

图2-14　绘制直径20的圆

02 单击【主页】选项卡【特征】组中的【拉伸】按钮，拉伸距离为6，创建拉伸特征，如图2-15所示。

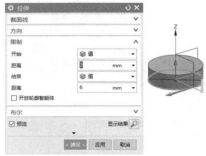

图2-15　拉伸草图

03 单击【主页】选项卡【直接草图】组中的【圆】按钮○，绘制直径16的圆，如图2-16所示。

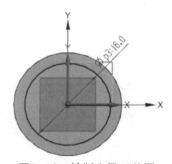

图2-16　绘制直径16的圆

04 再次拉伸距离为24，创建拉伸特征，如图2-17所示。

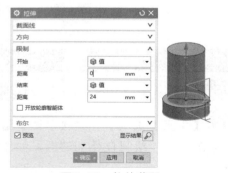

图2-17　拉伸草图

05 单击【主页】选项卡【特征】组中的【拔模】按钮，创建拔模特征，如图2-18所示。

06 单击【主页】选项卡【直接草图】组中的【圆】按钮○，绘制直径18的圆，如图2-19所示。

07 单击【主页】选项卡【特征】组中的【拉伸】按钮，拉伸距离为16，创建拉伸特征，

如图2-20所示。

图2-18　创建拔模特征

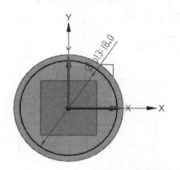

图2-19　绘制直径18的圆

图2-20　拉伸草图

08 单击【主页】选项卡【特征】组中的【拔模】按钮，创建拔模特征，和之前的拔模形成相对特征，如图2-21所示。

图2-21　创建拔模特征

09 单击【主页】选项卡【直接草图】组中的【圆】按钮○，绘制直径16的圆，如图2-22所示。

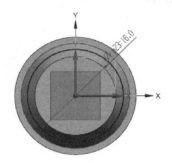

图2-22 绘制直径16的圆

10 拉伸距离为3，创建拉伸特征作为瓶口，如图2-23所示。

图2-23 拉伸草图

11 单击【主页】选项卡【特征】组中的【边倒圆】按钮◉，创建边倒圆特征，半径为0.8，形成底座部分，如图2-24所示。

图2-24 创建半径0.8的边倒圆

12 单击【主页】选项卡【特征】组中的【边倒圆】按钮◉，创建边倒圆特征，半径为1，形成瓶身部分，如图2-25所示。

图2-25 创建半径1的边倒圆

13 单击【主页】选项卡【特征】组中的【边倒圆】按钮◉，创建边倒圆特征，半径为0.2，形成瓶口部分，如图2-26所示。至此完成饮料瓶模型，如图2-27所示。

图2-26 创建半径0.2的边倒圆

图2-27 完成饮料瓶模型

实例 028 ⊙案例源文件：ywj/02/028.prt

绘制连接轴

01 单击【主页】选项卡【直接草图】组中的【圆】按钮○，绘制直径60的圆形，如图2-28所示。

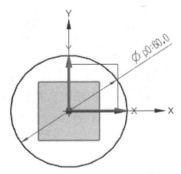

图2-28 绘制直径60的圆形

02 单击【主页】选项卡【特征】组中的【拉伸】按钮◉，拉伸距离为150，创建拉伸特征，如图2-29所示。

03 单击【主页】选项卡【直接草图】组中的【圆】按钮○，绘制直径100的圆形，如图2-30所示。

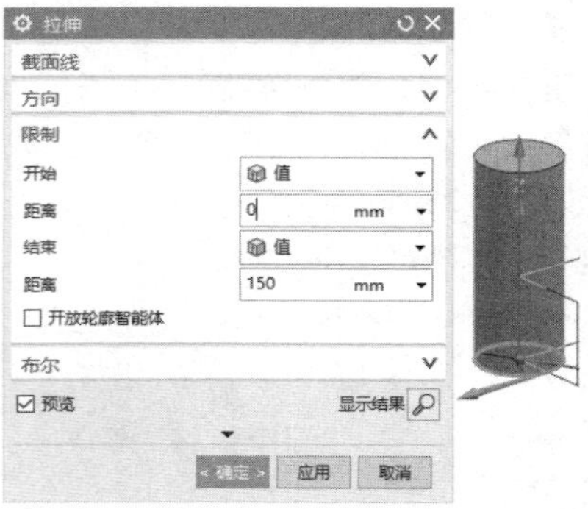

图2-29　拉伸草图

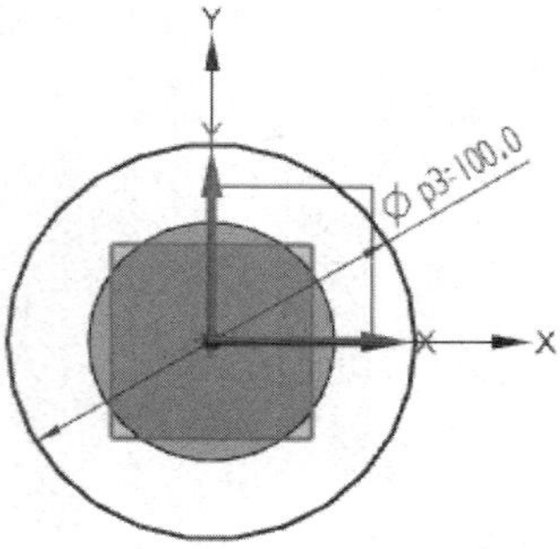

图2-30　绘制直径100的圆形

04 再次拉伸草图，距离为20，创建拉伸特征，如图2-31所示。

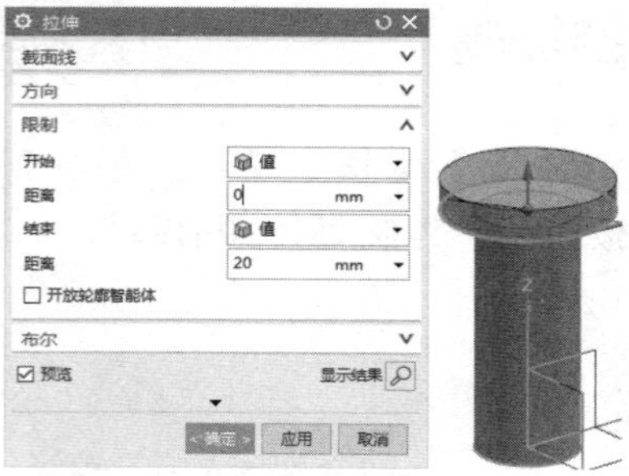

图2-31　拉伸草图

05 单击【主页】选项卡【直接草图】组中的【圆】按钮○，绘制直径110的圆形，如图2-32所示。

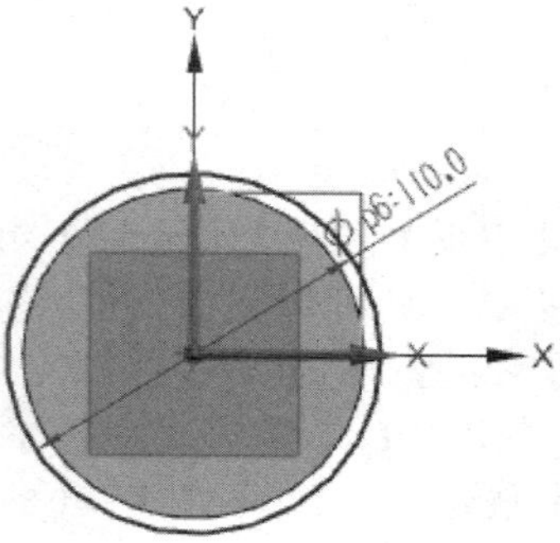

图2-32　绘制直径110的圆形

06 拉伸距离为120，创建如图2-33所示的拉伸特征。

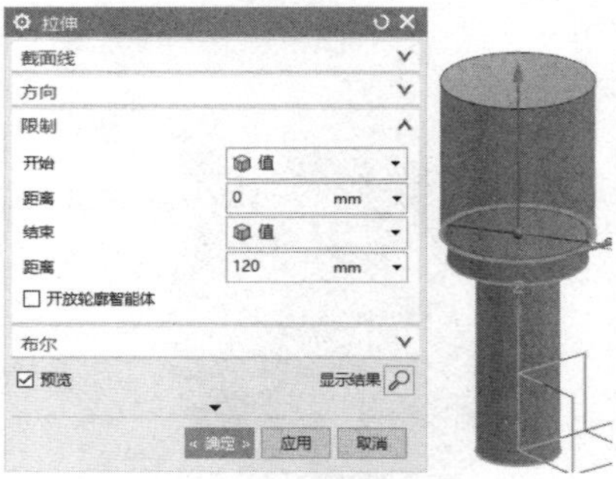

图2-33　拉伸草图

07 单击【主页】选项卡【直接草图】组中的【矩形】按钮□，绘制80×20的矩形，如图2-34所示。

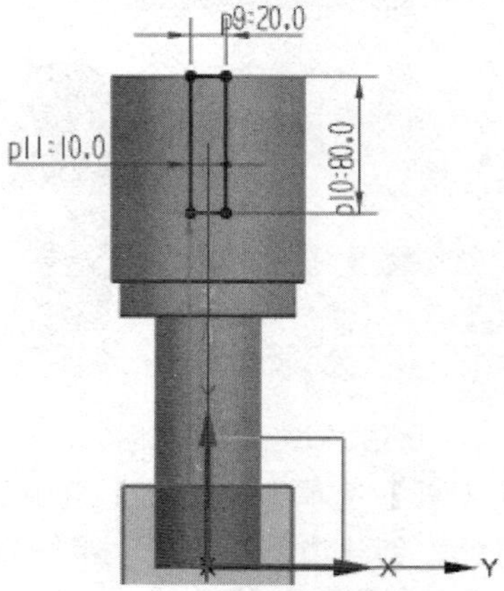

图2-34　绘制80×20的矩形

08 拉伸距离为60，创建如图2-35所示的拉伸特征。

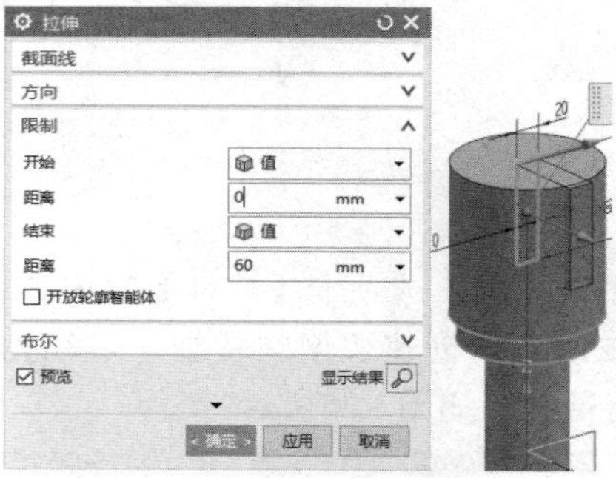

图2-35　拉伸草图

09 单击【主页】选项卡【特征】组中的【阵列特征】按钮，创建圆形阵列特征，如图2-36所示。

10 绘制10×4的矩形，如图2-37所示。

图2-36 创建阵列特征

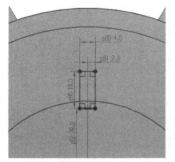

图2-37 绘制10×4的矩形

11 拉伸距离为150，创建拉伸切除特征，如图2-38所示。

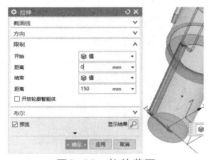

图2-38 拉伸草图

12 单击【主页】选项卡【特征】组中的【阵列特征】按钮，创建圆形阵列特征，如图2-39所示。

图2-39 创建阵列特征

13 单击【主页】选项卡【直接草图】组中的【生产线】按钮，绘制三角形，如图2-40所示。

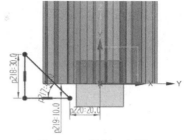

图2-40 绘制三角形

14 单击【主页】选项卡【特征】组中的【旋转】按钮，旋转草图，形成旋转切除特征，如图2-41所示。至此完成连接轴模型，如图2-42所示。

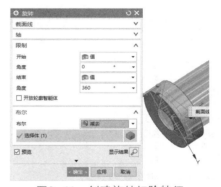

图2-41 创建旋转切除特征

图2-42 完成连接轴模型

实例 029

案例源文件：ywj/02/029.prt

绘制飞盘

01 单击【主页】选项卡【直接草图】组中的【圆】按钮，绘制直径100的圆形，如图2-43所示。

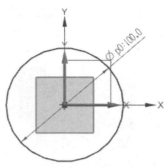

图2-43　绘制直径100的圆形

02 单击【主页】选项卡【特征】组中的【拉伸】按钮，拉伸距离为5，创建拉伸特征，如图2-44所示。

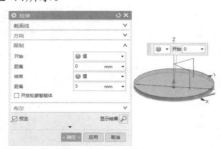

图2-44　拉伸草图

03 单击【主页】选项卡【特征】组中的【边倒圆】按钮，创建边倒圆特征，半径为2，如图2-45所示。

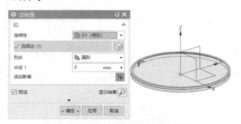

图2-45　创建半径2的边倒圆

04 单击【主页】选项卡【特征】组中的【抽壳】按钮，创建抽壳特征，如图2-46所示。

图2-46　创建抽壳特征

05 单击【主页】选项卡【直接草图】组中的【圆】按钮○，绘制直径10和50的同心圆，如图2-47所示。

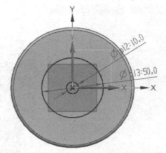

图2-47　绘制直径10和50的同心圆

06 单击【主页】选项卡【直接草图】组中的【圆弧】按钮，绘制半径25和30的圆弧，如图2-48所示。

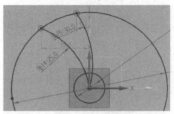

图2-48　绘制两条圆弧

07 单击【主页】选项卡【直接草图】组中的【快速修剪】按钮╳，修剪草图，形成扇叶形，如图2-49所示。

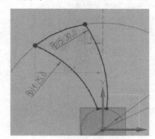

图2-49　修剪草图

08 单击【主页】选项卡【特征】组中的【拉伸】按钮，拉伸距离为10，创建拉伸切除特征，如图2-50所示。

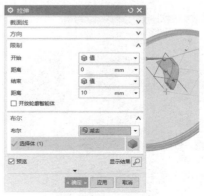

图2-50　拉伸草图

09 单击【主页】选项卡【特征】组中的【阵列特征】按钮，创建圆形阵列特征，如图2-51所示。至此完成飞盘模型，如图2-52所示。

图2-51　创建阵列特征

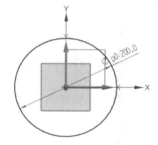

图2-52　完成飞盘模型

实例 030　绘制滑轮
案例源文件：ywj/02/030.prt

01 单击【主页】选项卡【直接草图】组中的【圆】按钮，绘制直径200的圆形，如图2-53所示。

图2-53　绘制直径200的圆形

02 单击【主页】选项卡【特征】组中的【拉伸】按钮，拉伸距离为30，创建拉伸特征，如图2-54所示。

03 单击【主页】选项卡【直接草图】组中的【圆】按钮，绘制直径160的圆形，如图2-55所示。

图2-54　拉伸草图

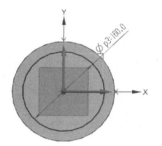

图2-55　绘制直径160的圆形

04 拉伸距离为10，创建拉伸切除特征，如图2-56所示。

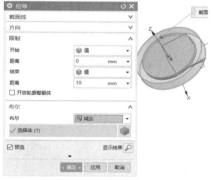

图2-56　拉伸草图

05 单击【主页】选项卡【直接草图】组中的【圆】按钮，绘制直径160的圆形，如图2-57所示。

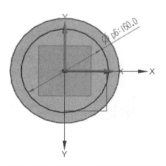

图2-57　绘制直径160的圆形

06 拉伸距离为10，创建拉伸切除特征，如图2-58所示。

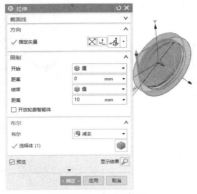

图2-58 拉伸草图

07 单击【主页】选项卡【直接草图】组中的【圆】按钮〇，绘制直径60的圆形，如图2-59所示。

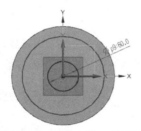

图2-59 绘制直径60的圆形

08 双向拉伸距离分别为50和40，创建拉伸特征，如图2-60所示。

图2-60 拉伸草图

09 绘制直径40的圆形，如图2-61所示。

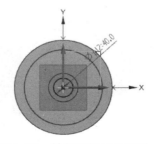

图2-61 绘制直径40的圆形

10 拉伸距离为100，创建拉伸切除特征，如图2-62所示。

图2-62 创建拉伸切除特征

11 绘制直径20的圆形，如图2-63所示。

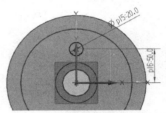

图2-63 绘制直径20的圆形

12 拉伸距离为100，创建拉伸切除特征，如图2-64所示。

图2-64 创建拉伸切除特征

13 单击【主页】选项卡【特征】组中的【阵列特征】按钮❀，创建圆形阵列特征，如图2-65所示。

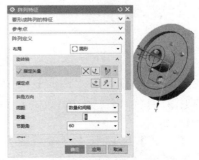

图2-65 创建阵列特征

14 单击【主页】选项卡【直接草图】组中的【圆】按钮○，绘制直径20的圆形，如图2-66所示。

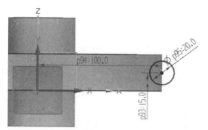

图2-66　绘制直径20的圆形

15 单击【主页】选项卡【特征】组中的【旋转】按钮📷，旋转草图，创建旋转切除特征，如图2-67所示。至此完成滑轮模型，如图2-68所示。

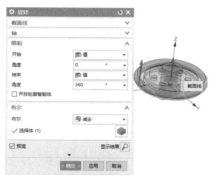

图2-67　创建旋转切除特征

图2-68　完成滑轮模型

实例 031 ⊙ 案例源文件：ywj/02/031.prt

绘制轴承座

01 单击【主页】选项卡【直接草图】组中的【矩形】按钮▭，绘制200×20的矩形，如图2-69所示。

02 在矩形上方继续绘制140×50的矩形，如图2-70所示。

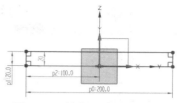

图2-69　绘制200×20的矩形

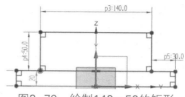

图2-70　绘制140×50的矩形

03 单击【主页】选项卡【直接草图】组中的【圆】按钮○，绘制直径140的圆形，如图2-71所示。

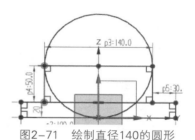

图2-71　绘制直径140的圆形

04 单击【主页】选项卡【直接草图】组中的【快速修剪】按钮✕，修剪草图形状，如图2-72所示。

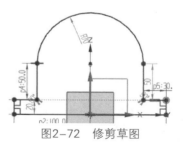

图2-72　修剪草图

05 单击【主页】选项卡【特征】组中的【拉伸】按钮🀤，拉伸距离为100，创建拉伸特征，如图2-73所示。

图2-73　拉伸草图

06 单击【主页】选项卡【直接草图】组中的【圆】按钮〇，绘制两个直径30的圆形，如图2-74所示。

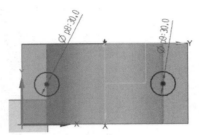

图2-74　绘制两个直径30的圆形

07 拉伸距离为100，创建拉伸特征，如图2-75所示。

图2-75　拉伸草图

08 单击【主页】选项卡【特征】组中的【边倒圆】按钮◈，创建边倒圆特征，半径为10，如图2-76所示。

图2-76　创建半径10的边倒圆

09 单击【主页】选项卡【直接草图】组中的【圆】按钮〇，绘制两个直径20的圆形，如图2-77所示。

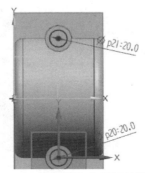

图2-77　绘制两个直径20的圆形

10 拉伸距离为40，创建拉伸切除特征，如图2-78所示。

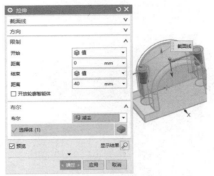

图2-78　创建拉伸切除特征

11 单击【主页】选项卡【直接草图】组中的【圆】按钮〇，绘制直径100的圆形，如图2-79所示。

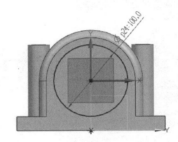

图2-79　绘制直径100的圆形

12 拉伸距离为10，创建拉伸特征，如图2-80所示。

图2-80　拉伸草图

13 单击【主页】选项卡【特征】组中的【边倒圆】按钮◈，创建边倒圆特征，半径为4，如图2-81所示。

图2-81　创建半径4的边倒圆

14 单击【主页】选项卡【直接草图】组中的
【圆】按钮〇，绘制直径70的圆形，如图2-82
所示。

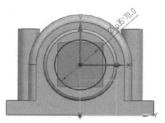

图2-82　绘制直径70的圆形

15 拉伸距离为140，创建拉伸切除特征，如
图2-83所示。至此完成轴承座模型，如图2-84
所示。

图2-83　创建拉伸切除特征

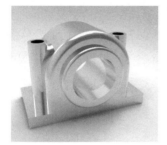

图2-84　完成轴承座模型

实例 032　　案例源文件：ywj/02/032.prt

绘制阶梯轴

01 单击【主页】选项卡【直接草图】组中的
【矩形】按钮▢，依次绘制4个矩形，形成轴
侧面草图，如图2-85所示。

02 单击【主页】选项卡【直接草图】组中的
【快速修剪】按钮✕，修剪草图，如图2-86
所示。

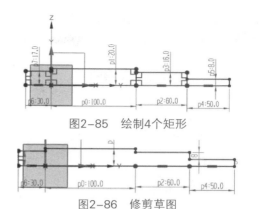

图2-85　绘制4个矩形

图2-86　修剪草图

03 单击【主页】选项卡【特征】组中的【旋
转】按钮🔄，旋转草图，创建旋转特征，如图2-87
所示。

图2-87　创建旋转特征

04 单击【主页】选项卡【特征】组中的【倒斜
角】按钮🔷，创建倒斜角特征，距离为5，如
图2-88所示。

图2-88　创建距离5的倒斜角

05 单击【主页】选项卡【特征】组中的【倒斜
角】按钮🔷，创建另一端的倒斜角特征，距离
为2，如图2-89所示。

图2-89　创建距离2的倒斜角

06 单击【主页】选项卡【特征】组中的【基准平面】按钮 ◈，创建基准平面，如图2-90所示。

图2-90　创建基准平面

07 单击【主页】选项卡【直接草图】组中的【矩形】按钮 ▢，绘制50×20的矩形，如图2-91所示。

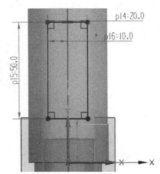

图2-91　绘制50×20的矩形

08 单击【主页】选项卡【直接草图】组中的【圆】按钮 ○，绘制两个直径20的圆形，如图2-92所示。

09 单击【主页】选项卡【直接草图】组中的【快速修剪】按钮 ✕，修剪草图，如图2-93所示。

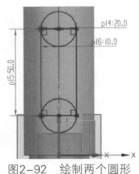

图2-92　绘制两个圆形　　图2-93　修剪图形

10 单击【主页】选项卡【特征】组中的【拉伸】按钮 ◉，拉伸距离为50，创建拉伸切除特征，如图2-94所示。至此完成阶梯轴模型，如图2-95所示。

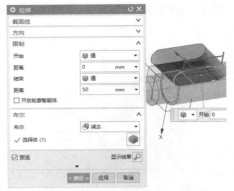

图2-94　创建拉伸切除特征

图2-95　完成阶梯轴模型

实例 033　　⊕ 案例源文件：ywj/02/033.prt

创建法兰

01 单击【主页】选项卡【直接草图】组中的【圆】按钮 ○，绘制直径40和100的圆形，如图2-96所示。

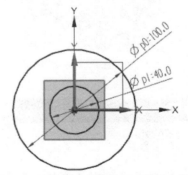

图2-96　绘制直径40和100的同心圆

02 单击【主页】选项卡【特征】组中的【拉伸】按钮 ◉，拉伸距离为10，创建拉伸特征，如图2-97所示。

03 绘制直径40和60的圆形，如图2-98所示。

图2-97　拉伸草图

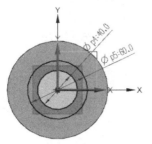

图2-98　绘制直径40和60的同心圆

04 拉伸距离为40，创建拉伸特征，如图2-99所示。

图2-99　拉伸草图

05 单击【主页】选项卡【特征】组中的【拔模】按钮 ，创建拔模特征，如图2-100所示。

图2-100　创建拔模特征

06 单击【主页】选项卡【特征】组中的【边倒圆】按钮 ，创建边倒圆特征，半径为3，如图2-101所示。

图2-101　创建半径3的边倒圆

07 单击【主页】选项卡【直接草图】组中的【圆】按钮 ，绘制直径12的圆形，如图2-102所示。

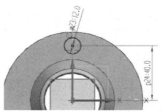

图2-102　绘制直径12的圆形

08 拉伸距离为40，创建拉伸切除特征，如图2-103所示。

图2-103　创建拉伸切除特征

09 单击【主页】选项卡【特征】组中的【阵列特征】按钮 ，创建圆形阵列特征，如图2-104所示。至此完成法兰模型，如图2-105所示。

图2-104　创建阵列特征

图2-105　完成法兰模型

实例 034

（○案例源文件：ywj/02/034.prt）

创建手柄

01 单击【主页】选项卡【直接草图】组中的【矩形】按钮□，绘制60×200的矩形，如图2-106所示。

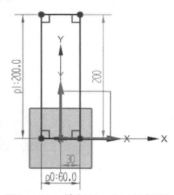

图2-106　绘制60×200的矩形

02 单击【主页】选项卡【特征】组中的【拉伸】按钮，拉伸距离为20，创建拉伸特征，如图2-107所示。

图2-107　拉伸草图

03 单击【主页】选项卡【特征】组中的【边倒圆】按钮，创建边倒圆特征，半径为4，如图2-108所示。

图2-108　创建半径4的边倒圆

04 单击【主页】选项卡【特征】组中的【边倒圆】按钮，创建边倒圆特征，半径为2，如图2-109所示。

图2-109　创建半径2的边倒圆

05 单击【主页】选项卡【直接草图】组中的【矩形】按钮□，绘制交叉的矩形，形成十字键草图，如图2-110所示。

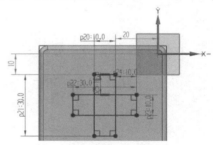

图2-110　绘制交叉的矩形

06 单击【主页】选项卡【直接草图】组中的【快速修剪】按钮×，修剪草图，如图2-111所示。

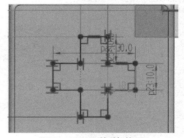

图2-111　修剪草图

07 单击【主页】选项卡【特征】组中的【拉伸】按钮，拉伸距离为4，创建拉伸特征，形成十字键，如图2-112所示。

图2-112 拉伸草图

08 单击【主页】选项卡【直接草图】组中的【圆】按钮○，绘制3个直径14的圆形，如图2-113所示。

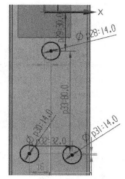

图2-113 绘制3个直径14的圆形

09 拉伸距离为4，创建拉伸特征，形成圆键，如图2-114所示。

图2-114 拉伸草图

10 单击【主页】选项卡【特征】组中的【边倒圆】按钮◉，创建边倒圆特征，半径为2，如图2-115所示。

图2-115 创建半径2的边倒圆

11 单击【主页】选项卡【直接草图】组中的【圆】按钮○，绘制直径4的圆形，如图2-116所示。

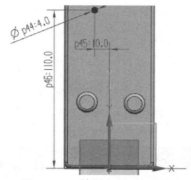

图2-116 绘制直径4的圆形

12 拉伸距离为10，创建拉伸切除特征，如图2-117所示。

图2-117 创建拉伸切除特征

13 单击【主页】选项卡【特征】组中的【阵列特征】按钮◉，创建线性阵列特征，如图2-118所示。至此完成手柄模型，如图2-119所示。

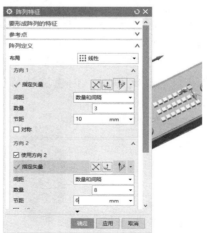

图2-118 创建阵列特征

图2-119　完成手柄模型

实例 035

案例源文件：ywj/02/035.prt

绘制花瓶

01 单击【主页】选项卡【直接草图】组中的【生产线】按钮／，绘制长20、140和30的直线，如图2-120所示。

02 单击【主页】选项卡【直接草图】组中的【艺术样条】按钮／，绘制样条曲线，如图2-121所示。

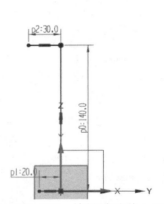

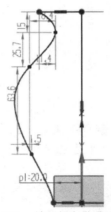

图2-120　绘制3条直线　　图2-121　绘制样条曲线

03 单击【主页】选项卡【特征】组中的【旋转】按钮，旋转草图，创建旋转特征，如图2-122所示。

图2-122　创建旋转特征

---

04 单击【主页】选项卡【特征】组中的【边倒圆】按钮，创建边倒圆特征，半径为4，如图2-123所示。

图2-123　创建半径4的边倒圆

05 单击【主页】选项卡【特征】组中的【抽壳】按钮，创建抽壳特征，如图2-124所示。至此完成花瓶模型，如图2-125所示。

图2-124　创建抽壳特征

图2-125　完成花瓶模型

实例 036

案例源文件：ywj/02/036.prt

绘制球体

01 单击【主页】选项卡【特征】组中的【球】按钮，创建球体特征，直径100，如图2-126所示。

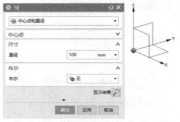

图2-126　创建直径100的球体

02 再次创建直径为96的球体特征,布尔运算设置为减去,如图2-127所示。

图2-127 创建直径96的切除球体

03 单击【主页】选项卡【直接草图】组中的【多边形】按钮◯,绘制六边形,如图2-128所示。

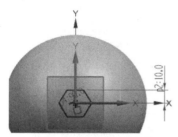

图2-128 绘制六边形

04 单击【主页】选项卡【特征】组中的【拉伸】按钮◈,拉伸距离为100,创建拉伸切除特征,形成球面空洞,如图2-129所示。

图2-129 创建拉伸切除特征

05 单击【主页】选项卡【特征】组中的【阵列特征】按钮,绕着Y轴创建圆形阵列特征,如图2-130所示。

06 单击【主页】选项卡【特征】组中的【阵列特征】按钮,绕着X轴创建圆形阵列特征,如图2-131所示。至此完成球体模型,如图2-132所示。

图2-130 创建Y轴阵列特征

图2-131 创建X轴阵列特征

图2-132 完成球体模型

实例 037　　●案例源文件:ywj/02/037.prt

绘制十字轴

01 单击【主页】选项卡【直接草图】组中的【圆】按钮◯,绘制直径100和120的同心圆,如图2-133所示。

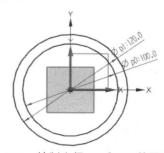

图2-133 绘制直径100和120的同心圆

02 单击【主页】选项卡【特征】组中的【拉伸】按钮🗗，拉伸距离为30，创建拉伸特征，如图2-134所示。

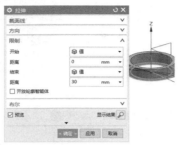

图2-134　拉伸草图

03 单击【主页】选项卡【特征】组中的【基准平面】按钮◈，创建基准平面，如图2-135所示。

图2-135　创建基准平面

04 单击【主页】选项卡【直接草图】组中的【圆】按钮◯，绘制直径40的圆形，如图2-136所示。

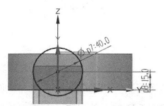

图2-136　绘制直径40的圆形

05 创建拉伸特征，拉伸距离为100，形成圆柱，如图2-137所示。

图2-137　拉伸草图

06 单击【主页】选项卡【直接草图】组中的【矩形】按钮▢，绘制两个矩形，以便对圆

柱进行切削，如图2-138所示。

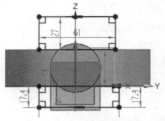

图2-138　绘制两个矩形

07 创建拉伸切除特征，拉伸距离为40，如图2-139所示。

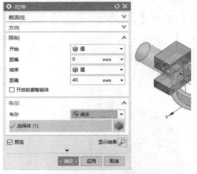

图2-139　创建拉伸切除特征

08 单击【主页】选项卡【直接草图】组中的【圆】按钮◯，绘制直径26的圆形，如图2-140所示。

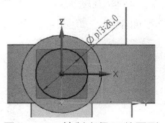

图2-140　绘制直径26的圆形

09 单击【主页】选项卡【特征】组中的【拉伸】按钮🗗，拉伸距离为40，创建拉伸切除特征，形成孔，如图2-141所示。

图2-141　创建拉伸切除特征

10 单击【主页】选项卡【特征】组中的【阵列特征】按钮🔩，创建圆形阵列特征，如图2-142所示。至此完成十字轴模型，如图2-143所示。

图2-142　创建阵列特征

图2-143　完成十字轴模型

实例 038

🔴 案例源文件：ywjj/02/038.prt

绘制拐角轴

01 单击【主页】选项卡【直接草图】组中的【生产线】按钮╱，绘制长200和300的直线，如图2-144所示。

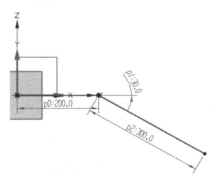

图2-144　绘制长200和300的直线

02 单击【主页】选项卡【直接草图】组中的【圆角】按钮╮，绘制半径200的圆角，如图2-145所示。

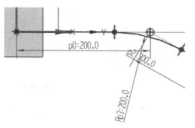

图2-145　绘制半径200的圆角

03 单击【主页】选项卡【直接草图】组中的【圆】按钮◯，在ZX面上绘制直径100的圆形，如图2-146所示。

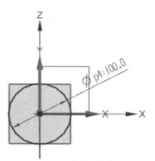

图2-146　在ZX平面绘制直径100的圆形

04 单击【曲面】选项卡【曲面】组中的【扫掠】按钮◢，创建扫掠特征，如图2-147所示。

图2-147　创建扫掠特征

05 单击【主页】选项卡【直接草图】组中的【圆】按钮◯，绘制直径30和70的同心圆，如图2-148所示。

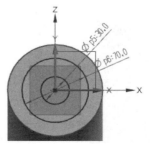

图2-148　绘制直径30和70的同心圆

06 单击【主页】选项卡【特征】组中的【拉伸】按钮🔲，创建拉伸切除特征，拉伸草图距离为10，形成圆环槽，如图2-149所示。

图2-149　创建拉伸切除特征

07 单击【主页】选项卡【直接草图】组中的【圆】按钮◯，绘制直径20的圆形，如图2-150所示。

图2-150　绘制直径20的圆形

08 单击【主页】选项卡【特征】组中的【拉伸】按钮🔲，创建拉伸特征，拉伸距离为60，如图2-151所示。

图2-151　拉伸草图

09 单击【主页】选项卡【直接草图】组中的【矩形】按钮▢，绘制20×8的矩形，如图2-152所示。

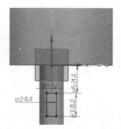

图2-152　绘制20×8的矩形

10 创建拉伸特征，拉伸距离为14，形成方键，如图2-153所示。

图2-153　拉伸草图

11 单击【主页】选项卡【特征】组中的【基准平面】按钮◇，创建基准平面，如图2-154所示。

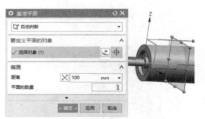

图2-154　创建基准平面

12 单击【主页】选项卡【直接草图】组中的【矩形】按钮▢，绘制140×140的矩形，如图2-155所示。

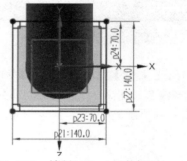

图2-155　绘制140×140的矩形

13 创建拉伸特征，拉伸距离为20，如图2-156所示。

图2-156　拉伸草图

14 单击【主页】选项卡【特征】组中的【边倒圆】按钮 ，创建边倒圆特征，半径为20，如图2-157所示。

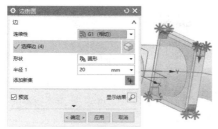

图2-157　创建半径20的边倒圆

15 单击【主页】选项卡【直接草图】组中的【圆】按钮○，绘制4个直径20的圆形，如图2-158所示。

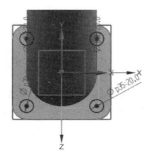

图2-158　绘制4个直径20的圆形

16 创建拉伸切除特征，拉伸距离为40，形成定位孔，如图2-159所示。至此完成拐角轴模型，如图2-160所示。

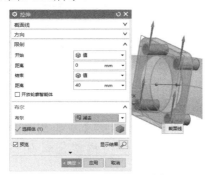

图2-159　创建拉伸切除特征

图2-160　完成拐角轴模型

实例 039

绘制连接阀

案例源文件：ywj/02/039.prt

01 单击【主页】选项卡【直接草图】组中的【矩形】按钮 □，依次绘制4个矩形，形成轴侧面草图，如图2-161所示。

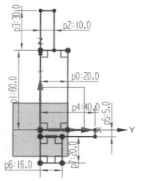

图2-161　绘制4个矩形

02 单击【主页】选项卡【直接草图】组中的【快速修剪】按钮 ✕，修剪草图，如图2-162所示。

图2-162　修剪草图

03 单击【主页】选项卡【特征】组中的【旋转】按钮 ，旋转草图，创建旋转特征，如图2-163所示。

图2-163　创建旋转特征

04 单击【主页】选项卡【直接草图】组中的【圆】按钮○，绘制直径40的圆形，如图2-164所示。

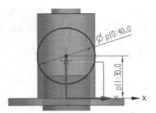

图2-164　绘制直径40的圆形

05 单击【主页】选项卡【特征】组中的【拉伸】按钮 ，创建拉伸特征，拉伸距离为50，如图2-165所示。

图2-165　拉伸草图

06 单击【主页】选项卡【直接草图】组中的【圆】按钮○，绘制直径30的圆形，如图2-166所示。

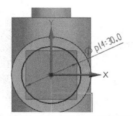

图2-166　绘制直径30的圆形

07 创建拉伸切除特征，拉伸距离为60，形成孔，如图2-167所示。

图2-167　创建拉伸切除特征

08 单击【主页】选项卡【直接草图】组中的【圆】按钮○，绘制直径4的圆形，如图2-168

所示。

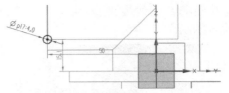

图2-168　绘制直径4的圆形

09 单击【主页】选项卡【特征】组中的【基准坐标系】按钮 ，创建基准坐标系，如图2-169所示。

图2-169　创建基准坐标系

10 单击【曲线】选项卡【曲线】组中的【螺旋】按钮 ，创建螺旋线，如图2-170所示。

图2-170　创建螺旋线

11 单击【曲面】选项卡【曲面】组中的【扫掠】按钮 ，创建扫掠特征，如图2-171所示。

图2-171　创建扫掠特征

12 单击【主页】选项卡【特征】组中的【减去】按钮■，创建布尔减运算，如图2-172所示。

图2-172　创建布尔减运算

◎提示·◦

这里布尔操作只针对实体而言，不能对片体进行操作。

13 单击【主页】选项卡【直接草图】组中的【圆】按钮○，绘制直径20的圆形，如图2-173所示。

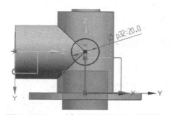

图2-173　绘制直径20的圆形

14 创建拉伸特征，拉伸距离为40，如图2-174所示。

图2-174　拉伸草图

15 绘制直径30的圆形，如图2-175所示。

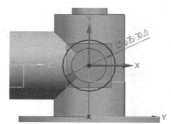

图2-175　绘制直径30的圆形

16 创建拉伸特征，拉伸距离为10，形成凸台，如图2-176所示。

图2-176　拉伸草图

17 绘制直径50的圆形，如图2-177所示。

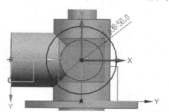

图2-177　绘制直径50的圆形

18 创建拉伸特征，拉伸距离为20，如图2-178所示。

图2-178　拉伸草图

19 创建边倒圆特征，半径为4，如图2-179所示。

图2-179　创建半径4的边倒圆

20 绘制直径10的圆形，如图2-180所示。

21 创建拉伸切除特征，拉伸距离为30，形成缺口，如图2-181所示。

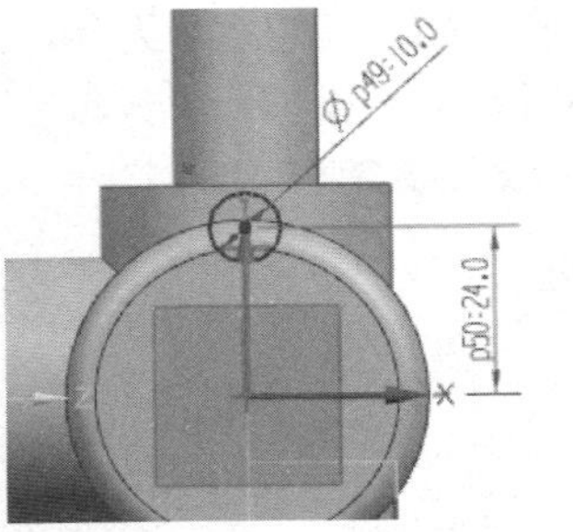

图2-180　绘制直径10的圆形

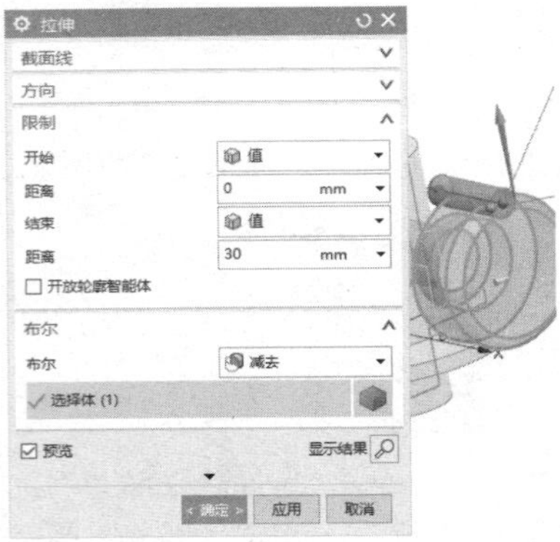

图2-181　创建拉伸切除特征

22 单击【主页】选项卡【特征】组中的【阵列特征】按钮，创建圆形阵列特征，如图2-182所示。至此完成连接阀模型，如图2-183所示。

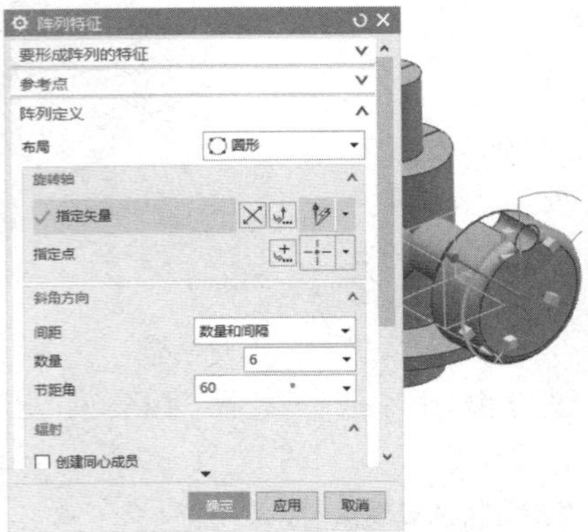

图2-182　创建阵列特征

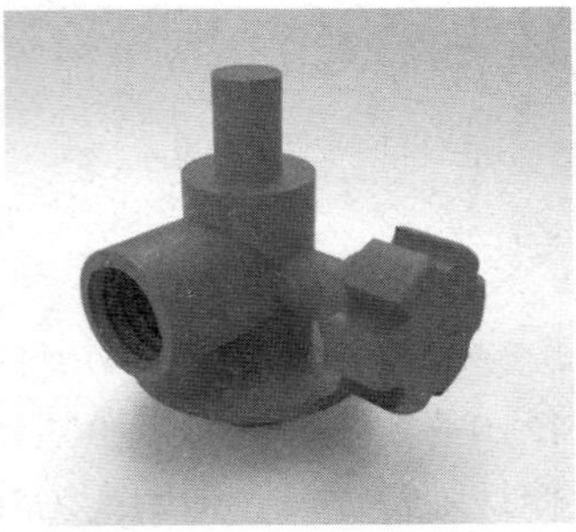

图2-183　完成连接阀模型

实例 040

案例源文件：ywj/02/040.prt

绘制机箱

01 单击【主页】选项卡【直接草图】组中的【矩形】按钮，绘制200×120的矩形，如图2-184所示。

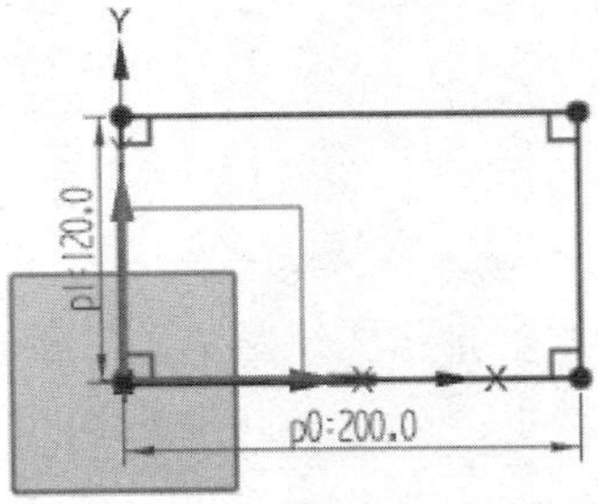

图2-184　绘制200×120的矩形

02 单击【主页】选项卡【特征】组中的【拉伸】按钮，创建拉伸特征，拉伸距离为100，如图2-185所示。

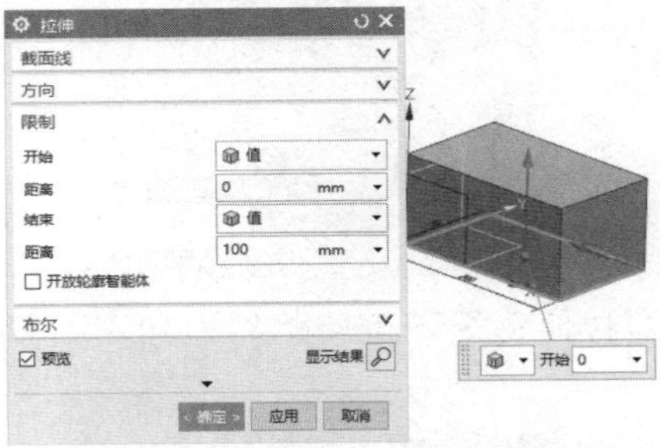

图2-185　拉伸草图

03 再次绘制90×45的矩形，形成切削部分的草图，如图2-186所示。

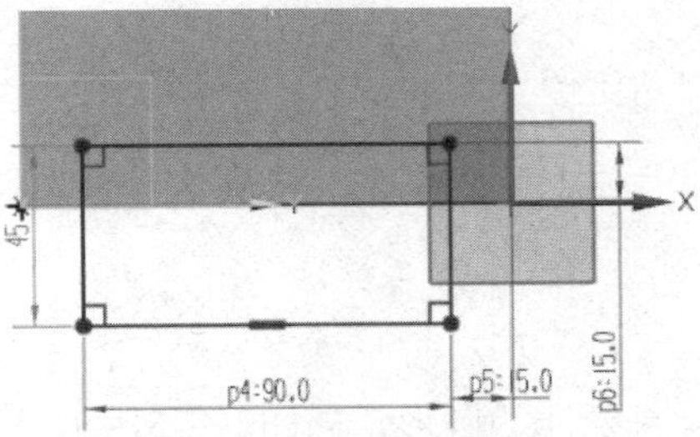

图2-186　绘制90×45的矩形

04 创建拉伸切除特征，拉伸距离为250，如图2-187所示。

05 绘制30×140的矩形，形成切削部分的草图，如图2-188所示。

06 创建拉伸切除特征，拉伸距离为250，如图2-189所示。

图2-187　创建拉伸切除特征

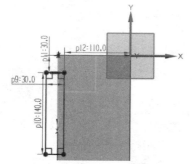

图2-188　绘制30×140的矩形

图2-189　创建拉伸切除特征

07 单击【主页】选项卡【特征】组中的【边倒圆】按钮🧊，创建边倒圆特征，半径为10，如图2-190所示。

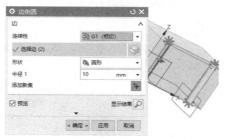

图2-190　创建半径10的边倒圆

08 单击【主页】选项卡【特征】组中的【边倒圆】按钮🧊，创建边倒圆特征，半径为2，如图2-191所示。

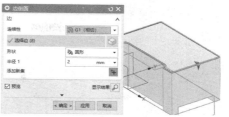

图2-191　创建半径2的边倒圆

09 绘制50×30的矩形，形成切削部分草图，如图2-192所示。

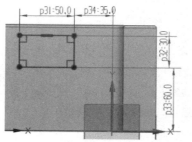

图2-192　绘制50×30的矩形

10 创建拉伸切除特征，拉伸距离为4，如图2-193所示。

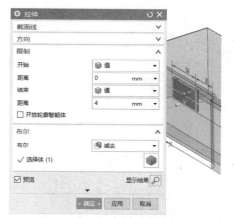

图2-193　创建拉伸切除特征

11 绘制直径2的圆形，如图2-194所示。

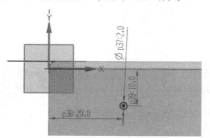

图2-194　绘制直径2的圆形

12 单击【主页】选项卡【直接草图】组中的【阵列曲线】按钮，绘制线性阵列曲线，如图2-195所示。

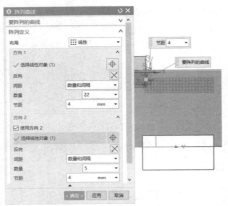

图2-195 阵列圆形

13 创建拉伸切除特征，拉伸距离为4，形成散热孔，如图2-196所示。至此完成机箱模型，如图2-197所示。

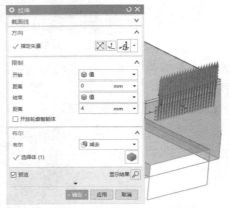

图2-196 创建拉伸切除特征

图2-197 完成机箱模型

实例 041

案例源文件：ywj/02/041.prt

绘制设备外壳

01 单击【主页】选项卡【直接草图】组中的【矩形】按钮 ▭，绘制160×90的矩形，如图2-198所示。

02 单击【主页】选项卡【特征】组中的【拉伸】按钮 ，拉伸距离为30，创建拉伸特征，如图2-199所示。

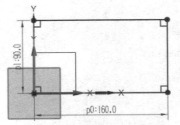

图2-198 绘制160×90的矩形

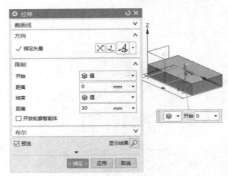

图2-199 拉伸草图

03 再次绘制两个矩形，形成切削部分的草图，如图2-200所示。

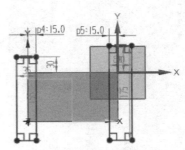

图2-200 绘制两个矩形

04 创建拉伸切除特征，拉伸距离为26，如图2-201所示。

图2-201 创建拉伸切除特征

05 绘制110×70的矩形，形成切削部分草图，如图2-202所示。

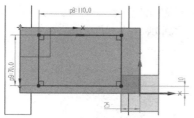

图2-202　绘制110×70的矩形

06 创建拉伸切除特征，拉伸距离为26，形成中空部分，如图2-203所示。

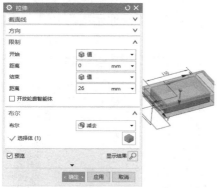

图2-203　创建拉伸切除特征

07 单击【主页】选项卡【直接草图】组中的【圆】按钮○，绘制直径16和4的5个圆形，如图2-204所示。

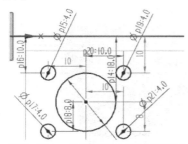

图2-204　绘制直径16和4的圆形

08 创建拉伸切除特征，拉伸距离为200，形成安装孔位，如图2-205所示。

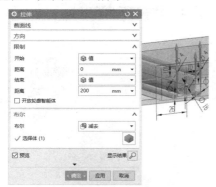

图2-205　创建拉伸切除特征

09 单击【主页】选项卡【特征】组中的【阵列特征】按钮，创建线性阵列特征，如图2-206所示。至此完成设备外壳模型，如图2-207所示。

图2-206　创建阵列特征

图2-207　完成设备外壳模型

实例 042　绘制泵接头

案例源文件：ywj/02/042.prt

01 单击【主页】选项卡【直接草图】组中的【圆】按钮○，绘制直径20的圆形，如图2-208所示。

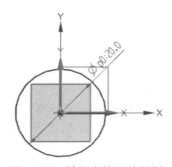

图2-208　绘制直径20的圆形

02 单击【主页】选项卡【特征】组中的【拉伸】按钮，创建拉伸特征，拉伸距离为10，如图2-209所示。

03 单击【主页】选项卡【特征】组中的【拔模】按钮，创建拔模特征，如图2-210所示。

图2-209　拉伸草图

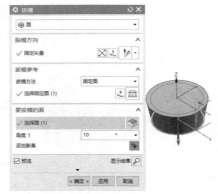

图2-210　创建拔模特征

04 单击【主页】选项卡【特征】组中的【阵列特征】按钮，创建线性阵列特征，如图2-211所示。

图2-211　创建阵列特征

05 单击【主页】选项卡【特征】组中的【合并】按钮，创建布尔加运算，如图2-212所示。

图2-212　创建布尔加运算

06 绘制直径30的圆形，如图2-213所示。

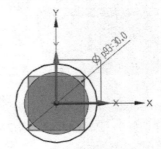

图2-213　绘制直径30的圆形

07 创建拉伸特征，拉伸距离为40，如图2-214所示。

图2-214　拉伸草图

08 绘制7×10的矩形，形成切削部分草图，如图2-215所示。

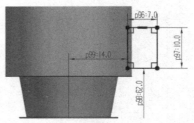

图2-215　绘制7×10的矩形

09 旋转草图，创建旋转切除特征，如图2-216所示。

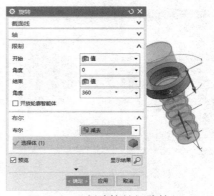

图2-216　创建旋转切除特征

10 在右侧绘制直径30的圆形，如图2-217所示。

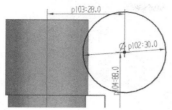

图2-217　绘制直径30的圆形

11 旋转草图，创建旋转切除特征，如图2-218所示。

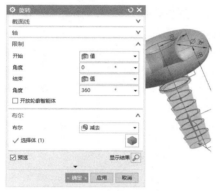

图2-218　创建旋转切除特征

12 绘制直径为16的圆形，如图2-219所示。

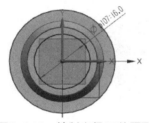

图2-219　绘制直径16的圆形

13 创建拉伸切除特征，拉伸距离为120，形成孔，如图2-220所示。至此完成泵接头模型，如图2-221所示。

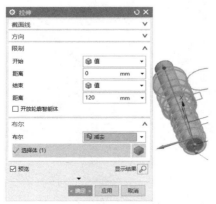

图2-220　创建拉伸切除特征

图2-221　完成泵接头模型

实例 043

◎ 案例源文件：ywj/02/043.prt

绘制缸体

01 单击【主页】选项卡【直接草图】组中的【生产线】按钮／，绘制梯形图形，如图2-222所示。

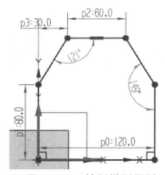

图2-222　绘制梯形图形

02 单击【主页】选项卡【特征】组中的【拉伸】按钮🏠，创建拉伸特征，拉伸距离为50，如图2-223所示。

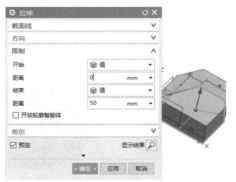

图2-223　拉伸草图

03 单击【主页】选项卡【特征】组中的【边倒圆】按钮🔲，创建边倒圆特征，半径为10，如图2-224所示。

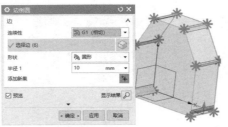

图2-224　创建半径10的边倒圆

04 单击【主页】选项卡【特征】组中的【抽壳】按钮 ⬡ ，创建抽壳特征，如图2-225所示。

图2-225　创建抽壳特征

05 单击【主页】选项卡【直接草图】组中的【偏置曲线】按钮 ⬚ ，绘制偏置曲线，如图2-226所示。

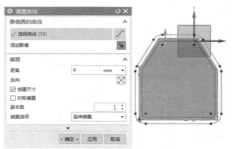

图2-226　绘制偏置曲线

06 创建拉伸特征，拉伸距离为4，形成边缘突出部分，如图2-227所示。

图2-227　拉伸草图

07 单击【主页】选项卡【直接草图】组中的【圆】按钮 ○ ，绘制两个直径10的圆形，如图

2-228所示。

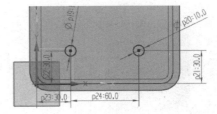

图2-228　绘制两个直径10的圆形

08 创建拉伸特征，拉伸距离为40，形成定位柱，如图2-229所示。

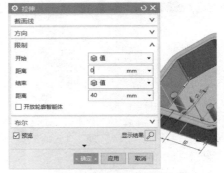

图2-229　拉伸草图

09 单击【主页】选项卡【直接草图】组中的【生产线】按钮 ／ ，绘制长30的4条直线，如图2-230所示。

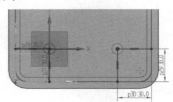

图2-230　绘制直线图形

10 单击【主页】选项卡【特征】组中的【筋板】按钮 ⬡ ，创建筋板特征，如图2-231所示。

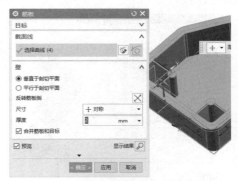

图2-231　创建筋板特征

11 绘制直径20的圆形，如图2-232所示。

UG NX 12 完全实训手册

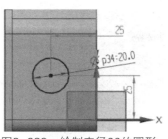

图2-232　绘制直径20的圆形

12 创建拉伸特征，拉伸距离为40，形成孔，如图2-233所示。

图2-233　创建拉伸切除特征

13 绘制直径50的圆形，如图2-234所示。

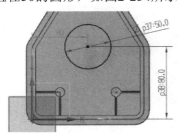

图2-234　绘制直径50的圆形

14 创建拉伸特征，拉伸距离为10，如图2-235所示。

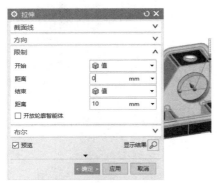

图2-235　拉伸草图

15 绘制直径44的圆形，如图2-236所示。

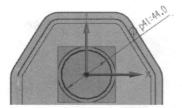

图2-236　绘制直径44的圆形

16 创建拉伸切除特征，拉伸距离为10，形成槽，如图2-237所示。

图2-237　创建拉伸切除特征

17 绘制直径20的圆形，如图2-238所示。

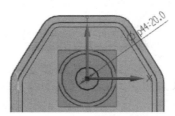

图2-238　绘制直径20的圆形

18 创建拉伸切除特征，拉伸距离为20，形成孔，如图2-239所示。至此完成缸体模型，如图2-240所示。

图2-239　创建拉伸切除特征

图2-240　完成缸体模型

实例 044

案例源文件：ywj/02/044.prt

绘制螺纹接头

01 单击【主页】选项卡【直接草图】组中的【多边形】按钮◇，绘制六边形，如图2-241所示。

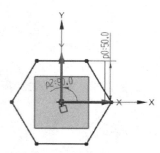

图2-241　绘制六边形

02 单击【主页】选项卡【特征】组中的【拉伸】按钮◆，拉伸距离为140，创建拉伸特征，如图2-242所示。

图2-242　拉伸草图

03 单击【主页】选项卡【直接草图】组中的【多边形】按钮◇，在YZ面上绘制同样大小的六边形，如图2-243所示。

04 创建拉伸特征，拉伸距离为200，形成L形接头，如图2-244所示。

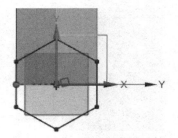

图2-243　绘制六边形

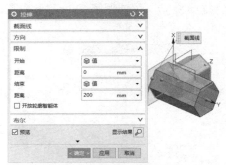

图2-244　拉伸草图

05 绘制矩形和梯形，形成切削部分草图，如图2-245所示。

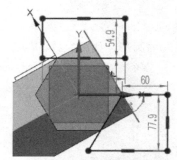

图2-245　绘制梯形和矩形

06 创建拉伸切除特征，拉伸距离为200，如图2-246所示。

图2-246　创建拉伸切除特征

07 绘制直径90的圆形，如图2-247所示。

08 创建拉伸特征，拉伸距离为100，如图2-248

所示。

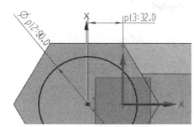

图2-247 绘制直径90的圆形

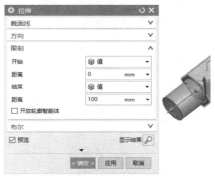

图2-248 拉伸草图

09 绘制三角形，如图2-249所示。

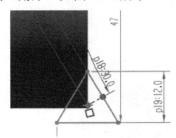

图2-249 绘制三角形

10 单击【曲线】选项卡【曲线】组中的【螺旋】按钮 🌀，创建螺旋线，如图2-250所示。

图2-250 创建螺旋线

11 单击【曲面】选项卡【曲面】组中的【扫掠】按钮 🔷，创建扫掠特征，如图2-251所示。

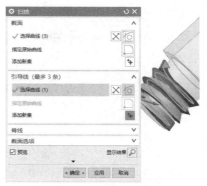

图2-251 创建扫掠特征

12 单击【主页】选项卡【特征】组中的【减去】按钮 🔳，创建布尔减运算，如图2-252所示。

图2-252 创建布尔减运算

13 绘制直径60的圆形，如图2-253所示。

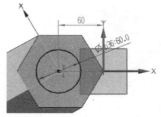

图2-253 绘制直径60的圆形

14 创建拉伸特征，拉伸距离为100，如图2-254所示。至此完成螺纹接头模型，如图2-255所示。

图2-254 拉伸草图

图2-255　完成螺纹接头模型

实例 045

🔗 案例源文件：ywj/02/045.prt

绘制曲轴

01 单击【主页】选项卡【直接草图】组中的【圆】按钮○，绘制直径100的圆形，如图2-256所示。

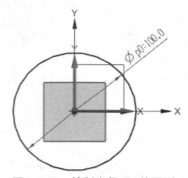

图2-256　绘制直径100的圆形

02 单击【主页】选项卡【特征】组中的【拉伸】按钮⬡，拉伸距离为10，创建拉伸特征，如图2-257所示。

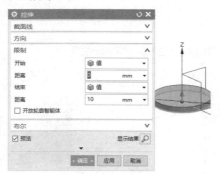

图2-257　拉伸草图

03 再次绘制直径60的圆形，如图2-258所示。

04 创建拉伸特征，拉伸距离为20，如图2-259所示。

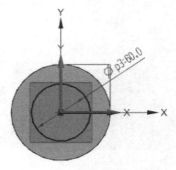

图2-258　绘制直径60的圆形

图2-259　拉伸草图

05 绘制直径30的圆形，如图2-260所示。

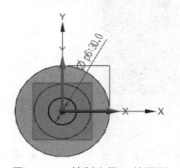

图2-260　绘制直径30的圆形

06 创建拉伸特征，拉伸距离为60，如图2-261所示。

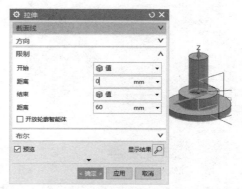

图2-261　拉伸草图

07 单击【主页】选项卡【特征】组中的【倒

斜角】按钮，创建倒斜角特征，如图2-262
所示。

图2-262　创建倒斜角

08 绘制直径30的圆形，如图2-263所示。

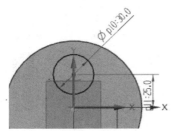

图2-263　绘制直径30的圆形

09 创建拉伸特征，拉伸距离为40，形成偏心轴
部分，如图2-264所示。

图2-264　拉伸草图

10 绘制直径100的圆形，如图2-265所示。

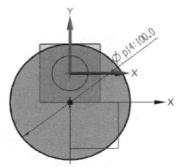

图2-265　绘制直径100的圆形

11 创建拉伸特征，拉伸距离为10，创建对向的
轴部分，如图2-266所示。

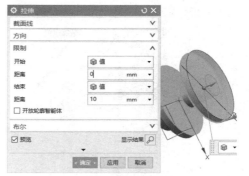

图2-266　拉伸草图

12 绘制直径60的圆形，如图2-267所示。

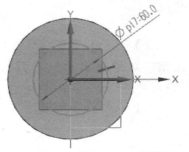

图2-267　绘制直径60的圆形

13 创建拉伸特征，拉伸距离为30，如图2-268
所示。

图2-268　拉伸草图

14 在圆柱顶部创建倒斜角特征，如图2-269所
示。至此完成曲轴模型，如图2-270所示。

图2-269　创建倒斜角

图2-270　完成曲轴模型

实例 046

案例源文件：ywj/02/046.prt

绘制连接杆

01 单击【主页】选项卡【直接草图】组中的【圆】按钮○，绘制直径50的圆形，如图2-271所示。

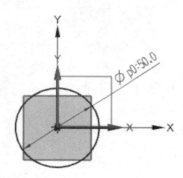

图2-271　绘制直径50的圆形

02 单击【主页】选项卡【特征】组中的【拉伸】按钮◈，拉伸距离为260，创建圆柱，如图2-272所示。

图2-272　拉伸草图

03 绘制直径90的圆形，如图2-273所示。

04 创建拉伸特征，拉伸距离为20，如图2-274所示。

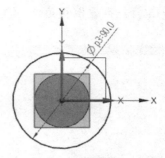

图2-273　绘制直径90的圆形

图2-274　拉伸草图

05 单击【主页】选项卡【直接草图】组中的【矩形】按钮▭，绘制宽100的矩形，形成切削部分草图，如图2-275所示。

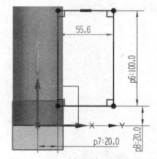

图2-275　绘制宽100的矩形

06 单击【主页】选项卡【特征】组中的【旋转】按钮◈，旋转草图，创建旋转切除特征，如图2-276所示。

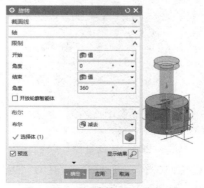

图2-276　创建旋转切除特征

07 单击【主页】选项卡【特征】组中的【边倒圆】按钮◎，创建边倒圆特征，半径为10，如图2-277所示。

图2-277 创建半径10的边倒圆

08 再次绘制15×10的矩形，形成切削部分草图，如图2-278所示。

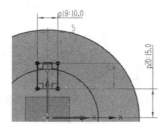

图2-278 绘制15×10的矩形

09 创建拉伸切除特征，拉伸距离为100，形成槽，如图2-279所示。

图2-279 创建拉伸切除特征

10 绘制40×40的矩形，如图2-280所示。

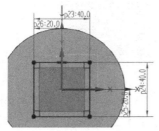

图2-280 绘制40×40的矩形

11 创建拉伸特征，拉伸距离为60，如图2-281所示。

图2-281 拉伸草图

12 单击【主页】选项卡【特征】组中的【边倒圆】按钮◎，创建边倒圆特征，半径为2，如图2-282所示。

图2-282 创建半径2的边倒圆

13 单击【主页】选项卡【特征】组中的【边倒圆】按钮◎，创建边倒圆特征，半径为6，如图2-283所示。

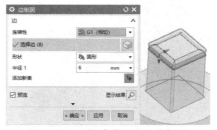

图2-283 创建半径6的边倒圆

14 单击【曲线】选项卡【曲线】组中的【点】按钮＋，根据三坐标创建点，如图2-284所示。

图2-284 创建点

15 单击【主页】选项卡【特征】组中的【球】按钮◯，创建球体特征，直径为15，如图2-285所示。

图2-285　创建直径15的球体

16 单击【主页】选项卡【特征】组中的【镜像特征】按钮，创建镜像特征，如图2-286所示。至此完成连接杆模型，如图2-287所示。

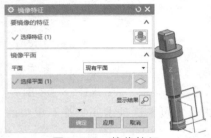

图2-286　镜像特征

图2-287　完成连接杆模型

实例 047 ⊞案例源文件：ywj/02/047.prt
绘制密封盖

01 单击【主页】选项卡【直接草图】组中的【圆】按钮◯，绘制直径100的圆形，如图2-288所示。

02 单击【主页】选项卡【特征】组中的【拉伸】按钮，拉伸距离为10，创建圆柱，如图2-289所示。

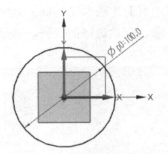

图2-288　绘制直径100的圆形

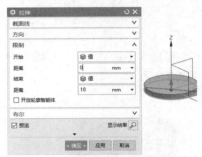

图2-289　拉伸草图

03 单击【主页】选项卡【特征】组中的【边倒圆】按钮，创建边倒圆特征，半径为4，如图2-290所示。

图2-290　创建半径4的边倒圆

04 单击【主页】选项卡【直接草图】组中的【圆】按钮◯，绘制3个圆形，如图2-291所示。

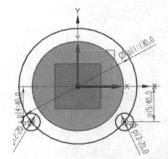

图2-291　绘制直径130和20的圆形

05 单击【主页】选项卡【直接草图】组中的【快速修剪】按钮╳，修剪草图，如图2-292所示。

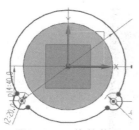
图2-292 修剪草图

06 创建拉伸特征，拉伸距离为10，如图2-293所示。

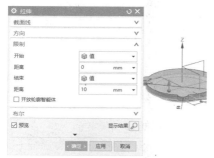
图2-293 拉伸草图

07 单击【主页】选项卡【特征】组中的【孔】按钮，创建孔特征，直径为10，如图2-294所示。

图2-294 创建孔特征

08 绘制60×90的矩形，如图2-295所示。

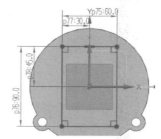
图2-295 绘制60×90的矩形

09 单击【主页】选项卡【直接草图】组中的【圆弧】按钮，绘制圆弧，半径100，如图2-296所示。

10 单击【主页】选项卡【直接草图】组中的【快速修剪】按钮，修剪草图，如图2-297所示。

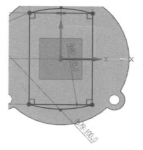 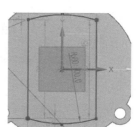
图2-296 绘制两条圆弧　　　图2-297 修剪草图

11 创建拉伸特征，拉伸距离为10，如图2-298所示。

图2-298 拉伸草图

12 单击【主页】选项卡【特征】组中的【边倒圆】按钮，创建边倒圆特征，半径为4，如图2-299所示。

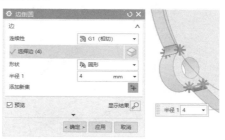
图2-299 创建半径4的边倒圆

13 单击【主页】选项卡【直接草图】组中的【点】按钮，绘制4个点，如图2-300所示。

14 单击【主页】选项卡【特征】组中的【孔】按钮，创建沉头孔特征，如图2-301所示。

15 绘制直径50的圆形，如图2-302所示。

第2章 实体特征设计

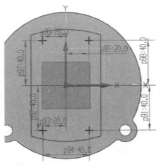

图2-300　绘制4个点

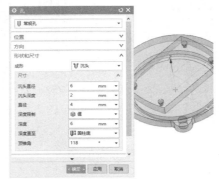

图2-301　创建孔特征

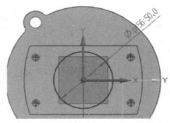

图2-302　绘制直径50的圆形

16 创建拉伸切除特征，拉伸距离为4，形成槽，如图2-303所示。

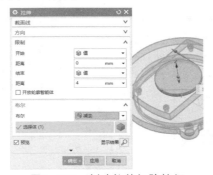

图2-303　创建拉伸切除特征

17 绘制直径44的圆形，如图2-304所示。

18 创建拉伸切除特征，拉伸距离为10，形成槽，如图2-305所示。至此完成密封盖模型，如图2-306所示。

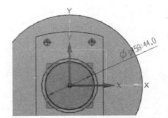

图2-304　绘制直径44的圆形

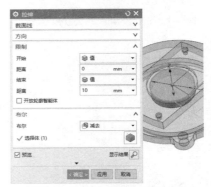

图2-305　创建拉伸切除特征

图2-306　完成密封盖模型

实例 048　　案例源文件：ywj/02/048.prt

绘制连接法兰

01 单击【主页】选项卡【直接草图】组中的【圆】按钮○，绘制直径100的圆形，如图2-307所示。

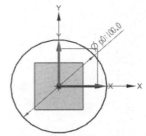

图2-307　绘制直径100的圆形

02 单击【主页】选项卡【特征】组中的【拉伸】按钮，拉伸距离为260，创建圆柱，如图2-308所示。

图2-308 拉伸草图

03 再次绘制直径160的圆形，如图2-309所示。

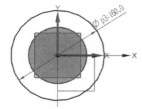

图2-309 绘制直径160的圆形

04 绘制60×60的矩形，并进行阵列，如图2-310所示。

05 单击【主页】选项卡【直接草图】组中的【快速修剪】按钮✕，修剪草图，如图2-311所示。

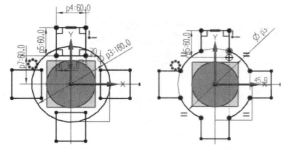

图2-310 阵列4个矩形　　图2-311 修剪草图

06 创建拉伸特征，拉伸距离为10，如图2-312所示。

图2-312 拉伸草图

07 单击【主页】选项卡【特征】组中的【边倒

圆】按钮⬛，创建边倒圆特征，半径为20，如图2-313所示。

图2-313 创建半径20的边倒圆

08 单击【主页】选项卡【特征】组中的【孔】按钮⬛，创建孔特征，直径为20，如图2-314所示。

图2-314 创建孔特征

09 单击【主页】选项卡【特征】组中的【基准平面】按钮◆，创建基准平面，如图2-315所示。

图2-315 创建基准平面

10 单击【主页】选项卡【直接草图】组中的【圆】按钮○和【生产线】按钮╱，绘制草图，如图2-316所示。

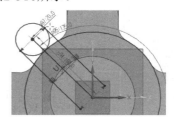

图2-316 绘制平行线和圆

11 单击【主页】选项卡【直接草图】组中的【阵列曲线】按钮 🎋，绘制圆形阵列曲线，如图2-317所示。

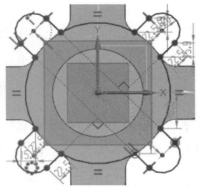

图2-317　绘制阵列图形

12 创建拉伸特征，拉伸距离为10，如图2-318所示。

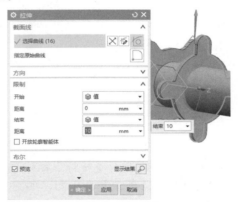

图2-318　拉伸草图

13 创建孔特征，直径为20，如图2-319所示。

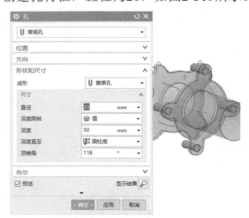

图2-319　创建直径20的孔特征

14 再次创建孔特征，直径为80，如图2-320所示。至此完成连接法兰模型，如图2-321所示。

图2-320　创建直径80的孔特征

图2-321　完成连接法兰模型

实例 049　　　　◉ 案例源文件：ywj/02/049.prt
绘制异型缸体

01 单击【主页】选项卡【直接草图】组中的【矩形】按钮 □，绘制140×80的矩形，如图2-322所示。

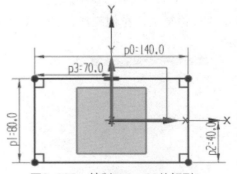

图2-322　绘制140×80的矩形

02 绘制20×20的矩形，分别位于4个边角位置，并进行修剪，如图2-323所示。

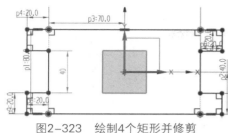

图2-323 绘制4个矩形并修剪

03 单击【主页】选项卡【特征】组中的【拉伸】按钮 🔷，拉伸距离为10，创建拉伸特征，如图2-324所示。

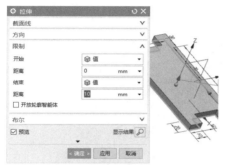

图2-324 拉伸草图

04 单击【主页】选项卡【特征】组中的【边倒圆】按钮 🔷，创建边倒圆特征，半径为10，如图2-325所示。

图2-325 创建半径10的边倒圆

05 绘制直径80的圆形，如图2-326所示。

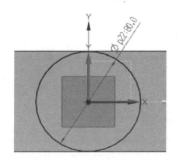

图2-326 绘制直径80的圆形

06 创建拉伸特征，拉伸距离为80，如图2-327所示。

图2-327 拉伸草图

07 绘制直径50的圆形，如图2-328所示。

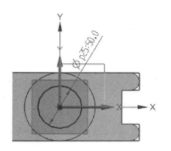

图2-328 绘制直径50的圆形

08 创建拉伸特征，拉伸距离为20，如图2-329所示。

图2-329 拉伸草图

09 绘制直径140的圆形，如图2-330所示。

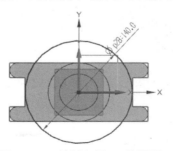

图2-330 绘制直径140的圆形

10 创建拉伸特征，拉伸距离为20，如图2-331所示。

图2-331 拉伸草图

11 单击【主页】选项卡【特征】组中的【孔】按钮📦,创建沉头孔特征,如图2-332所示。至此完成异型缸体模型,如图2-333所示。

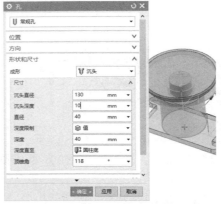

图2-332 创建孔特征

图2-333 完成异型缸体模型

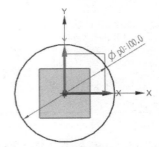

图2-334 绘制直径100的圆形

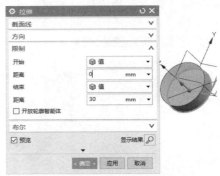

图2-335 拉伸草图

03 单击【主页】选项卡【特征】组中的【边倒圆】按钮📦,创建边倒圆特征,半径为10,如图2-336所示。

图2-336 创建半径10的边倒圆

04 单击【主页】选项卡【特征】组中的【抽壳】按钮📦,创建抽壳特征,如图2-337所示。

图2-337 创建抽壳特征

05 绘制直径50和70的圆形,如图2-338所示。

06 单击【主页】选项卡【直接草图】组中的【阵列曲线】按钮🔗,绘制圆形阵列曲线,如图2-339所示。

实例 050

🔘 案例源文件:ywj/02/050.prt

绘制散热盖

01 单击【主页】选项卡【直接草图】组中的【圆】按钮◯,绘制直径100的圆形,如图2-334所示。

02 单击【主页】选项卡【特征】组中的【拉伸】按钮📦,拉伸距离为30,创建拉伸特征,如图2-335所示。

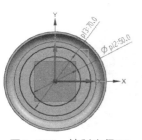

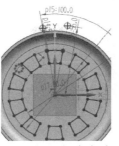

图2-338 绘制直径50 图2-339 创建阵列
和70的同心圆 图形

07 创建拉伸切除特征，拉伸距离为30，形成散
热孔，如图2-340所示。

图2-340 创建拉伸切除特征

08 绘制直径30的圆形，如图2-341所示。

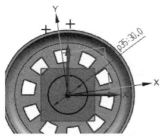

图2-341 绘制直径30的圆形

09 创建拉伸特征，拉伸距离为20，如图2-342
所示。

图2-342 拉伸草图

10 绘制直径18和20的同心圆，如图2-343所示。

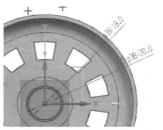

图2-343 绘制直径18和20的同心圆

11 创建拉伸特征，拉伸距离为4，如图2-344
所示。

图2-344 拉伸草图

12 单击【主页】选项卡【特征】组中的【孔】
按钮，创建孔特征，直径为18，如图2-345
所示。至此完成散热盖模型，如图2-346所示。

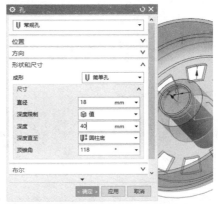

图2-345 创建孔特征

图2-346 完成散热盖模型

第2章 实体特征设计

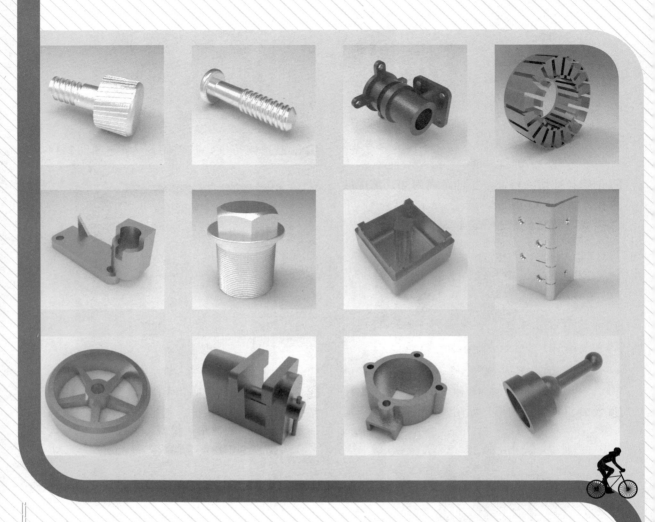

第**3**章 特征的操作和编辑

实例 051
案例源文件：ywj/03/051.prt

绘制旋钮

01 单击【主页】选项卡【直接草图】组中的【圆】按钮◯，绘制直径20的圆形，如图3-1所示。

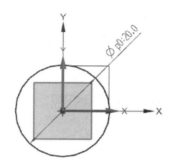

图3-1　绘制直径20的圆形

02 单击【主页】选项卡【特征】组中的【拉伸】按钮🍄，拉伸距离为50，创建圆柱，如图3-2所示。

图3-2　拉伸草图

03 绘制直径40的圆形，如图3-3所示。

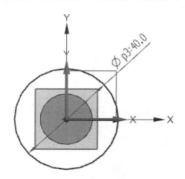

图3-3　绘制直径40的圆形

04 创建拉伸特征，拉伸距离为30，如图3-4所示。

图3-4　拉伸草图

05 单击【曲线】选项卡【曲线】组中的【螺旋】按钮🌀，创建螺旋线，如图3-5所示。

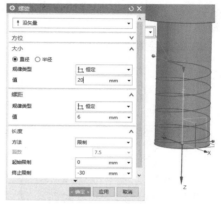

图3-5　创建螺旋线

06 绘制直径5的圆形，完成截面草图，如图3-6所示。

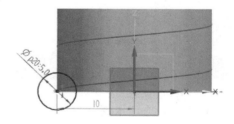

图3-6　绘制直径5的圆形

07 单击【曲面】选项卡【曲面】组中的【扫掠】按钮🌀，创建扫掠特征，如图3-7所示。

图3-7　创建扫掠特征

01
02
03
第3章　特征的操作和编辑
04
05
06
07
08
09
10
11

08 单击【主页】选项卡【特征】组中的【减去】按钮 ，创建布尔减运算，形成螺纹，如图3-8所示。

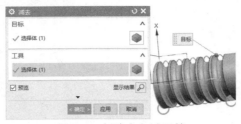

图3-8　创建布尔减运算

09 单击【主页】选项卡【特征】组中的【边倒圆】按钮 ，创建边倒圆特征，半径为4，如图3-9所示。

图3-9　创建半径4的边倒圆

10 绘制直径1的圆形，作为截面草图，如图3-10所示。

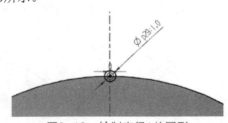

图3-10　绘制直径1的圆形

11 单击【主页】选项卡【直接草图】组中的【生产线】按钮 ，绘制斜线，如图3-11所示。

图3-11　绘制斜线

12 单击【曲线】选项卡【派生曲线】组中的【投影曲线】按钮 ，创建投影曲线，如图3-12所示。

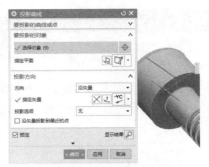

图3-12　创建投影曲线

13 单击【曲面】选项卡【曲面】组中的【扫掠】按钮 ，创建扫掠特征，如图3-13所示。

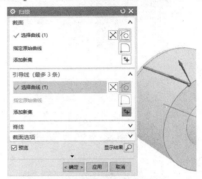

图3-13　创建扫掠特征

14 单击【主页】选项卡【特征】组中的【阵列特征】按钮 ，创建圆形阵列特征，形成防滑纹路，如图3-14所示。至此完成旋钮模型，如图3-15所示。

图3-14　创建阵列特征

图3-15　完成旋钮模型

实例 052 ◉ 案例源文件：ywj/03/052.prt

绘制螺栓

01 单击【主页】选项卡【直接草图】组中的【圆】按钮◯，绘制直径40的圆形，如图3-16所示。

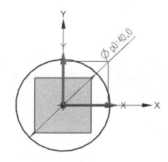

图3-16 绘制直径40的圆形

02 单击【主页】选项卡【特征】组中的【拉伸】按钮⬡，拉伸距离为10，创建圆柱，如图3-17所示。

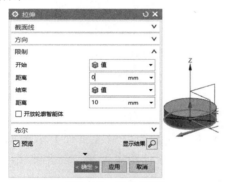

图3-17 拉伸草图

03 单击【主页】选项卡【特征】组中的【边倒圆】按钮⬛，创建边倒圆特征，半径为4，如图3-18所示。

图3-18 创建半径4的边倒圆

04 绘制直径20的圆形，如图3-19所示。

05 创建拉伸特征，拉伸距离为100，如图3-20所示。

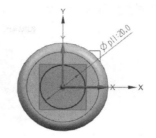

图3-19 绘制直径20的圆形

图3-20 拉伸草图

06 单击【曲线】选项卡【曲线】组中的【螺旋】按钮🌀，创建螺旋线，如图3-21所示。

图3-21 创建螺旋线

07 绘制直径4的圆形作为截面草图，如图3-22所示。

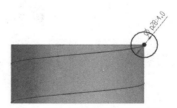

图3-22 绘制直径4的圆形

08 单击【曲面】选项卡【曲面】组中的【扫掠】按钮，创建扫掠特征，如图3-23所示。

图3-23　创建扫掠特征

09 绘制三角形，如图3-24所示。

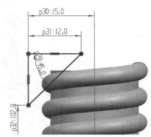

图3-24　绘制三角形

10 单击【主页】选项卡【特征】组中的【合并】按钮 🔲，创建布尔加运算，形成螺纹，如图3-25所示。

图3-25　创建布尔加运算

11 单击【主页】选项卡【特征】组中的【旋转】按钮 🔷，旋转草图，创建旋转切除特征，如图3-26所示。至此完成螺栓模型，如图3-27所示。

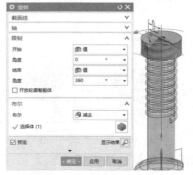

图3-26　创建旋转切除特征

图3-27　完成螺栓模型

实例 053

🔘 案例源文件：ywj/03/053.prt

绘制连接座

01 单击【主页】选项卡【直接草图】组中的【圆】按钮 ◯，绘制直径50的圆形，如图3-28所示。

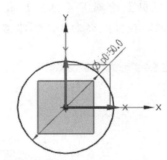

图3-28　绘制直径50的圆形

02 单击【主页】选项卡【特征】组中的【拉伸】按钮 🔷，拉伸距离为20，创建圆柱，如图3-29所示。

图3-29　拉伸草图

03 绘制直径15的4个圆形和直径为60的1个圆形，如图3-30所示。

04 单击【主页】选项卡【直接草图】组中的【生产线】按钮 ╱ 和【快速修剪】按钮 ✕，绘制并修剪草图，如图3-31所示。

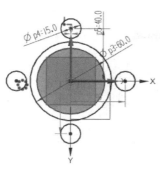

图3-30　绘制5个圆形

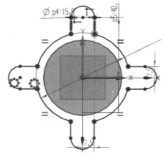

图3-31　绘制并修剪草图

05 创建拉伸特征，拉伸距离为6，如图3-32所示。

图3-32　拉伸草图

06 单击【主页】选项卡【特征】组中的【孔】按钮 ，创建4个孔特征，直径为8，如图3-33所示。

图3-33　创建直径8的孔特征

07 绘制直径40的圆形，如图3-34所示。

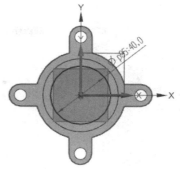

图3-34　绘制直径40的圆形

08 创建拉伸特征，拉伸距离为10，如图3-35所示。

图3-35　拉伸草图

09 绘制直径54的圆形，如图3-36所示。

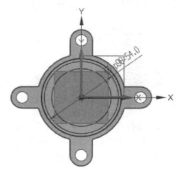

图3-36　绘制直径54的圆形

10 创建拉伸特征，拉伸距离为10，如图3-37所示。

图3-37　拉伸草图

11 绘制直径50的圆形，如图3-38所示。

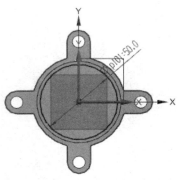

图3-38 绘制直径50的圆形

12 创建拉伸特征，拉伸距离为40，如图3-39所示。

图3-39 拉伸草图

13 绘制直径30的圆形，如图3-40所示。

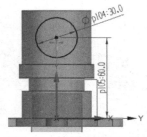

图3-40 绘制直径30的圆形

14 创建拉伸特征，拉伸距离为30，如图3-41所示。

图3-41 拉伸草图

15 绘制60×60的矩形，如图3-42所示。

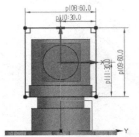

图3-42 绘制60×60的矩形

16 创建拉伸特征，拉伸距离为6，如图3-43所示。

图3-43 拉伸草图

17 单击【主页】选项卡【特征】组中的【边倒圆】按钮，创建边倒圆特征，半径为10，如图3-44所示。

图3-44 创建半径10的边倒圆

18 单击【主页】选项卡【特征】组中的【孔】按钮，创建4个孔特征，直径为8，如图3-45所示。

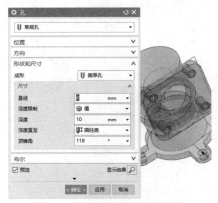

图3-45 创建直径8的孔特征

19 单击【主页】选项卡【编辑特征】组中的【编辑特征参数】按钮，打开【编辑参数】对话框，选择参数项进行编辑，如图3-46所示。

图3-46　编辑参数

20 在弹出的【编辑草图尺寸】对话框中，修改草图尺寸，如图3-47所示。

图3-47　修改草图尺寸

21 单击【主页】选项卡【特征】组中的【孔】按钮，创建孔特征，直径为30，如图3-48所示。至此完成连接座模型，如图3-49所示。

图3-48　创建直径30的孔特征

图3-49　完成连接座模型

实例 054　案例源文件：ywj/03/054.prt
绘制空心连接器

01 单击【主页】选项卡【直接草图】组中的【圆】按钮，绘制直径100的圆形，如图3-50所示。

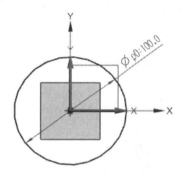

图3-50　绘制直径100的圆形

02 单击【主页】选项卡【特征】组中的【拉伸】按钮，拉伸距离为40，创建圆柱，如图3-51所示。

图3-51　拉伸草图

03 再次绘制直径46的圆形，并完成切除草图，如图3-52所示。

04 创建拉伸切除特征，拉伸距离为40，如图3-53所示。

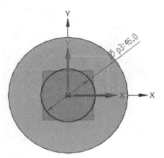

图3-52　绘制直径46的圆形

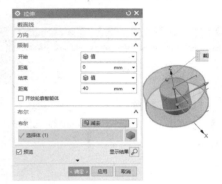

图3-53　创建拉伸切除特征

05 绘制4×60的矩形，并完成切除草图，如图3-54所示。

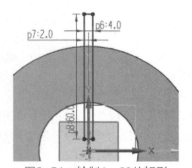

图3-54　绘制4×60的矩形

06 创建拉伸切除特征，拉伸距离为36，如图3-55所示。

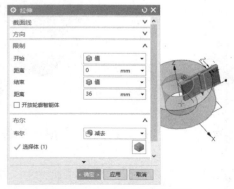

图3-55　创建拉伸切除特征

07 单击【主页】选项卡【特征】组中的【阵列特征】按钮，创建圆形阵列特征，如图3-56所示。

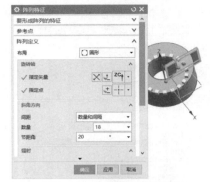

图3-56　创建阵列特征

08 单击【主页】选项卡【编辑特征】组中的【特征尺寸】按钮，打开【特征尺寸】对话框，选择参数项进行编辑，如图3-57所示。

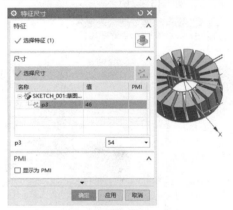

图3-57　修改特征尺寸

09 绘制长18的矩形，完成切除草图，如图3-58所示。

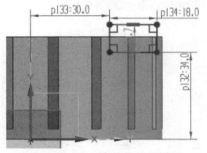

图3-58　绘制长18的矩形

10 单击【主页】选项卡【特征】组中的【旋转】按钮，旋转草图，创建旋转切除特征，如图3-59所示。至此完成空心连接器模型，如图3-60所示。

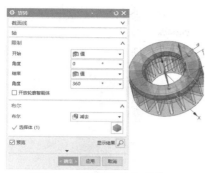

图3-59 创建旋转切除特征

图3-60 完成空心连接器模型

实例 055

🔗 案例源文件：ywj/03/055.prt

绘制异形底座

01 单击【主页】选项卡【直接草图】组中的【矩形】按钮□，绘制100×40的矩形，如图3-61所示。

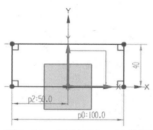

图3-61 绘制100×40的矩形

02 单击【主页】选项卡【特征】组中的【拉伸】按钮🔶，拉伸距离为10，创建长方体，如图3-62所示。

图3-62 拉伸草图

03 单击【主页】选项卡【特征】组中的【边倒圆】按钮🔷，创建边倒圆特征，半径为10，如图3-63所示。

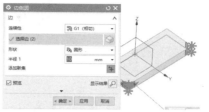

图3-63 创建半径10的边倒圆

04 单击【主页】选项卡【特征】组中的【孔】按钮🔷，创建孔特征，直径为10，如图3-64所示。

图3-64 创建直径10的孔特征

05 绘制20×30的矩形，如图3-65所示。

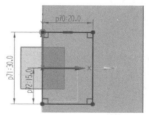

图3-65 绘制20×30的矩形

06 单击【主页】选项卡【直接草图】组中的【圆弧】按钮／和【快速修剪】按钮✕，绘制圆弧并修剪草图，如图3-66所示。

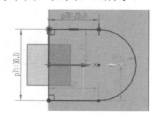

图3-66 绘制半径15的圆弧

07 创建拉伸特征，拉伸距离为40，如图3-67所示。

图3-67　拉伸草图

08 单击【主页】选项卡【特征】组中的【孔】按钮 ，创建孔特征，直径为20，如图3-68所示。

图3-68　创建直径20的孔特征

09 绘制20×20的矩形，并完成切除草图，如图3-69所示。

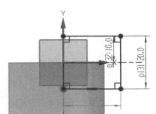
图3-69　绘制20×20的矩形

10 创建拉伸切除特征，拉伸距离为40，如图3-70所示。

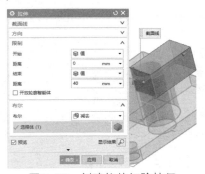
图3-70　创建拉伸切除特征

11 绘制8×30的矩形，并完成切除草图，如图3-71所示。

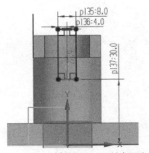
图3-71　绘制8×30的矩形

12 创建拉伸切除特征，拉伸距离为20，如图3-72所示。

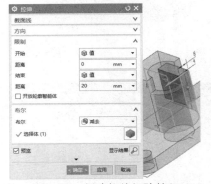
图3-72　创建拉伸切除特征

13 绘制三角形，如图3-73所示。

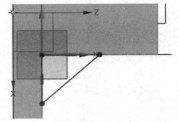
图3-73　绘制三角形

14 创建拉伸特征，拉伸距离为4，形成筋板，如图3-74所示。

图3-74　拉伸草图

UG NX 12 完全实训手册

15 单击【主页】选项卡【特征】组中的【镜像特征】按钮，创建镜像特征，镜像筋板，如图3-75所示。

图3-75　镜像特征

16 单击【主页】选项卡【编辑特征】组中的【移动特征】按钮，打开【移动特征】对话框，选择坐标系，如图3-76所示。

图3-76　【移动特征】对话框

17 在弹出的对话框中，修改特征位置参数，如图3-77所示。至此完成异形底座模型，如图3-78所示。

图3-77　设置移动参数

图3-78　完成异形底座模型

◎提示·◦

> 对实例特征进行修改时，只需编辑与引用相关特征的参数，相关的实例特征会自动修改。如果要改变阵列的形式、个数、偏置距离或偏置角度，需编辑实例特征。实例特征有可重复性，可以对实例特征再引用，形成新的实例特征。

实例 056

◎案例源文件：ywj/03/056.prt

绘制偏心轮

01 单击【主页】选项卡【直接草图】组中的【圆】按钮，绘制直径100的圆形，如图3-79所示。

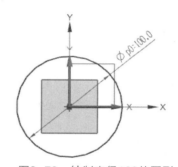

图3-79　绘制直径100的圆形

02 单击【主页】选项卡【特征】组中的【拉伸】按钮，拉伸距离为20，创建圆柱，如图3-80所示。

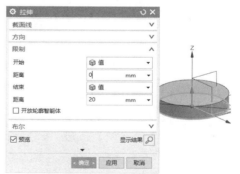

图3-80　拉伸草图

03 单击【主页】选项卡【特征】组中的【边倒圆】按钮，创建边倒圆特征，半径为10，如图3-81所示。

04 单击【主页】选项卡【特征】组中的【抽壳】按钮，创建抽壳特征，如图3-82所示。

图3-81 创建半径10的边倒圆

图3-82 创建抽壳特征

◎提示•◦

抽壳是指根据指定的厚度值，在单个实体周围抽出或生成壳的操作。定义的厚度值可以是相同的，也可以是不同的。

05 单击【主页】选项卡【特征】组中的【孔】按钮■，创建孔特征，直径为20，如图3-83所示。

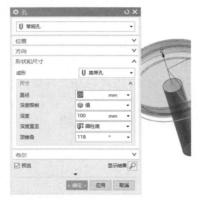

图3-83 创建直径20的孔特征

06 单击【主页】选项卡【直接草图】组中的【圆】按钮○和【生产线】按钮／，绘制扇形草图，如图3-84所示。

图3-84 绘制扇形草图

07 单击【主页】选项卡【直接草图】组中的【圆角】按钮⌐，绘制半径为2和6的圆角，如图3-85所示。

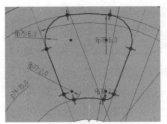

图3-85 绘制圆角

08 创建拉伸切除特征，拉伸距离为20，如图3-86所示。

图3-86 创建拉伸切除特征

09 单击【主页】选项卡【特征】组中的【阵列特征】按钮⬚，创建圆形阵列特征，形成散热孔，如图3-87所示。

图3-87 创建阵列特征

10 单击【主页】选项卡【直接草图】组中的【圆】按钮○和【生产线】按钮／，绘制扇形草图，如图3-88所示。

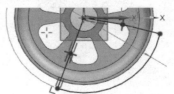

图3-88 绘制扇形草图

11 创建拉伸切除特征，拉伸距离为20，如图3-89所示。

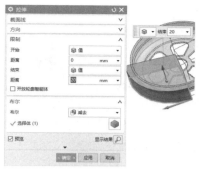

图3-89　创建拉伸切除特征

12 单击【主页】选项卡【编辑特征】组中的【特征尺寸】按钮，打开【特征尺寸】对话框，选择参数项进行编辑，如图3-90所示。至此完成偏心轮模型，如图3-91所示。

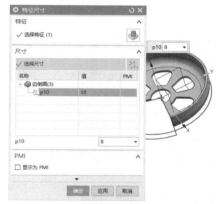

图3-90　修改特征尺寸

图3-91　完成偏心轮模型

实例 057
绘制塑料盒

案例源文件：ywj/03/057.prt

01 单击【主页】选项卡【直接草图】组中的【矩形】按钮□，绘制140×90的矩形，如图3-92所示。

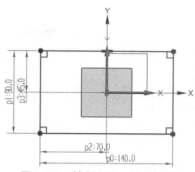

图3-92　绘制140×90的矩形

02 单击【主页】选项卡【特征】组中的【拉伸】按钮，拉伸距离为60，创建长方体，如图3-93所示。

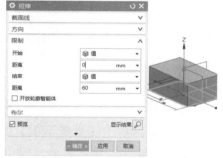

图3-93　拉伸草图

03 单击【主页】选项卡【特征】组中的【倒斜角】按钮，创建倒斜角特征，如图3-94所示。

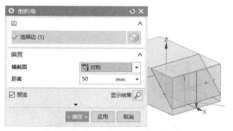

图3-94　创建倒斜角

04 单击【主页】选项卡【特征】组中的【抽壳】按钮，创建抽壳特征，如图3-95所示。

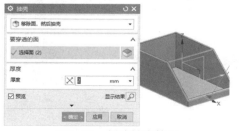

图3-95　创建抽壳特征

05 绘制10×4的矩形，如图3-96所示。

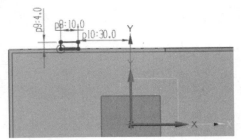

图3-96 绘制10×4的矩形

06 创建拉伸特征，拉伸距离为60，如图3-97所示。

图3-97 拉伸特征

07 单击【主页】选项卡【直接草图】组中的【偏置曲线】按钮，绘制间距为1的偏移矩形，如图3-98所示。

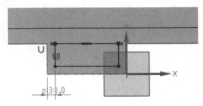

图3-98 绘制间距为1的偏移矩形

08 创建拉伸切除特征，拉伸距离为60，如图3-99所示。

图3-99 创建拉伸切除特征

09 单击【主页】选项卡【特征】组中的【镜像特征】按钮，创建镜像特征，如图3-100所示。

图3-100 镜像特征

10 单击【主页】选项卡【特征】组中的【倒斜角】按钮，创建倒斜角特征，如图3-101所示。

图3-101 创建倒斜角

11 单击【主页】选项卡【特征】组中的【孔】按钮，创建孔特征，直径为20，如图3-102所示。

图3-102 创建直径20的孔

12 单击【主页】选项卡【编辑特征】组中的【特征重排序】按钮，打开【特征重排序】对话框，选择特征进行顺序调整，如图3-103所示。至此完成塑料盒制作，结果如图3-104所示。

图3-103　特征重排序

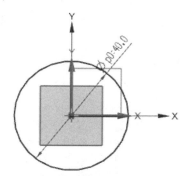

图3-104　完成塑料盒

实例 058

绘制堵头

案例源文件：ywj/03/058.prt

01 单击【主页】选项卡【直接草图】组中的【圆】按钮○，绘制直径40的圆形，如图3-105所示。

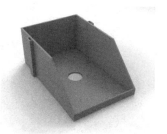

图3-105　绘制直径40的圆形

02 单击【主页】选项卡【特征】组中的【拉伸】按钮，拉伸距离为40，创建圆柱，如图3-106所示。

图3-106　拉伸草图

03 再次绘制直径50的圆形，如图3-107所示。

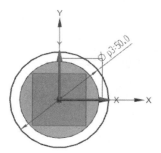

图3-107　绘制直径50的圆形

04 创建拉伸特征，拉伸距离为4，如图3-108所示。

图3-108　拉伸草图

05 单击【主页】选项卡【特征】组中的【边倒圆】按钮，创建边倒圆特征，半径为1，如图3-109所示。

图3-109　创建半径1的边倒圆

06 单击【主页】选项卡【直接草图】组中的

【多边形】按钮 ⬡，绘制六边形，如图3-110所示。

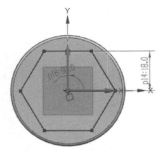

图3-110　绘制六边形

07 创建拉伸特征，拉伸距离为14，如图3-111所示。

图3-111　拉伸草图

08 单击【主页】选项卡【直接草图】组中的【生产线】按钮 ／ 和【圆弧】按钮 ／，绘制直线和圆弧草图，如图3-112所示。

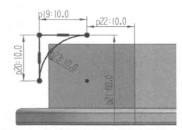

图3-112　绘制直线和圆弧图形

09 单击【主页】选项卡【特征】组中的【旋转】按钮 📦，旋转草图，创建旋转切除特征，如图3-113所示。

10 单击【主页】选项卡【特征】组中的【螺纹刀】按钮 🗒，弹出【螺纹切削】对话框，创建螺纹特征，如图3-114所示。

11 单击【主页】选项卡【编辑特征】组中的【可回滚编辑】按钮 🖘，打开【可回滚编辑】对话框，选择参数项进行编辑，如图3-115所示。

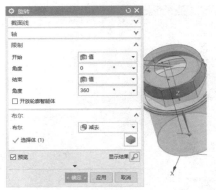

图3-113　创建旋转切除特征

图3-114　创建螺纹特征

图3-115　创建可回滚编辑

12 单击【主页】选项卡【直接草图】组中的【生产线】按钮 ／ 和【圆弧】按钮 ／，绘制直线和圆弧草图，如图3-116所示。至此完成堵头模型，如图3-117所示。

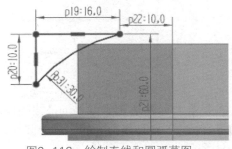

图3-116　绘制直线和圆弧草图

图3-117 完成堵头模型

案例源文件：ywj/03/059.prt

实例 059

绘制螺纹铣刀

01 单击【主页】选项卡【直接草图】组中的【圆】按钮○，绘制直径30的圆形，如图3-118所示。

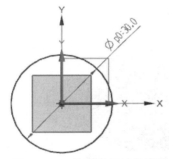

图3-118 绘制直径30的圆形

02 单击【主页】选项卡【特征】组中的【拉伸】按钮，拉伸距离为70，创建圆柱，如图3-119所示。

图3-119 拉伸草图

03 再次绘制直径24的圆形，如图3-120所示。

04 创建拉伸特征，拉伸距离为120，如图3-121所示。

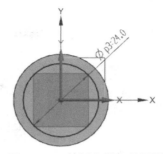

图3-120 绘制直径24的圆形

图3-121 拉伸草图

05 单击【主页】选项卡【直接草图】组中的【矩形】按钮□，绘制两个宽40的矩形，如图3-122所示。

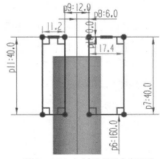

图3-122 绘制两个矩形

06 创建拉伸切除特征，双向拉伸，距离为160，如图3-123所示。

图3-123 创建拉伸切除特征

07 单击【主页】选项卡【特征】组中的【边倒圆】按钮 ⬛，创建边倒圆特征，半径为8，如图3-124所示。

图3-124　创建半径8的边倒圆

08 单击【主页】选项卡【特征】组中的【边倒圆】按钮 ⬛，创建边倒圆特征，半径为6，如图3-125所示。

图3-125　创建半径6的边倒圆

09 单击【主页】选项卡【特征】组中的【螺纹刀】按钮 ⬛，弹出【螺纹切削】对话框，创建螺纹特征，如图3-126所示。

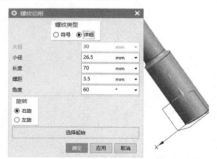

图3-126　创建螺纹特征

10 绘制三角形，如图3-127所示。

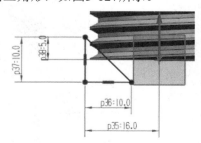

图3-127　绘制三角形

11 单击【主页】选项卡【特征】组中的【旋转】按钮 ⬛，旋转草图，创建旋转切除特征，如图3-128所示。

图3-128　创建旋转切除特征

12 绘制直径14的圆形，并完成切除草图，如图3-129所示。

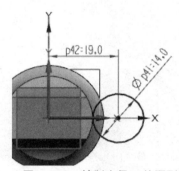

图3-129　绘制直径14的圆形

13 创建拉伸切除特征，拉伸距离为80，如图3-130所示。

图3-130　创建拉伸切除特征

14 单击【主页】选项卡【特征】组中的【阵列特征】按钮 ⬛，创建圆形阵列特征，如图3-131所示。

15 绘制直径15的圆形，完成替换草图，如图3-132所示。

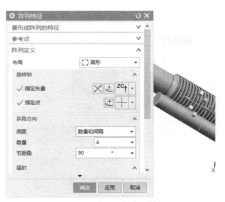

图3-131 创建阵列特征

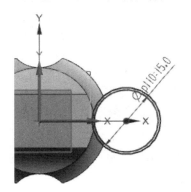

图3-132 绘制直径15的圆形

16 单击【主页】选项卡【编辑特征】组中的【替换特征】按钮，打开【替换特征】对话框，选择草图特征进行替换，如图3-133所示。至此完成螺纹铣刀模型，如图3-134所示。

图3-133 替换特征

图3-134 完成螺纹铣刀模型

实例 060

案例源文件：ywj/03/060.prt

绘制支架

01 单击【主页】选项卡【直接草图】组中的【矩形】按钮 ▢，绘制120×100的矩形，如图3-135所示。

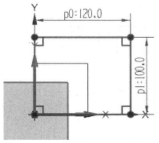

图3-135 绘制120×100的矩形

02 单击【主页】选项卡【特征】组中的【拉伸】按钮 ⬡，拉伸距离为10，创建长方体，如图3-136所示。

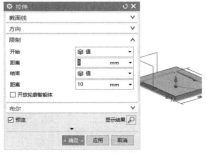

图3-136 拉伸草图

03 再次绘制60×30的矩形，并完成切除草图，如图3-137所示。

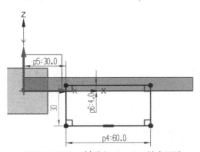

图3-137 绘制60×30的矩形

04 创建拉伸切除特征，拉伸距离为120，如图3-138所示。

05 单击【主页】选项卡【特征】组中的【边倒圆】按钮 ⬡，创建边倒圆特征，半径为2，如图3-139所示。

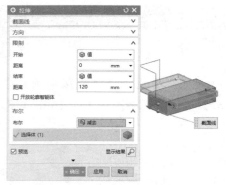
图3-138　创建拉伸切除特征

图3-139　创建半径2的边倒圆

06 单击【主页】选项卡【特征】组中的【基准平面】按钮 ◇ ，创建基准平面，如图3-140所示。

图3-140　创建基准平面

07 绘制100×80的矩形，如图3-141所示。

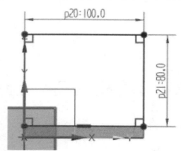
图3-141　绘制100×80的矩形

08 单击【主页】选项卡【直接草图】组中的【生产线】按钮 ／ 和【快速修剪】按钮 × ，绘制并修剪草图，如图3-142所示。

09 创建拉伸特征，拉伸距离为10，如图3-143所示。

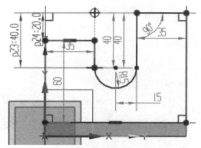
图3-142　绘制并修剪草图

图3-143　拉伸草图

10 绘制直径为40的圆形，绘制切除截面，如图3-144所示。

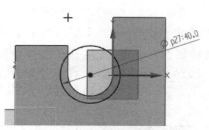
图3-144　绘制直径40的圆形

11 创建拉伸切除特征，拉伸距离为5，如图3-145所示。

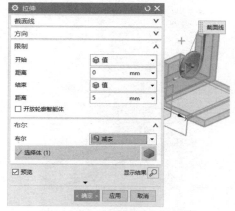
图3-145　创建拉伸切除特征

12 绘制梯形草图，如图3-146所示。

所示。

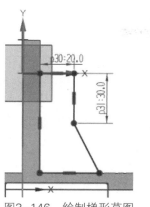

图3-146 绘制梯形草图

13 创建拉伸特征，拉伸距离为5，如图3-147所示。至此完成支架模型，如图3-148所示。

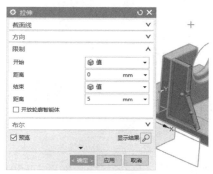

图3-147 拉伸草图

图3-148 完成支架模型

实例 061
绘制三通
案例源文件：ywj/03/061.prt

01 单击【主页】选项卡【直接草图】组中的【矩形】按钮□，绘制120×80的矩形，如图3-149所示。

02 单击【主页】选项卡【直接草图】组中的【矩形】按钮□和【快速修剪】按钮×，绘制30×60的矩形，并进行修剪，如图3-150

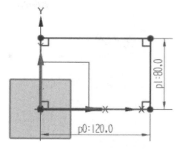

图3-149 绘制120×80的矩形

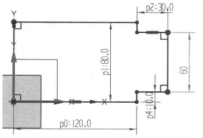

图3-150 绘制30×60的矩形并修剪

03 单击【主页】选项卡【特征】组中的【拉伸】按钮，拉伸距离为40，创建拉伸特征，如图3-151所示。

图3-151 拉伸草图

04 单击【主页】选项卡【特征】组中的【边倒圆】按钮，创建边倒圆特征，半径为8，如图3-152所示。

图3-152 创建半径8的边倒圆

05 绘制直径50的圆形，如图3-153所示。

06 创建拉伸特征，拉伸距离为20，如图3-154所示。

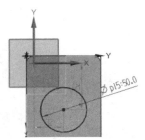

图3-153 绘制直径50的圆形

图3-154 拉伸草图

07 绘制直径30的圆形，然后绘制切除草图，如图3-155所示。

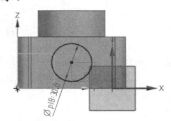

图3-155 绘制直径30的圆形

08 创建拉伸特征，双向拉伸草图距离为200，如图3-156所示。

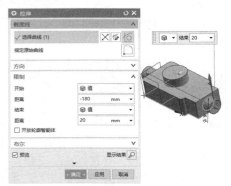

图3-156 拉伸草图

09 单击【主页】选项卡【特征】组中的【孔】按钮，创建孔特征，直径为40，如图3-157所示。

10 单击【主页】选项卡【编辑特征】组中的【抑制特征】按钮，打开【抑制特征】对话

框，选择特征进行屏蔽，如图3-158所示。

图3-157 创建直径40的孔特征

图3-158 抑制特征

11 创建孔特征，直径为20，如图3-159所示。至此完成三通模型，如图3-160所示。

图3-159 创建直径20的孔特征

图3-160 完成三通模型

实例 062
案例源文件: ywj/03/062.prt

绘制波纹轮

01 单击【主页】选项卡【直接草图】组中的【圆】按钮○，绘制直径50和100的同心圆，如图3-161所示。

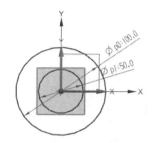

图3-161 绘制直径50和100的同心圆

02 单击【主页】选项卡【特征】组中的【拉伸】按钮，创建拉伸特征，拉伸距离为40，如图3-162所示。

图3-162 拉伸草图

03 绘制直径为50和130的同心圆，如图3-163所示。

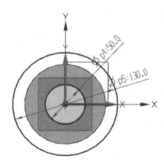

图3-163 绘制直径50和130的同心圆

04 创建拉伸特征，拉伸距离为30，如图3-164所示。

05 单击【主页】选项卡【特征】组中的【边倒圆】按钮，创建边倒圆特征，半径为10，如图3-165所示。

图3-164 拉伸草图

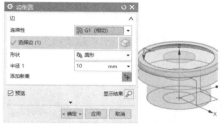

图3-165 创建半径10的边倒圆

06 绘制直径4的圆形，如图3-166所示。

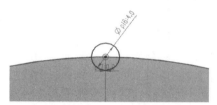

图3-166 绘制直径4的圆形

07 创建拉伸特征，拉伸距离为20，如图3-167所示。

图3-167 拉伸草图

08 单击【主页】选项卡【特征】组中的【阵列特征】按钮，创建圆形阵列特征，形成防滑纹路，如图3-168所示。

09 单击【主页】选项卡【编辑特征】组中的【编辑特征参数】按钮，打开【编辑参数】对话框，选择参数项进行编辑，如图3-169所示。

图3-168 创建阵列特征

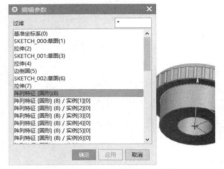

图3-169 编辑特征参数

10 单击【主页】选项卡【特征】组中的【阵列特征】按钮，创建圆形阵列特征，如图3-170所示。至此完成波纹轮模型，如图3-171所示。

图3-170 创建阵列特征

图3-171 完成波纹轮模型

实例 063

案例源文件: ywj/03/063.prt

绘制听筒

01 单击【主页】选项卡【直接草图】组中的【圆】按钮○，绘制直径120的圆形，如图3-172所示。

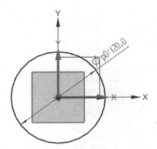

图3-172 绘制直径120的圆形

02 单击【主页】选项卡【特征】组中的【拉伸】按钮，拉伸距离为40，创建拉伸特征，如图3-173所示。

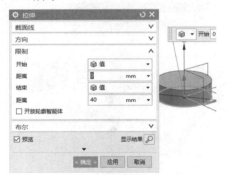

图3-173 拉伸草图

03 单击【主页】选项卡【特征】组中的【边倒圆】按钮，创建边倒圆特征，半径为10，如图3-174所示。

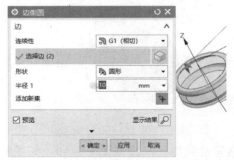

图3-174 创建半径10的边倒圆

04 单击【主页】选项卡【直接草图】组中的【矩形】按钮□，绘制50×100的矩形，如图3-175所示。

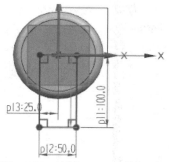

图3-175 绘制50×100的矩形

05 创建拉伸特征，拉伸距离为12，如图3-176所示。

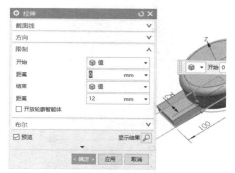

图3-176 拉伸草图

06 单击【主页】选项卡【特征】组中的【球】按钮，创建球体切除特征，直径为60，如图3-177所示。

图3-177 创建球体

07 绘制直径4的圆形，完成切除草图，如图3-178所示。

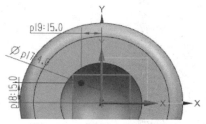

图3-178 绘制直径4的圆形

08 创建拉伸切除特征，拉伸距离为35，如图3-179所示。

图3-179 创建拉伸切除特征

09 单击【主页】选项卡【特征】组中的【阵列特征】按钮，创建线性阵列特征，形成通孔，如图3-180所示。至此完成听筒模型，如图3-181所示。

图3-180 创建阵列特征

图3-181 完成听筒模型

实例 064 案例源文件: ywj/03/064.prt
绘制传动外壳

01.单击【主页】选项卡【直接草图】组中的
【矩形】按钮□,绘制100×100的矩形,如
图3-182所示。

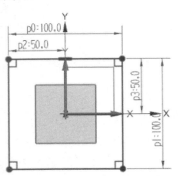

图3-182 绘制100×100的矩形

02 单击【主页】选项卡【特征】组中的【拉
伸】按钮⬡,拉伸距离为50,创建拉伸特征,
如图3-183所示。

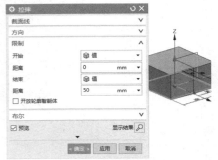

图3-183 拉伸草图

03 单击【主页】选项卡【特征】组中的【边倒
圆】按钮◉,创建边倒圆特征,半径为10,如
图3-184所示。

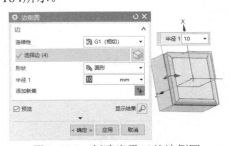

图3-184 创建半径10的边倒圆

04 单击【主页】选项卡【特征】组中的【边倒
圆】按钮◉,创建边倒圆特征,半径为4,如
图3-185所示。

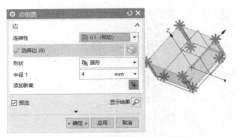

图3-185 创建半径4的边倒圆

05 单击【主页】选项卡【直接草图】组中的
【偏置曲线】按钮⬡,绘制间距5和16的偏置
曲线,如图3-186所示。

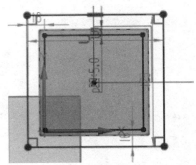

图3-186 绘制间距5和16的偏置曲线

06 创建拉伸切除特征,拉伸距离为10,如图
3-187所示。

图3-187 创建拉伸切除特征

07 创建抽壳特征,如图3-188所示。

图3-188 创建抽壳特征

08 绘制长70的矩形,如图3-189所示。

UG NX 12 完全实训手册

102

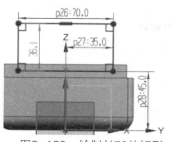

图3-189　绘制长70的矩形

09 单击【主页】选项卡【直接草图】组中的【圆角】按钮〔，绘制半径4的圆角，如图3-190所示。

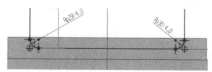

图3-190　绘制半径4的圆角

10 创建拉伸切除特征，拉伸距离为60，如图3-191所示。

图3-191　创建拉伸切除特征

11 单击【主页】选项卡【特征】组中的【阵列特征】按钮，创建圆形阵列特征，如图3-192所示。

图3-192　创建阵列特征

12 绘制直径为6的4个圆形和直径为24的1个圆

形，如图3-193所示。

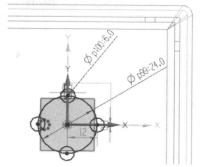

图3-193　绘制5个圆形

13 单击【主页】选项卡【直接草图】组中的【快速修剪】按钮×，修剪草图，如图3-194所示。

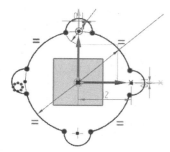

图3-194　修剪草图

14 创建拉伸特征，拉伸距离为60，如图3-195所示。至此完成传动外壳模型，如图3-196所示。

图3-195　拉伸草图

图3-196　完成传动外壳模型

实例 065

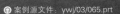 案例源文件：ywj/03/065.prt

绘制法兰罩

01 单击【主页】选项卡【直接草图】组中的【圆】按钮〇，绘制直径100的圆形，如图3-197所示。

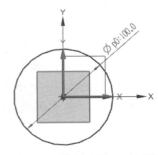

图3-197　绘制直径100的圆形

02 单击【主页】选项卡【特征】组中的【拉伸】按钮，拉伸距离为40，创建圆柱，如图3-198所示。

图3-198　拉伸草图

03 单击【主页】选项卡【特征】组中的【边倒圆】按钮，创建边倒圆特征，半径为10，如图3-199所示。

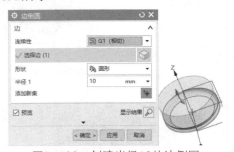

图3-199　创建半径10的边倒圆

04 单击【主页】选项卡【特征】组中的【抽壳】按钮，创建抽壳特征，如图3-200所示。

05 单击【主页】选项卡【特征】组中的【基

准平面】按钮，创建基准平面，如图3-201所示。

图3-200　创建抽壳特征

图3-201　创建基准平面

06 单击【主页】选项卡【直接草图】组中的【矩形】按钮，绘制24×50的矩形，如图3-202所示。

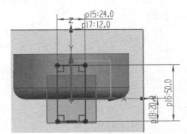

图3-202　绘制24×50的矩形

07 创建拉伸切除特征，拉伸距离为40，如图3-203所示。

图3-203　创建拉伸切除特征

08 单击【主页】选项卡【特征】组中的【阵列特征】按钮，创建圆形阵列特征，如

图3-204所示。

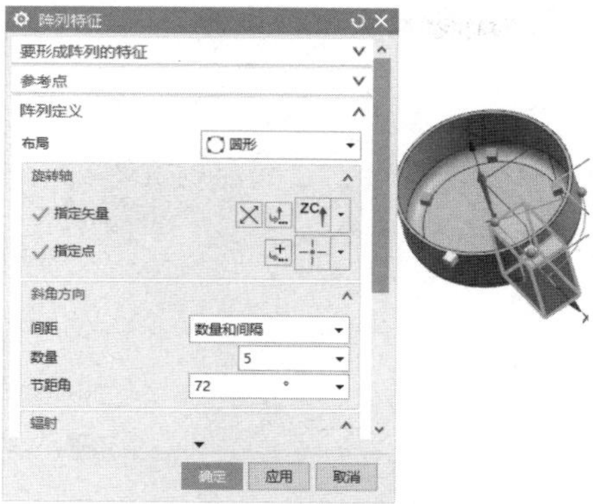

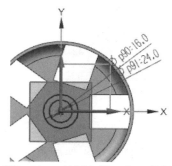
图3-204　创建阵列特征

09 绘制直径为16和24的同心圆形，如图3-205所示。

图3-205　绘制直径16和24的同心圆

10 创建拉伸特征，拉伸距离为20，如图3-206所示。

图3-206　拉伸草图

11 单击【主页】选项卡【特征】组中的【孔】按钮，创建孔特征，直径为8，如图3-207所示。

12 单击【主页】选项卡【编辑特征】组中的【可回滚编辑】按钮，打开【可回滚编辑】对话框，选择参数项进行编辑，如图3-208所示。

图3-207　创建直径8的孔特征

图3-208　特征可回滚编辑

13 在弹出的【阵列特征】对话框中，修改阵列特征参数，如图3-209所示。至此完成法兰罩模型，如图3-210所示。

图3-209　修改阵列特征参数

图3-210　完成法兰罩模型

绘制空心轴

01 单击【主页】选项卡【直接草图】组中的【圆】按钮○，绘制直径60的圆形，如图3-211所示。

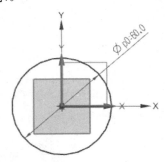

图3-211　绘制直径60的圆形

02 单击【主页】选项卡【特征】组中的【拉伸】按钮 ，拉伸距离为30，创建圆柱，如图3-212所示。

图3-212　拉伸草图

03 单击【主页】选项卡【直接草图】组中的【矩形】按钮 ，绘制21×3的矩形，完成切除草图，如图3-213所示。

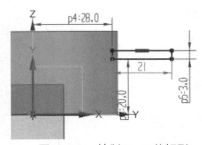

图3-213　绘制21×3的矩形

04 单击【主页】选项卡【特征】组中的【旋转】按钮 ，旋转草图，创建旋转切除特征，如图3-214所示。

05 再次绘制两个矩形，完成切除草图，如图3-215所示。

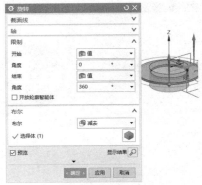

图3-214　创建旋转切除特征

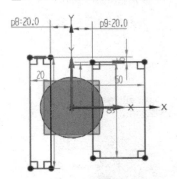

图3-215　绘制两个矩形

06 创建拉伸切除特征，拉伸距离为40，如图3-216所示。

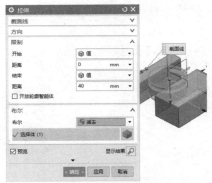

图3-216　创建拉伸切除特征

07 绘制直径8的圆形，如图3-217所示。

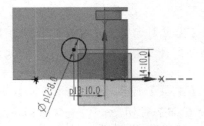

图3-217　绘制直径8的圆形

08 创建拉伸切除特征，拉伸距离为50，如图

3-218所示。

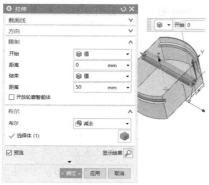

图3-218　创建拉伸切除特征

09 绘制直径35的圆形，如图3-219所示。

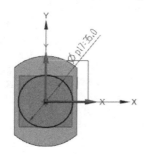

图3-219　绘制直径35的圆形

10 创建拉伸特征，拉伸距离为10，如图3-220所示。

图3-220　拉伸草图

11 绘制直径50的圆形，如图3-221所示。

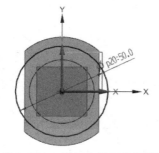

图3-221　绘制直径50的圆形

12 创建拉伸特征，拉伸距离为10，如图3-222所示。

图3-222　拉伸草图

13 绘制直径42的圆形，如图3-223所示。

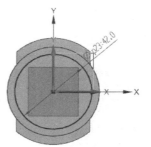

图3-223　绘制直径42的圆形

14 创建拉伸特征，拉伸距离为80，如图3-224所示。

图3-224　拉伸草图

15 单击【主页】选项卡【特征】组中的【孔】按钮，创建孔特征，直径为30，如图3-225所示。

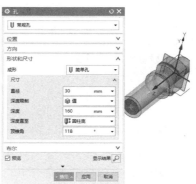

图3-225　创建直径30的孔

16 单击【主页】选项卡【编辑特征】组中的【特征尺寸】按钮🗞，打开【特征尺寸】对话框，选择参数项进行编辑，如图3-226所示。至此完成空心轴模型，如图3-227所示。

图3-226 修改特征尺寸

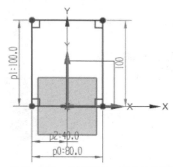

图3-227 完成空心轴模型

实例067 ⊕案例源文件：ywj/03/067.prt

绘制虎钳

01 单击【主页】选项卡【直接草图】组中的【矩形】按钮 ▢，绘制80×100的矩形，如图3-228所示。

图3-228 绘制80×100的矩形

02 单击【主页】选项卡【直接草图】组中的【圆弧】按钮 ⁄ 和【快速修剪】按钮✕，绘制圆弧并修剪草图，如图3-229所示。

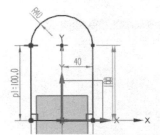

图3-229 绘制圆弧并修剪草图

03 单击【主页】选项卡【特征】组中的【拉伸】按钮 🧊，拉伸距离为200，创建拉伸特征，如图3-230所示。

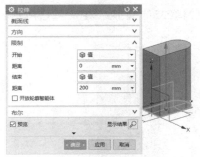

图3-230 拉伸草图

04 绘制50×135的矩形，完成切除草图，如图3-231所示。

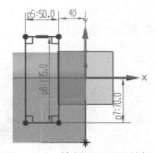

图3-231 绘制50×135的矩形

05 创建拉伸切除特征，拉伸距离为200，如图3-232所示。

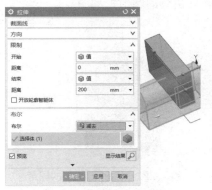

图3-232 创建拉伸切除特征

06 绘制36×120的矩形，如图3-233所示。

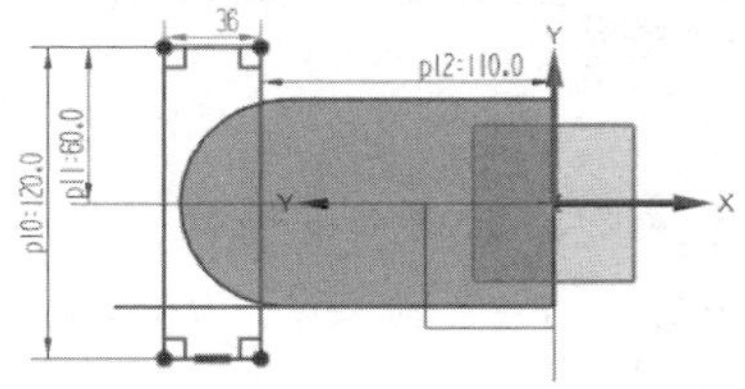

图3-233 绘制36×120的矩形

07 创建拉伸特征，拉伸距离为20，如图3-234所示。

图3-234 拉伸草图

08 单击【主页】选项卡【特征】组中的【边倒圆】按钮，创建边倒圆特征，半径为10，如图3-235所示。

图3-235 创建半径10的边倒圆

09 单击【主页】选项卡【特征】组中的【基准平面】按钮，创建基准平面，如图3-236所示。

图3-236 创建基准平面

10 单击【主页】选项卡【特征】组中的【镜像特征】按钮，创建镜像特征，如图3-237所示。

图3-237 镜像特征

11 绘制直径30的圆形，如图3-238所示。

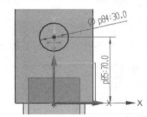

图3-238 绘制直径30的圆形

12 创建拉伸特征，拉伸距离为100，如图3-239所示。

图3-239 拉伸草图

13 绘制直径40的圆形，如图3-240所示。

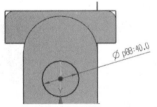

图3-240 绘制直径40的圆形

14 创建拉伸特征，拉伸距离为20，如图3-241所示。

图3-241 拉伸草图

15 单击【主页】选项卡【特征】组中的【边倒圆】按钮，创建边倒圆特征，半径为2，如图3-242所示。

图3-242　创建半径2的边倒圆

16 绘制直径10的圆形，如图3-243所示。

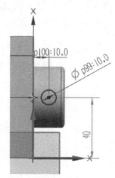

图3-243　绘制直径10的圆形

17 创建拉伸特征，拉伸距离为100，如图3-244所示。至此完成虎钳模型，如图3-245所示。

图3-244　拉伸草图

图3-245　完成虎钳模型

实例 068　　◎ 案例源文件：ywj/03/068.prt

绘制合页

01 单击【主页】选项卡【直接草图】组中的【圆】按钮，绘制直径10的圆形，如图3-246所示。

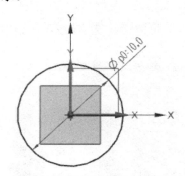

图3-246　绘制直径10的圆形

02 单击【主页】选项卡【特征】组中的【拉伸】按钮，拉伸距离为100，创建长圆柱体，如图3-247所示。

图3-247　拉伸草图

03 单击【主页】选项卡【直接草图】组中的【矩形】按钮，绘制宽为1的矩形，如图3-248所示。

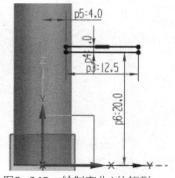

图3-248　绘制宽为1的矩形

UG NX 12 完全实训手册

04 单击【主页】选项卡【直接草图】组中的【阵列曲线】按钮，绘制线性阵列曲线，如图3-249所示。

图3-249　阵列曲线

05 单击【主页】选项卡【特征】组中的【旋转】按钮，旋转草图，创建旋转切除特征，如图3-250所示。

图3-250　创建旋转切除特征

06 绘制40×100的矩形，如图3-251所示。

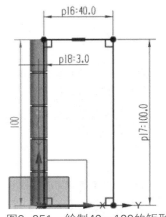

图3-251　绘制40×100的矩形

07 创建拉伸特征，拉伸距离为4，如图3-252所示。

所示。

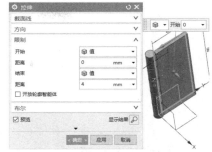

图3-252　拉伸草图

08 单击【主页】选项卡【直接草图】组中的【点】按钮，绘制4个点，如图3-253所示。

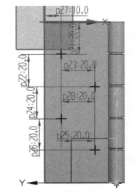

图3-253　绘制4个点

09 单击【主页】选项卡【特征】组中的【孔】按钮，创建埋头孔特征，如图3-254所示。

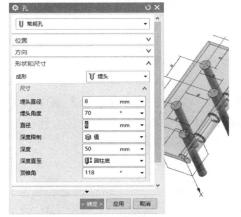

图3-254　创建埋头孔

10 绘制40×100的矩形，如图3-255所示。

11 创建拉伸特征，拉伸距离为4，作为合页页体，如图3-256所示。

12 单击【主页】选项卡【直接草图】组中的【点】按钮，绘制两个点，如图3-257所示。

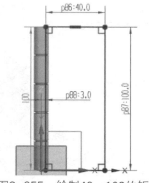

图3-255　绘制40×100的矩形

图3-256　拉伸草图

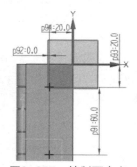

图3-257　绘制两个点

13 单击【主页】选项卡【特征】组中的【孔】按钮，创建埋头孔特征，如图3-258所示。

图3-258　创建埋头孔

14 单击【主页】选项卡【编辑特征】组中的【特征重排序】按钮，打开【特征重排序】对话框，选择特征进行顺序调整，如图3-259所示。至此完成合页模型，如图3-260所示。

图3-259　特征重排序

图3-260　完成合页模型

实例069　绘制刹车盘

案例源文件：ywj/03/069.prt

01 单击【主页】选项卡【直接草图】组中的【圆】按钮，绘制直径200的圆形，如图3-261所示。

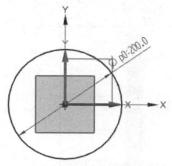

图3-261　绘制直径200的圆形

02 单击【主页】选项卡【特征】组中的【拉伸】按钮，拉伸距离为20，创建圆盘，如图3-262所示。

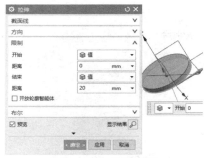

图3-262 拉伸草图

03 单击【主页】选项卡【直接草图】组中的【矩形】按钮□，绘制34×6的矩形，完成切除草图，如图3-263所示。

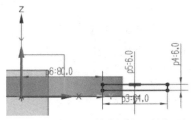

图3-263 绘制34×6的矩形

04 单击【主页】选项卡【特征】组中的【旋转】按钮，旋转草图，创建旋转切除特征，如图3-264所示。

图3-264 创建旋转切除特征

05 绘制直径80的圆形，完成切除草图，如图3-265所示。

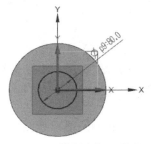

图3-265 绘制直径80的圆形

06 创建拉伸切除特征，拉伸距离为14，如图3-266所示。

图3-266 创建拉伸切除特征

07 单击【主页】选项卡【特征】组中的【拔模】按钮，创建拔模特征，如图3-267所示。

图3-267 创建拔模特征

08 单击【主页】选项卡【特征】组中的【孔】按钮，创建孔特征，直径为30，如图3-268所示。

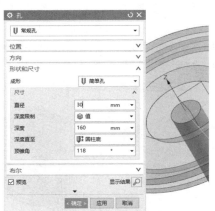

图3-268 创建直径30的孔特征

09 绘制两个直径10的小圆形，如图3-269所示。

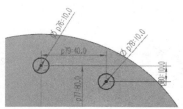

图3-269　绘制直径10的两个圆形

10 单击【主页】选项卡【直接草图】组中的【圆弧】按钮 ⌒，绘制相切的圆弧，如图3-270所示。

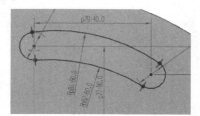

图3-270　绘制相切圆弧

11 创建拉伸切除特征，拉伸距离为50，形成孔槽，如图3-271所示。

图3-271　创建拉伸切除特征

12 单击【主页】选项卡【特征】组中的【阵列特征】按钮，创建圆形阵列特征，形成散热孔，如图3-272所示。至此完成刹车盘模型，如图3-273所示。

图3-272　创建阵列特征

图3-273　完成刹车盘模型

实例 070　绘制轮毂

案例源文件：ywj/03/070.prt

01 单击【主页】选项卡【直接草图】组中的【圆】按钮 ○，绘制直径100和120的同心圆形，如图3-274所示。

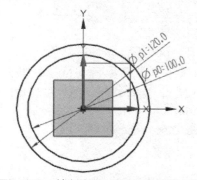

图3-274　绘制直径100和120的同心圆

02 单击【主页】选项卡【特征】组中的【拉伸】按钮，拉伸距离为30，创建拉伸特征，如图3-275所示。

图3-275　拉伸草图

03 单击【主页】选项卡【特征】组中的【倒斜角】按钮，创建倒斜角特征，如图3-276所示。

04 绘制直径16和30的圆形，如图3-277所示。

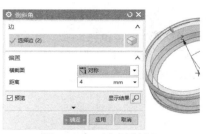

图3-276　创建倒斜角

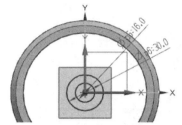

图3-277　绘制直径16和30的同心圆

05 创建拉伸特征，拉伸距离为30，如图3-278所示。

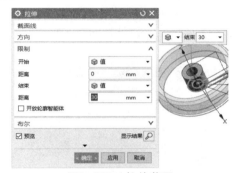

图3-278　拉伸草图

06 单击【主页】选项卡【直接草图】组中的【生产线】按钮 ∕，绘制梯形草图，如图3-279所示。

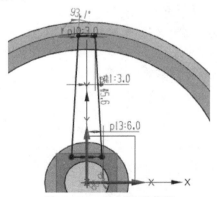

图3-279　绘制梯形草图

07 创建拉伸特征，拉伸距离为10，形成单个辐条，如图3-280所示。

图3-280　拉伸草图

08 单击【主页】选项卡【特征】组中的【阵列特征】按钮 ⬡，创建圆形阵列特征，形成轮辐，如图3-281所示。

图3-281　创建阵列特征

09 单击【主页】选项卡【编辑特征】组中的【编辑特征参数】按钮 ⬢，打开【编辑参数】对话框，对参数项进行编辑，如图3-282所示。

图3-282　编辑特征参数

10 创建拉伸特征，拉伸距离为20，如图3-283所示。至此完成轮毂模型，如图3-284所示。

图3-283 拉伸草图

图3-284 完成轮毂模型

实例 071

◎ 案例源文件: ywj/03/071.prt

绘制接线盒

01 单击【主页】选项卡【直接草图】组中的【矩形】按钮 ▭，绘制120×80的矩形，如图3-285所示。

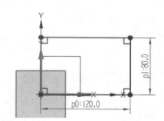

图3-285 绘制120×80的矩形

02 单击【主页】选项卡【特征】组中的【拉伸】按钮 ⬡，拉伸距离为30，创建长方体，如图3-286所示。

图3-286 拉伸草图

03 单击【主页】选项卡【特征】组中的【边倒圆】按钮 ⬡，创建边倒圆特征，半径为10，如图3-287所示。

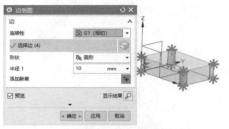

图3-287 创建半径10的边倒圆

04 再次绘制60×80的矩形，如图3-288所示。

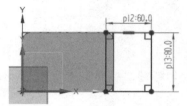

图3-288 绘制60×80的矩形

05 创建拉伸特征，拉伸距离为20，如图3-289所示。

图3-289 拉伸草图

06 单击【主页】选项卡【特征】组中的【边倒圆】按钮 ⬡，创建边倒圆特征，半径为10，如图3-290所示。

图3-290 创建半径10的边倒圆

07 绘制长宽均为10的矩形，完成切除草图，如图3-291所示。

UG NX 12 完全实训手册

116

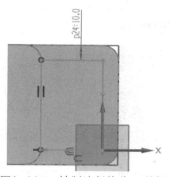

图3-291　绘制边长均为10的矩形

08 创建拉伸切除特征，拉伸距离为15，如图3-292所示。

图3-292　创建拉伸切除特征

09 绘制直径22的圆形，如图3-293所示。

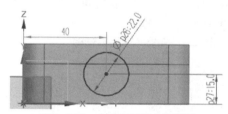

图3-293　绘制直径22的圆形

10 创建拉伸特征，双向拉伸距离为160，如图3-294所示。

图3-294　拉伸草图

11 单击【主页】选项卡【特征】组中的【孔】按钮🔲，创建孔特征，直径为18，如图3-295所示。

图3-295　创建直径18的孔特征

12 单击【主页】选项卡【特征】组中的【孔】按钮🔲，创建沉头孔特征，如图3-296所示。至此完成接线盒模型，如图3-297所示。

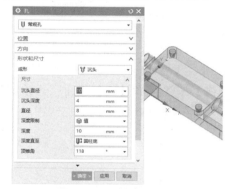

图3-296　创建沉头孔

图3-297　完成接线盒模型

实例 072　　　🔗 案例源文件：ywj/03/072.prt

绘制齿轮盘

01 单击【主页】选项卡【直接草图】组中的【圆】按钮○，绘制直径40和60的同心圆，如

图3-298所示。

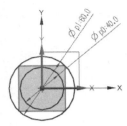

图3-298 绘制直径40和60的同心圆

02 单击【主页】选项卡【特征】组中的【拉伸】按钮🔲，拉伸距离为60，创建拉伸特征，如图3-299所示。

图3-299 拉伸草图

03 单击【主页】选项卡【直接草图】组中的【生产线】按钮╱和【圆】按钮◯，绘制扇形草图，如图3-300所示。

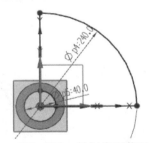

图3-300 绘制扇形草图

04 创建拉伸特征，拉伸距离为10，如图3-301所示。

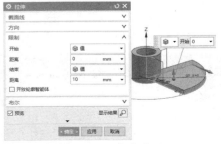

图3-301 拉伸草图

05 绘制三角形，如图3-302所示。

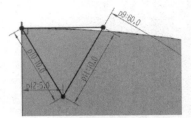

图3-302 绘制三角形

06 创建拉伸切除特征，拉伸距离为20，形成齿廓，如图3-303所示。

图3-303 创建拉伸切除特征

07 单击【主页】选项卡【特征】组中的【阵列特征】按钮，为齿廓创建圆形阵列特征，如图3-304所示。至此完成齿轮盘模型制作，如图3-305所示。

图3-304 创建阵列特征

图3-305 完成齿轮盘模型

绘制传动盘

01 单击【主页】选项卡【直接草图】组中的【圆】按钮○，绘制直径200的圆形，如图3-306所示。

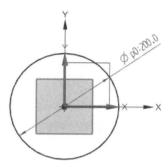

图3-306　绘制直径200的圆形

02 单击【主页】选项卡【特征】组中的【拉伸】按钮，拉伸距离为10，创建圆盘的拉伸特征，如图3-307所示。

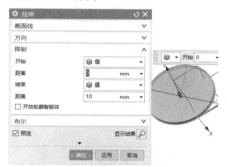

图3-307　拉伸草图

03 单击【主页】选项卡【特征】组中的【边倒圆】按钮，创建边倒圆特征，半径为4，如图3-308所示。

图3-308　创建半径4的边倒圆

04 绘制直径10的圆形，完成切除特征，如图3-309所示。

05 创建拉伸切除特征，拉伸距离为20，如图3-310所示。

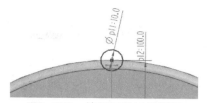

图3-309　绘制直径10的圆形

图3-310　创建拉伸切除特征

06 单击【主页】选项卡【特征】组中的【阵列特征】按钮，创建圆形阵列特征，形成防滑纹，如图3-311所示。

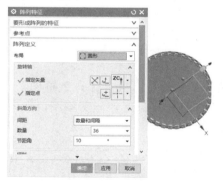

图3-311　创建阵列特征

07 绘制直径100的圆形，如图3-312所示。

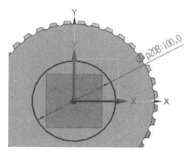

图3-312　绘制直径100的圆形

08 单击【主页】选项卡【直接草图】组中的【椭圆】按钮○，绘制椭圆，如图3-313

所示。

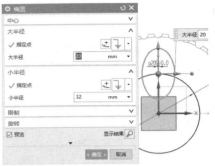

图3-313 绘制椭圆

09 单击【主页】选项卡【直接草图】组中的【阵列曲线】按钮，为椭圆制作圆形阵列，如图3-314所示。

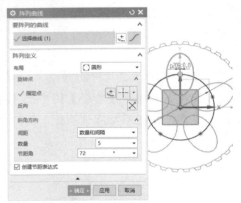

图3-314 阵列曲线

10 单击【主页】选项卡【直接草图】组中的【快速修剪】按钮，修剪草图，如图3-315所示。

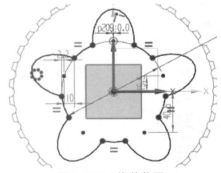

图3-315 修剪草图

11 创建拉伸切除特征，拉伸距离为20，如图3-316所示。

12 单击【主页】选项卡【编辑特征】组中的【特征尺寸】按钮，打开【特征尺寸】对话框，选择参数项进行编辑，如图3-317所示。

至此完成传动盘模型，如图3-318所示。

图3-316 创建拉伸切除特征

图3-317 修改特征尺寸

图3-318 完成传动盘模型

实例 074 ◉ 案例源文件：ywj/03/074.prt

绘制接头

01 单击【主页】选项卡【直接草图】组中的【圆】按钮，绘制直径20和30的同心圆，如图3-319所示。

02 单击【主页】选项卡【特征】组中的【拉伸】按钮，拉伸距离为30，创建拉伸特征，如图3-320所示。

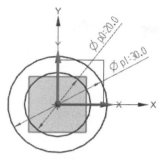

图3-319　绘制直径20和30的同心圆

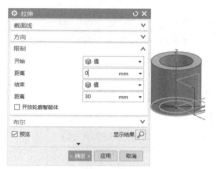

图3-320　拉伸草图

03 单击【主页】选项卡【直接草图】组中的【多边形】按钮⬡，绘制六边形，如图3-321所示。

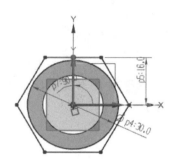

图3-321　绘制六边形

04 创建拉伸特征，拉伸距离为20，如图3-322所示。

图3-322　拉伸草图

05 绘制直径20和26的同心圆，如图3-323

所示。

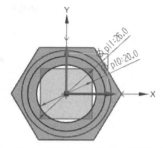

图3-323　绘制直径20和26的同心圆

06 拉伸距离为40，创建拉伸特征，如图3-324所示。

图3-324　拉伸草图

07 单击【主页】选项卡【特征】组中的【基准平面】按钮◆，创建基准平面，如图3-325所示。

图3-325　创建基准平面

08 再次绘制六边形，如图3-326所示。

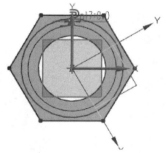

图3-326　绘制六边形

09 创建拉伸特征，拉伸距离为20，如图3-327所示。

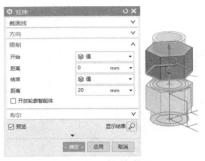

图3-327　拉伸草图

10 单击【主页】选项卡【特征】组中的【基准平面】按钮◇，创建基准平面，如图3-328所示。

图3-328　创建基准平面

11 单击【主页】选项卡【特征】组中的【镜像特征】按钮◈，创建镜像特征，如图3-329所示。

图3-329　镜像特征

12 单击【主页】选项卡【编辑特征】组中的【抑制特征】按钮◈，打开【抑制特征】对话框，选择特征进行过滤，如图3-330所示。至此完成接头模型，如图3-331所示。

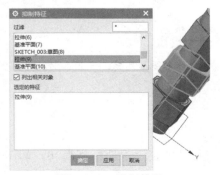

图3-330　抑制特征

图3-331　完成接头模型

实例 075 绘制端口零件

案例源文件：ywj/03/075.prt

01 单击【主页】选项卡【直接草图】组中的【圆】按钮○，绘制直径20的4个圆形和直径100的大圆形，如图3-332所示。

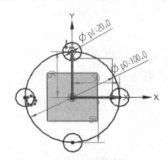

图3-332　绘制5个圆形

02 单击【主页】选项卡【直接草图】组中的【快速修剪】按钮✕，修剪草图，如图3-333所示。

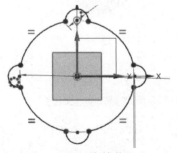

图3-333　修剪草图

03 单击【主页】选项卡【特征】组中的【拉伸】按钮◈，拉伸距离为40，创建拉伸特征，如图3-334所示。

04 单击【主页】选项卡【直接草图】组中的【矩形】按钮▢，绘制40×20的矩形，如图3-335所示。

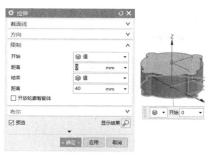

图3-334　拉伸草图

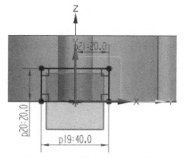

图3-335　绘制40×20的矩形

05 创建拉伸特征，拉伸距离为70，如图3-336所示。

图3-336　拉伸草图

06 绘制直径80的圆形，完成切除草图，如图3-337所示。

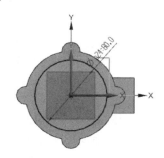

图3-337　绘制直径80的圆形

07 创建拉伸切除特征，拉伸距离为35，如图3-338所示。

08 单击【主页】选项卡【特征】组中的【孔】按钮，创建孔特征，直径为18，如图3-339

所示。

图3-338　创建拉伸切除特征

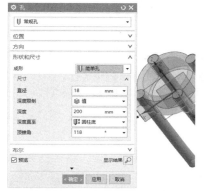

图3-339　创建直径18的孔特征

09 绘制30×32的矩形，完成切除草图，如图3-340所示。

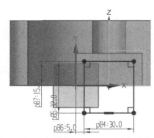

图3-340　绘制30×32的矩形

10 创建拉伸切除特征，拉伸距离为80，如图3-341所示。

图3-341　创建拉伸切除特征

11 单击【主页】选项卡【编辑特征】组中的【可回滚编辑】按钮 ，打开【可回滚编辑】对话框，选择参数项进行编辑，如图3-342所示。

图3-342　特征可回滚编辑

12 单击【主页】选项卡【特征】组中的【孔】按钮 ⬡，创建孔特征，直径为10，如图3-343所示。至此完成端口零件模型，如图3-344所示。

图3-343　创建直径10的孔特征

图3-344　完成端口零件模型

实例076

案例源文件：ywj/03/076.prt

绘制防撞头

01 单击【主页】选项卡【直接草图】组中的【生产线】按钮 ╱，绘制长40和180的直线，如图3-345所示。

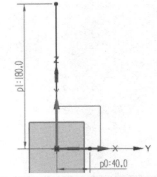

图3-345　绘制互相垂直的直线

02 单击【主页】选项卡【直接草图】组中的【艺术样条】按钮 ╱，绘制样条曲线，如图3-346所示。

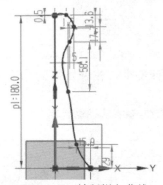

图3-346　绘制样条曲线

03 单击【主页】选项卡【特征】组中的【旋转】按钮 🍶，旋转草图，创建旋转特征，如图3-347所示。

图3-347　创建旋转特征

04 单击【主页】选项卡【直接草图】组中的【矩形】按钮 ▢，绘制20×60的矩形，完成切除草图，如图3-348所示。

05 单击【主页】选项卡【特征】组中的【拉伸】按钮 🗔，双向拉伸距离为80，创建拉伸切除特征，如图3-349所示。

图3-348　绘制20×60的矩形

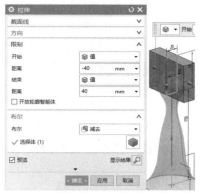

图3-349　创建拉伸切除特征

06 绘制直径50的圆形，如图3-350所示。

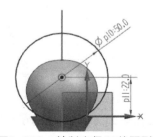

图3-350　绘制直径50的圆形

07 创建拉伸特征，拉伸距离为20，如图3-351所示。

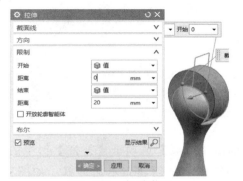

图3-351　拉伸草图

08 单击【主页】选项卡【特征】组中的【边

倒圆】按钮 ，创建边倒圆特征，半径为4，如图3-352所示。至此完成防撞头模型，如图3-353所示。

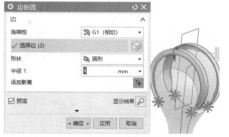

图3-352　创建半径4的边倒圆

图3-353　完成防撞头模型

实例 077　⊕案例源文件：ywj/03/077.prt

绘制配饰零件

01 单击【主页】选项卡【直接草图】组中的【圆】按钮 ，绘制直径60和80的圆形，如图3-354所示。

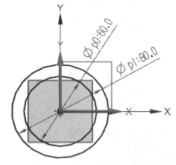

图3-354　绘制直径60和80的同心圆

02 单击【主页】选项卡【特征】组中的【拉伸】按钮 ，拉伸距离为20，创建拉伸特征，如图3-355所示。

03 绘制直径70的圆形，如图3-356所示。

04 创建拉伸特征，拉伸距离为20，如图3-357所示。

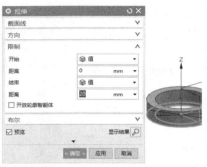

图3-355 拉伸草图

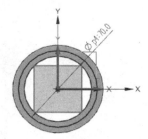

图3-356 绘制直径70的圆形

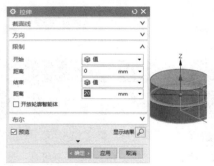

图3-357 拉伸草图

05 单击【主页】选项卡【直接草图】组中的【圆】按钮〇和【生产线】按钮╱,绘制扇形草图,如图3-358所示。

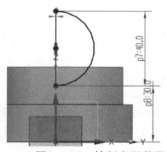

图3-358 绘制扇形草图

06 单击【主页】选项卡【特征】组中的【旋转】按钮,旋转草图,形成球体,如图3-359所示。

07 绘制直径20的圆形,如图3-360所示。

图3-359 创建旋转特征

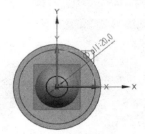

图3-360 绘制直径20的圆形

08 创建拉伸特征,拉伸距离为100,如图3-361所示。

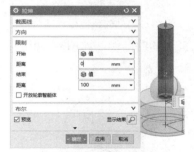

图3-361 拉伸草图

09 创建球体特征,直径为30,如图3-362所示。

图3-362 创建球体

10 单击【主页】选项卡【特征】组中的【合并】按钮,创建布尔加运算,如图3-363所示。至此完成配饰零件模型,如图3-364所示。

图3-363　创建布尔加运算

图3-364　完成配饰零件模型

实例 078

◉ 案例源文件：ywj/03/078.prt

绘制扇叶

01 单击【主页】选项卡【直接草图】组中的【圆】按钮○和【圆弧】按钮╱，绘制扇形草图，如图3-365所示。

图3-365　绘制扇形草图

02 单击【主页】选项卡【特征】组中的【旋转】按钮🔲，旋转草图，形成尖锥部分，如图3-366所示。

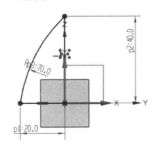

图3-366　创建旋转特征

03 单击【主页】选项卡【直接草图】组中的【矩形】按钮▭，绘制6×60的矩形，如图3-367所示。

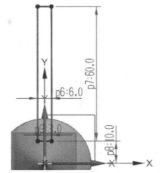

图3-367　绘制6×60的矩形

04 单击【主页】选项卡【特征】组中的【拉伸】按钮🔲，拉伸距离为20，创建拉伸特征，如图3-368所示。

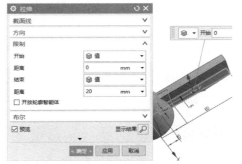

图3-368　拉伸草图

05 再绘制2×60的矩形，完成切除草图，如图3-369所示。

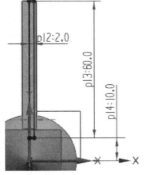

图3-369　绘制2×60的矩形

06 创建拉伸切除特征，拉伸距离为30，如图3-370所示。

07 单击【主页】选项卡【特征】组中的【边倒圆】按钮🔲，创建边倒圆特征，半径为10，如图3-371所示。

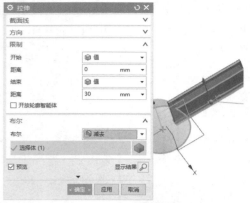

图3-370　创建拉伸切除特征

图3-371　创建半径10的边倒圆

08 单击【主页】选项卡【特征】组中的【边倒圆】按钮🔵，创建边倒圆特征，半径为6，如图3-372所示。

图3-372　创建半径6的边倒圆

09 单击【主页】选项卡【特征】组中的【阵列特征】按钮🔧，创建圆形阵列特征，形成3个扇叶，如图3-373所示。至此完成扇叶模型，如图3-374所示。

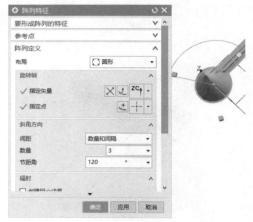

图3-373　阵列特征

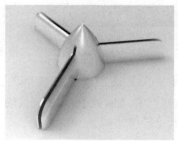

图3-374　完成扇叶模型

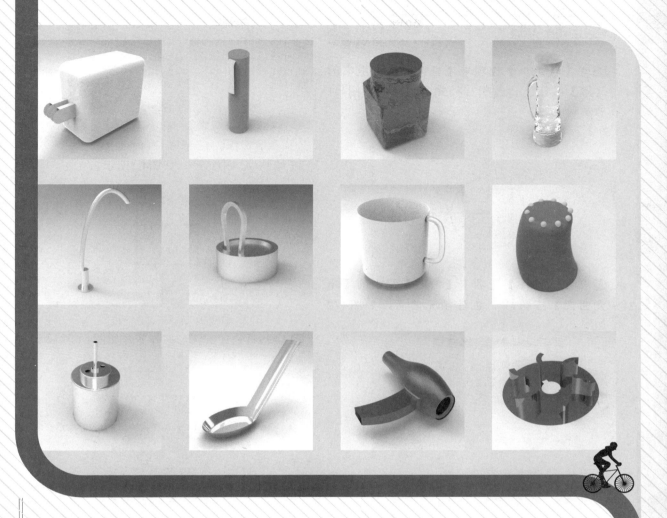

曲面设计

绘制烟灰缸

01 单击【主页】选项卡【直接草图】组中的【圆】按钮◯，绘制直径50的圆形，如图4-1所示。

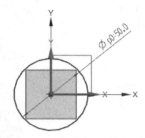

图4-1　绘制直径50的圆形

02 单击【曲面】选项卡【曲面】组中的【填充曲面】按钮，创建填充曲面，如图4-2所示。

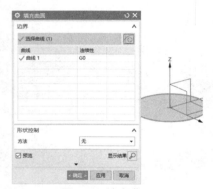

图4-2　填充曲面

03 单击【曲面】选项卡【曲面】组中的【拉伸】按钮，创建拉伸曲面，距离为20，如图4-3所示。

图4-3　拉伸草图

04 单击【曲面】选项卡【曲面】组中的【面倒圆】按钮，创建面倒圆曲面，半径为4，如图4-4所示。

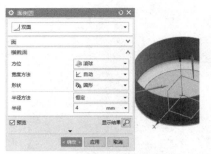

图4-4　创建半径4的面倒圆

05 绘制6×4的矩形，如图4-5所示。

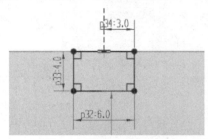

图4-5　绘制6×4的矩形

06 绘制直径12的圆形并修剪，如图4-6所示。

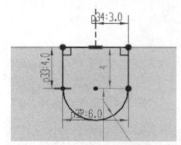

图4-6　绘制圆并修剪

07 创建拉伸曲面，距离为30，如图4-7所示。

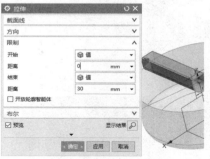

图4-7　拉伸草图

08 单击【主页】选项卡【特征】组中的【阵列特征】按钮，创建圆形阵列特征，如图4-8所示。

09 单击【曲面】选项卡【曲面操作】组中的【修剪片体】按钮，修剪曲面片体，如图4-9所示。至此完成烟灰缸模型，如图4-10所示。

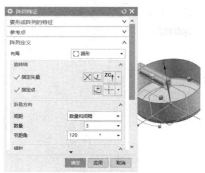

图4-8　阵列特征

图4-9　修剪片体

图4-10　完成烟灰缸模型

实例080

案例源文件：ywj/04/080.prt

绘制充电器

01 单击【主页】选项卡【直接草图】组中的【矩形】按钮□，绘制50×90的矩形，如图4-11所示。

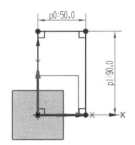

图4-11　绘制50×90的矩形

02 单击【曲面】选项卡【曲面】组中的【拉伸】按钮◎，创建拉伸曲面，距离为80，如图4-12所示。

图4-12　拉伸草图

03 单击【曲面】选项卡【曲面】组中的【四点曲面】按钮◇，创建四点曲面，如图4-13所示。

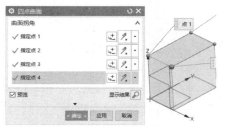

图4-13　创建四点曲面

04 单击【曲面】选项卡【曲面】组中的【四点曲面】按钮◇，创建对称的四点曲面，如图4-14所示。

图4-14　创建对称的四点曲面

05 单击【曲面】选项卡【曲面】组中的【面倒圆】按钮◎，创建两个端面上倒圆曲面，半径为10，如图4-15所示。

图4-15　创建端面上半径10的倒圆

06 单击【曲面】选项卡【曲面】组中的【面倒圆】按钮，创建四个角上面倒圆曲面，半径为10，如图4-16所示。

图4-16　创建四个角半径10的边倒圆

07 绘制两个5×15的矩形，如图4-17所示。

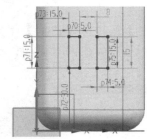

图4-17　绘制两个5×15的矩形

08 创建拉伸曲面，距离为25，如图4-18所示。

图4-18　拉伸草图

09 绘制矩形和半圆草图，如图4-19所示。

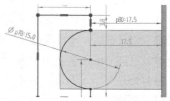

图4-19　绘制矩形和圆草图

10 创建拉伸曲面，距离为60，作为插头，如图4-20所示。

11 单击【曲面】选项卡【曲面操作】组中的【修剪片体】按钮，修剪曲面片体，如图4-21所示。至此完成充电器模型，结果如图4-22所示。

图4-20　拉伸草图

图4-21　修剪片体

图4-22　完成充电器模型

实例 081
案例源文件：ywj/04/081.prt

绘制笔帽

01 单击【主页】选项卡【直接草图】组中的【圆】按钮○，绘制直径20的圆形，如图4-23所示。

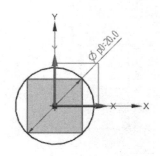

图4-23　绘制直径20的圆形

02 单击【主页】选项卡【特征】组中的【基准平面】按钮 ◈，创建基准平面，如图4-24所示。

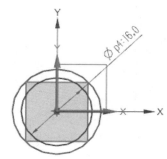

图4-24　创建基准平面

03 在基准平面上绘制直径16的圆形，如图4-25所示。

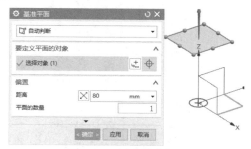

图4-25　绘制直径16的圆形

04 单击【曲面】选项卡【曲面】组中的【艺术曲面】按钮 ▦，创建艺术曲面，形成笔帽部分，如图4-26所示。

图4-26　创建艺术曲面

05 单击【曲面】选项卡【曲面】组中的【美学倒圆角】按钮 ◈，创建美学倒圆角曲面，如图4-27所示。

06 绘制半径6的圆弧，如图4-28所示。

07 然后绘制直线和圆角草图，如图4-29所示。

图4-27　创建美学面倒圆

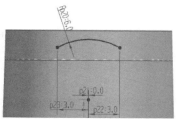

图4-28　绘制半径6的圆弧

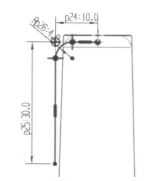

图4-29　绘制直线和圆角草图

08 单击【曲面】选项卡【曲面】组中的【扫掠】按钮 ◈，创建扫掠曲面，形成笔夹特征，如图4-30所示。至此完成笔帽模型，结果如图4-31所示。

图4-30　创建扫掠曲面

图4-31　完成笔帽模型

◎提示·∘

　　扫掠曲面命令可以生成片体，也可以生成实体。当选择的截面线串或者引导线串为封闭曲线时，就可以生成扫掠实体。

实例 082　绘制方瓶
◎案例源文件：ywj/04/082.prt

01 单击【主页】选项卡【直接草图】组中的【矩形】按钮□，绘制100×100的矩形，如图4-32所示。

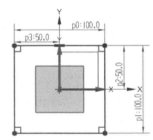

图4-32　绘制100×100的矩形

02 单击【曲面】选项卡【曲面】组中的【拉伸】按钮，创建拉伸曲面，距离为100，如图4-33所示。

图4-33　拉伸草图

03 单击【曲面】选项卡【曲面】组中的【边倒圆】按钮，创建边倒圆曲面，半径为10，如图4-34所示。

图4-34　创建半径10的边倒圆

04 单击【主页】选项卡【特征】组中的【基准平面】按钮，创建基准平面，如图4-35所示。

图4-35　创建基准平面

05 在基准面上绘制直径90的圆形，如图4-36所示。

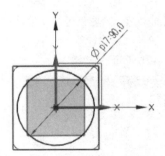

图4-36　绘制直径90的圆形

06 单击【曲线】选项卡【派生曲线】组中的【复合曲线】按钮，创建曲面上的曲线，如图4-37所示。

图4-37　创建复合曲线

07 单击【曲面】选项卡【曲面】组中的【艺术曲面】按钮，创建艺术曲面，形成过渡部分，如图4-38所示。

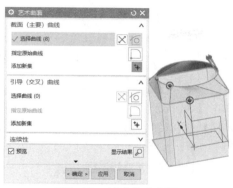

图4-38 创建艺术曲面

08 创建拉伸曲面，距离为30，如图4-39所示。

图4-39 创建拉伸曲面

09 单击【曲面】选项卡【曲面】组中的【有界平面】按钮 ，创建有界平面，如图4-40所示。

图4-40 创建有界平面

10 单击【曲面】选项卡【曲面】组中的【面倒圆】按钮 ，创建面倒圆曲面，半径为10，如图4-41所示。至此完成方瓶模型，如图4-42所示。

图4-41 创建半径10的面倒圆

图4-42 完成方瓶模型

实例 083 ⊙ 案例源文件：ywj/04/083.prt

绘制玻璃瓶

01 单击【主页】选项卡【直接草图】组中的【圆】按钮 ，绘制直径60的圆形，如图4-43所示。

图4-43 绘制直径60的圆形

02 单击【主页】选项卡【特征】组中的【基准平面】按钮 ，创建基准平面，如图4-44所示。

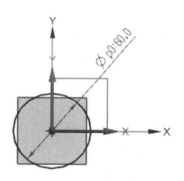

图4-44 创建基准平面

03 在基准面上绘制直径40的圆形，如图4-45所示。

04 单击【主页】选项卡【特征】组中的【基准平面】按钮 ，创建基准平面，如图4-46所示。

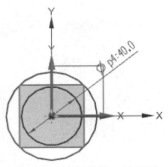

图4-45 绘制直径40的圆形

图4-46 创建基准平面

05 在基准面上绘制直径50的圆形，如图4-47所示。

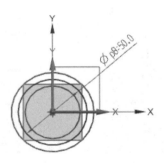

图4-47 绘制直径50的圆形

06 单击【曲面】选项卡【曲面】组中的【通过曲线组】按钮，创建通过曲线组的曲面，形成瓶身，如图4-48所示。

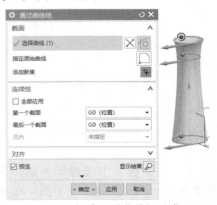

图4-48 创建通过曲线组的曲面

07 单击【曲面】选项卡【曲面】组中的【填充曲面】按钮，创建填充曲面，如图4-49所示。

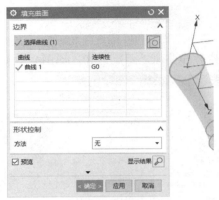

图4-49 填充曲面

08 单击【曲面】选项卡【曲面】组中的【面倒圆】按钮，创建面倒圆曲面，半径为2，如图4-50所示。

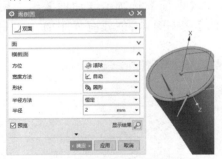

图4-50 创建半径2的面倒圆曲面

09 单击【主页】选项卡【直接草图】组中的【艺术样条】按钮，绘制样条曲线，如图4-51所示。

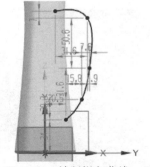

图4-51 绘制样条曲线

UG NX 12 完全实训手册

10 绘制直径10的圆形，如图4-52所示。

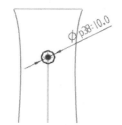

图4-52　绘制直径10的圆形

11 单击【曲面】选项卡【曲面】组中的【扫掠】按钮 ，创建扫掠曲面，形成手柄部分，如图4-53所示。

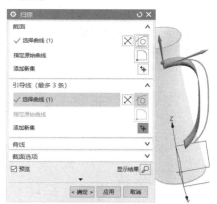

图4-53　创建扫掠曲面

12 单击【曲面】选项卡【曲面操作】组中的【修剪片体】按钮 ，修剪曲面片体，如图4-54所示。至此完成玻璃瓶模型，如图4-55所示。

图4-54　修剪片体

图4-55　完成玻璃瓶模型

实例 084　　⊛案例源文件：ywj/04/084.prt

绘制水龙头

01 单击【主页】选项卡【直接草图】组中的【圆】按钮 ○，绘制直径20的圆形，如图4-56所示。

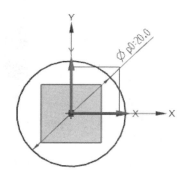

图4-56　绘制直径20的圆形

02 单击【曲面】选项卡【曲面】组中的【拉伸】按钮 ，创建拉伸曲面，距离为2，如图4-57所示。

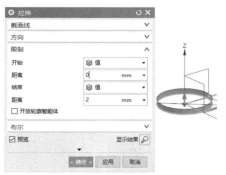

图4-57　拉伸草图

03 单击【曲面】选项卡【曲面】组中的【有界平面】按钮 ，创建有界平面，如图4-58所示。

图4-58 创建有界平面

04 绘制直径10的圆形，如图4-59所示。

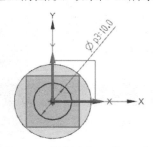

图4-59 绘制直径10的圆形

05 创建拉伸曲面，距离为30，如图4-60所示。

图4-60 拉伸草图

06 单击【曲面】选项卡【曲面】组中的【有界平面】按钮 ，创建有界平面，如图4-61所示。

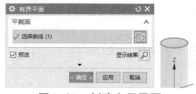

图4-61 创建有界平面

07 绘制直径6的圆形，如图4-62所示。

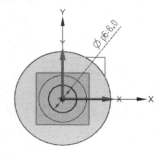

图4-62 绘制直径6的圆形

08 单击【主页】选项卡【直接草图】组中的【艺术样条】按钮 ，绘制样条曲线，如图4-63所示。

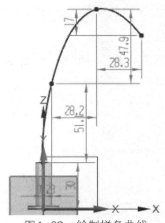

图4-63 绘制样条曲线

09 单击【曲面】选项卡【曲面】组中的【扫掠】按钮 ，创建扫掠曲面，形成出水管，如图4-64所示。

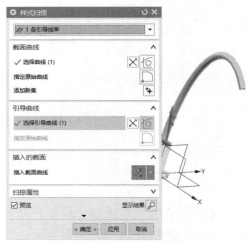

图4-64 创建样式扫掠曲面

10 单击【曲面】选项卡【曲面】组中的【管】按钮 ，创建管特征，如图4-65所示。至此完成水龙头模型，如图4-66所示。

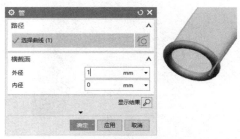

图4-65 创建管特征

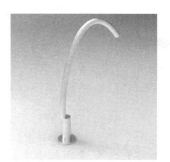

图4-66　完成水龙头模型

实例 085

案例源文件：ywwj/04/085.prt

绘制开关

01 单击【主页】选项卡【直接草图】组中的【圆弧】按钮，绘制半径100的圆弧，如图4-67所示。

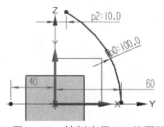

图4-67　绘制半径100的圆弧

02 单击【曲面】选项卡【曲面】组中的【旋转】按钮，创建旋转曲面，如图4-68所示。

图4-68　创建旋转曲面

03 单击【曲面】选项卡【曲面】组中的【有界平面】按钮，创建有界平面，如图4-69所示。

图4-69　创建有界平面

04 单击【主页】选项卡【特征】组中的【基准平面】按钮，创建基准平面，如图4-70所示。

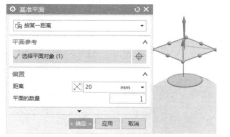

图4-70　创建基准平面

05 在基准平面上绘制直径26的圆形，如图4-71所示。

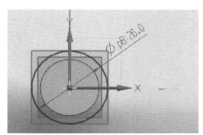

图4-71　绘制直径26的圆形

06 单击【曲面】选项卡【曲面】组中的【直纹】按钮，创建直纹面，如图4-72所示。

图4-72　创建直纹面

◉提示·

　　直纹面一般由截面线串延伸得到，延伸创建曲面时，可以通过面和矢量两种类型进行创建。

07 绘制大半径和小半径为10和16的椭圆，如图4-73所示。

08 创建另一个基准平面，如图4-74所示。

09 在刚创建的基准平面上绘制大半径和小半径为12和20的椭圆，如图4-75所示。

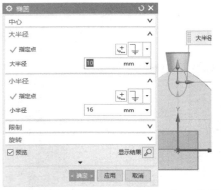

图4-73 绘制大半径和小半径为10和16的椭圆

图4-74 创建基准平面

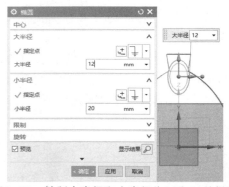

图4-75 绘制大半径和小半径为12和20的椭圆

10 单击【曲面】选项卡【曲面】组中的【直纹】按钮◇，创建直纹面，形成把手部分，如图4-76所示。

图4-76 创建直纹面

11 单击【曲面】选项卡【曲面】组中的【有界平面】按钮◇，创建有界平面，如图4-77所示。

图4-77 创建有界平面

12 单击【曲面】选项卡【曲面】组中的【有界平面】按钮◇，创建另一端的有界平面，如图4-78所示。至此完成开关模型，如图4-79所示。

图4-78 创建另一端的有界平面

图4-79 完成开关模型

实例 086 ⊙ 案例源文件：ywj/04/086.prt

绘制上盖

01 单击【主页】选项卡【直接草图】组中的【圆】按钮○，绘制直径20的圆形，如图4-80所示。

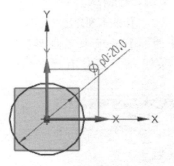

图4-80 绘制直径20的圆形

UG NX 12 完全实训手册

02 单击【曲面】选项卡【曲面】组中的【拉伸】按钮 ，创建拉伸曲面，距离为2，如图4-81所示。

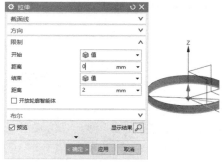

图4-81　拉伸草图

03 单击【曲面】选项卡【曲面】组中的【有界平面】按钮 ，创建有界平面，如图4-82所示。

图4-82　创建有界平面

04 绘制直径1的圆形，并进行修剪，如图4-83所示。

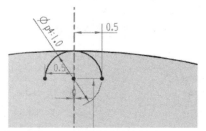

图4-83　绘制直径1的半圆

05 绘制80°的斜线，如图4-84所示。

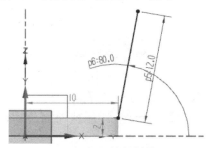

图4-84　绘制斜线

06 单击【曲面】选项卡【曲面】组中的【扫掠】按钮 ，创建扫掠曲面，如图4-85所示。

图4-85　创建扫掠曲面

07 单击【主页】选项卡【特征】组中的【阵列特征】按钮 ，为上步绘制的扫掠曲面创建圆形阵列特征，如图4-86所示。

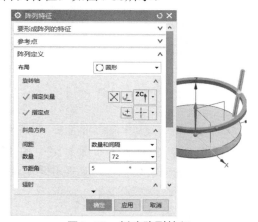

图4-86　创建阵列特征

08 单击【曲面】选项卡【曲面】组中的【规律延伸】按钮 ，创建规律延伸曲面，形成外沿面，如图4-87所示。至此完成上盖模型，如图4-88所示。

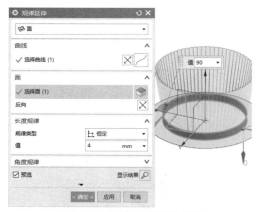

图4-87　创建规律延伸曲面

图4-88　完成上盖模型

实例 087

案例源文件：ywj/04/087.prt

绘制茶盏盖

01 单击【主页】选项卡【直接草图】组中的【圆弧】按钮，绘制半径160的圆弧，如图4-89所示。

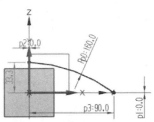

图4-89　绘制半径160的圆弧

02 单击【曲面】选项卡【曲面】组中的【旋转】按钮，创建旋转曲面，如图4-90所示。

图4-90　创建旋转曲面

03 绘制直径60的圆形，如图4-91所示。

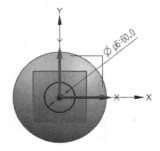

图4-91　绘制直径60的圆形

04 单击【主页】选项卡【特征】组中的【基准平面】按钮，创建基准平面，如图4-92所示。

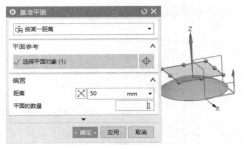

图4-92　创建基准平面

05 在基准平面上绘制直径90的圆形，如图4-93所示。

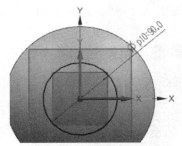

图4-93　绘制直径90的圆形

06 单击【曲面】选项卡【曲面】组中的【通过曲线组】按钮，创建通过曲线组的曲面，形成把手部分，如图4-94所示。

图4-94　创建通过曲线组的曲面

07 单击【曲面】选项卡【曲面操作】组中的【修剪片体】按钮，修剪曲面片体，如图4-95所示。

08 单击【曲面】选项卡【曲面】组中的【面倒圆】按钮，创建面倒圆曲面，半径为4，如图4-96所示。

图4-95 修剪片体

图4-96 创建半径4的面倒圆

09 单击【曲面】选项卡【曲面】组中的【有界平面】按钮 ，创建有界平面，如图4-97所示。至此完成茶盏盖模型，如图4-98所示。

图4-97 创建有界平面

图4-98 完成茶盏盖模型

实例 088 案例源文件：ywj/04/088.prt

绘制拉盖

01 单击【主页】选项卡【直接草图】组中的【圆】按钮 ，绘制直径100的圆形，如图

4-99所示。

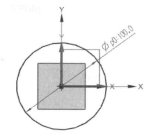

图4-99 绘制直径100的圆形

02 单击【曲面】选项卡【曲面】组中的【拉伸】按钮 ，创建拉伸曲面，距离为40，如图4-100所示。

图4-100 拉伸草图

03 单击【主页】选项卡【特征】组中的【基准平面】按钮 ，创建基准平面，如图4-101所示。

图4-101 创建基准平面

04 在基准面上绘制直径80的圆形，如图4-102所示。

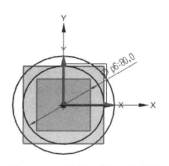

图4-102 绘制直径80的圆形

05 创建拉伸曲面，距离为5，如图4-103所示。

图4-103　拉伸草图

06 单击【曲面】选项卡【曲面】组中的【通过曲线组】按钮，创建通过曲线组的曲面，作为外沿部分，如图4-104所示。

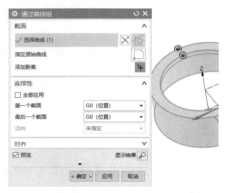

图4-104　创建通过曲线组的曲面

07 单击【曲面】选项卡【曲面】组中的【有界平面】按钮，创建有界平面，如图4-105所示。

图4-105　创建有界平面

08 再次创建基准平面，如图4-106所示。

图4-106　创建基准平面

09 在基准平面上绘制直线和圆弧草图，如图

4-107所示。

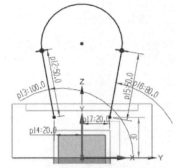

图4-107　绘制直线和圆弧图形

10 绘制6×6的矩形，如图4-108所示。

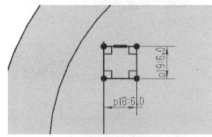

图4-108　绘制6×6的矩形

11 单击【曲面】选项卡【曲面】组中的【沿引导线扫掠】按钮，创建扫掠曲面，形成拉手部分，如图4-109所示。至此完成拉盖模型，如图4-110所示。

图4-109　创建沿引导线扫掠的曲面

图4-110　完成拉盖模型

实例 089
◎ 案例源文件：ywj/04/089.prt

绘制罩子

01 单击【主页】选项卡【直接草图】组中的【矩形】按钮 ▭，绘制200×100的矩形，如图4-111所示。

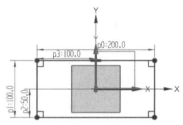

图4-111　绘制200×100的矩形

02 单击【曲面】选项卡【曲面】组中的【拉伸】按钮 ⬡，创建拉伸曲面，距离为4，如图4-112所示。

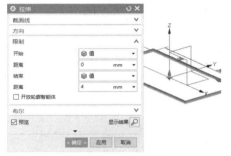

图4-112　拉伸草图

03 单击【曲面】选项卡【曲面】组中的【有界平面】按钮 ⬳，创建有界平面，如图4-113所示。

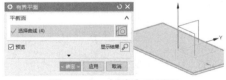

图4-113　创建有界平面

04 单击【主页】选项卡【直接草图】组中的【偏置曲线】按钮 ⬚，绘制间距为10的圆角矩形，如图4-114所示。

⌾提示·◦

　　偏置曲线是对空间曲线进行偏移的操作命令。【偏置曲线】方法可以偏置直线、圆弧、二次曲线、样条曲线、边缘曲线和草图曲线。

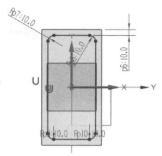

图4-114　绘制间距为10的圆角矩形

05 单击【曲面】选项卡【曲面操作】组中的【修剪片体】按钮 ◪，修剪曲面片体，如图4-115所示。

图4-115　修剪片体

06 单击【主页】选项卡【特征】组中的【基准平面】按钮 ◈，创建基准平面，如图4-116所示。

图4-116　创建基准平面

07 在基准平面上绘制直径30的圆形，如图4-117所示。

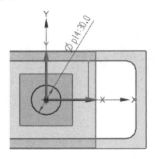

图4-117　绘制直径30的圆形

08 绘制半径100的圆弧，如图4-118所示。

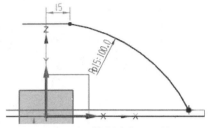

图4-118　绘制半径100的圆弧

09 绘制对称的半径100的圆弧，如图4-119所示。

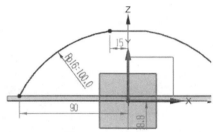

图4-119　绘制对称的半径100的圆弧

10 单击【曲面】选项卡【曲面】组中的【通过曲线网格】按钮，创建通过曲线网格的曲面，形成罩身部分，如图4-120所示。至此完成罩子模型，如图4-121所示。

图4-120　创建通过曲线网格的曲面

图4-121　完成罩子模型

实例 090　　◉ 案例源文件：ywj/04/090.prt

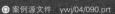

绘制提手

01 单击【主页】选项卡【直接草图】组中的【圆】按钮○，绘制直径40的圆形，如图4-122所示。

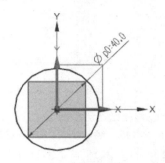

图4-122　绘制直径40的圆形

02 单击【主页】选项卡【特征】组中的【基准平面】按钮◈，创建基准平面，如图4-123所示。

图4-123　创建基准平面

03 在基准平面上绘制直径30的圆形，如图4-124所示。

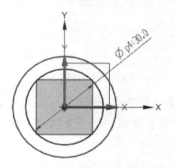

图4-124　绘制直径30的圆形

04 单击【曲面】选项卡【曲面】组中的【通过曲线组】按钮，创建通过曲线组的曲面，如图4-125所示。

05 绘制2×6的矩形，如图4-126所示。

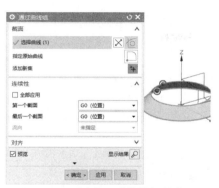

图4-125　创建通过曲线组的曲面

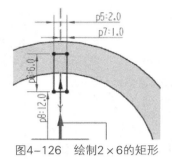

图4-126　绘制2×6的矩形

06 创建拉伸曲面，距离为20，如图4-127所示。

图4-127　拉伸草图

07 单击【主页】选项卡【特征】组中的【阵列特征】按钮，为上步绘制的拉伸曲面创建圆形阵列特征，如图4-128所示。

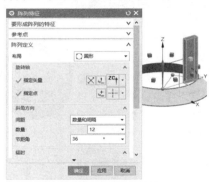

图4-128　创建阵列特征

08 单击【曲面】选项卡【曲面操作】组中的【修剪片体】按钮，修剪曲面片体，如图4-129所示。

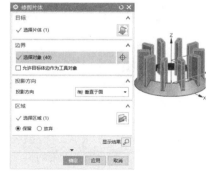

图4-129　修剪片体

09 绘制直线草图，如图4-130所示。

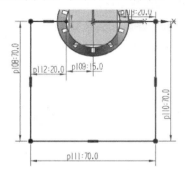

图4-130　绘制直线草图

10 绘制半径10和20的圆角，如图4-131所示。

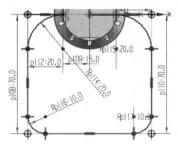

图4-131　绘制半径10和20的圆角

11 绘制长4的两条直线，如图4-132所示。

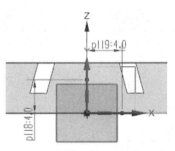

图4-132　绘制长4的两条直线

12 创建扫掠曲面，形成提手部分，如图4-133所示。

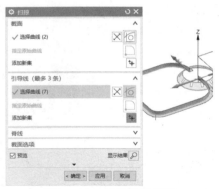

图4-133　创建扫掠曲面

13 修剪曲面片体，如图4-134所示。至此完成提手模型，如图4-135所示。

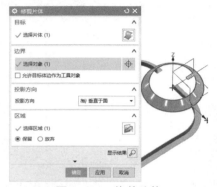

图4-134　修剪片体

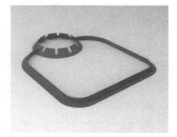

图4-135　完成提手模型

实例 091　　⊙案例源文件：ywj/04/091.prt

绘制水杯

01 单击【主页】选项卡【直接草图】组中的【圆】按钮○，绘制直径70的圆形，如图4-136所示。

02 单击【曲面】选项卡【曲面】组中的【拉伸】按钮◉，创建拉伸曲面，距离为70，如图4-137所示。

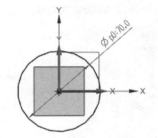

图4-136　绘制直径70的圆形

图4-137　拉伸草图

03 单击【曲面】选项卡【曲面】组中的【填充曲面】按钮◎，创建填充曲面，如图4-138所示。

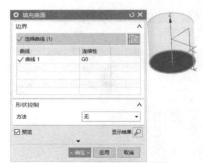

图4-138　填充曲面

04 单击【曲面】选项卡【曲面】组中的【样式圆角】按钮◎，创建样式圆角曲面，管道半径为10，如图4-139所示。

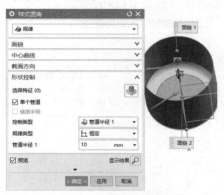

图4-139　创建样式圆角曲面

148

05 创建拉伸曲面，距离为10，拔模角度为-10°，如图4-140所示。

图4-140　拉伸草图

06 绘制样条曲线，如图4-141所示。

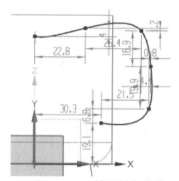

图4-141　绘制样条曲线

07 绘制直径6的圆形，如图4-142所示。

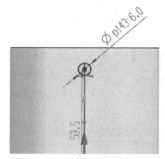

图4-142　绘制直径6的圆形

08 单击【曲面】选项卡【曲面】组中的【沿引导线扫掠】按钮，创建扫掠曲面，形成把手部分，如图4-143所示。

09 单击【曲面】选项卡【曲面操作】组中的【修剪片体】按钮，修剪曲面片体，如图4-144所示。至此完成水杯模型，如图4-145所示。

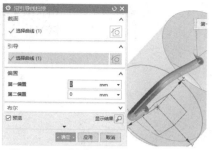

图4-143　创建沿引导线扫掠的曲面

图4-144　修剪片体

图4-145　完成水杯模型

实例 092 ⊕ 案例源文件：ywj/04/092.prt

绘制按摩器

01 单击【主页】选项卡【直接草图】组中的【圆】按钮○，绘制直径50的圆形，如图4-146所示。

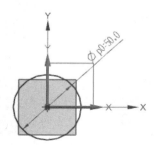

图4-146　绘制直径50的圆形

02 单击【主页】选项卡【直接草图】组中的【圆弧】按钮 ⌒，绘制半径100的圆弧，如图4-147所示。

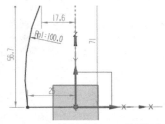

图4-147　绘制半径100的圆弧

03 单击【主页】选项卡【特征】组中的【基准平面】按钮 ◈，创建基准平面，如图4-148所示。

图4-148　创建基准平面

04 在基准平面上绘制与圆弧相交的圆形，如图4-149所示。

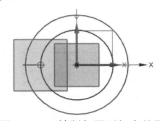

图4-149　绘制与圆弧相交的圆形

05 单击【曲面】选项卡【曲面】组中的【艺术曲面】按钮 ▥，创建艺术曲面，形成器身部分，如图4-150所示。

图4-150　创建艺术曲面

06 单击【曲面】选项卡【曲面】组中的【填充曲面】按钮 ◿，创建填充曲面，如图4-151所示。

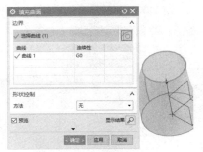

图4-151　填充曲面

07 单击【曲面】选项卡【曲面】组中的【面倒圆】按钮 ⬭，创建面倒圆曲面，半径为6，如图4-152所示。

图4-152　创建半径6的面倒圆

08 创建球体特征，直径为4，如图4-153所示。

图4-153　创建直径4的球体

09 单击【主页】选项卡【特征】组中的【阵列特征】按钮 ⊞，为球体创建圆形阵列特征，如图4-154所示。至此完成按摩器模型，如图4-155所示。

图4-154　创建阵列特征

图4-155　完成按摩器模型

实例 093
绘制电机

案例源文件：ywj/04/093.prt

01 单击【主页】选项卡【直接草图】组中的【圆】按钮○，绘制直径80的圆形，如图4-156所示。

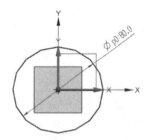

图4-156　绘制直径80的圆形

02 单击【曲面】选项卡【曲面】组中的【拉伸】按钮，创建拉伸曲面，距离为80，如图4-157所示。

图4-157　拉伸草图

03 单击【曲面】选项卡【曲面】组中的【有界平面】按钮，创建有界平面，如图4-158所示。

图4-158　创建有界平面

04 单击【曲面】选项卡【曲面】组中的【面倒圆】按钮，创建面倒圆曲面，半径为2，如图4-159所示。

图4-159　创建半径2的面倒圆

05 绘制直径50的圆形，如图4-160所示。

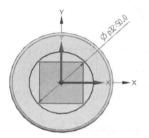

图4-160　绘制直径50的圆形

06 创建拉伸曲面，距离为10，如图4-161所示。

图4-161　拉伸草图

07 创建有界平面，如图4-162所示。

图4-162　创建有界平面

08 创建面倒圆曲面，半径为2，如图4-163所示。

09 绘制两个直径8的圆形，如图4-164所示。

图4-163　创建半径2的面倒圆

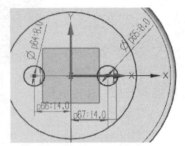

图4-164　绘制直径8的两个圆形

10 单击【曲面】选项卡【曲面操作】组中的【修剪片体】按钮，修剪曲面片体，如图4-165所示。

图4-165　修剪片体

11 绘制直径14的圆形，如图4-166所示。

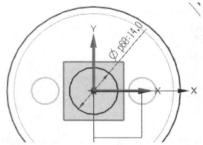

图4-166　绘制直径14的圆形

12 创建拉伸曲面，距离为4，如图4-167所示。

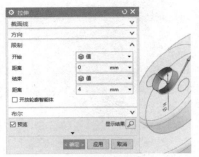

图4-167　拉伸草图

13 创建有界平面，如图4-168所示。

图4-168　创建有界平面

14 绘制直径6的圆形，如图4-169所示。

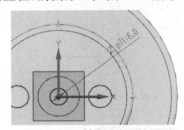

图4-169　绘制直径6的圆形

15 创建拉伸曲面，距离为40，如图4-170所示。至此完成电机模型，如图4-171所示。

图4-170　拉伸草图

图4-171　完成电机模型

绘制外壳

01 单击【主页】选项卡【直接草图】组中的【圆】按钮○，绘制直径100的圆形，如图4-172所示。

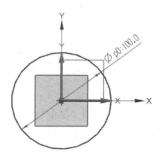

图4-172　绘制直径100的圆形

02 单击【曲面】选项卡【曲面】组中的【拉伸】按钮，创建拉伸曲面，长度为120，如图4-173所示。

图4-173　拉伸草图

03 单击【曲面】选项卡【曲面】组中的【填充曲面】按钮，创建填充曲面，如图4-174所示。

图4-174　填充曲面

04 绘制5×5的矩形，如图4-175所示。

05 创建拉伸曲面，距离为200，如图4-176所示。

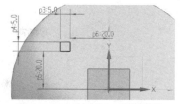

图4-175　绘制5×5的矩形

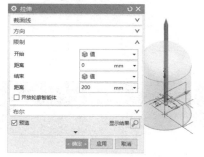

图4-176　拉伸草图

06 单击【主页】选项卡【特征】组中的【阵列特征】按钮，创建线性阵列特征，如图4-177所示。

图4-177　创建阵列特征

07 单击【曲面】选项卡【曲面操作】组中的【修剪片体】按钮，修剪曲面片体，如图4-178所示。至此完成外壳模型，如图4-179所示。

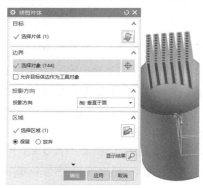

图4-178　修剪片体

图4-179　完成外壳模型

实例 095

绘制交叉管道

案例源文件：ywj/04/095.prt

01 单击【主页】选项卡【直接草图】组中的【生产线】按钮 ／，绘制直线草图，如图4-180所示。

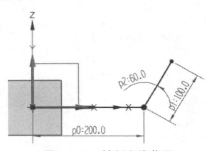

图4-180　绘制直线草图

02 单击【主页】选项卡【直接草图】组中的【圆角】按钮 ，绘制半径100的圆角，如图4-181所示。

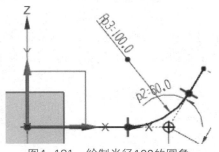

图4-181　绘制半径100的圆角

03 单击【主页】选项卡【特征】组中的【基准平面】按钮 ，创建基准平面，如图4-182所示。

04 单击【主页】选项卡【特征】组中的【镜像特征】按钮 ，创建镜像特征，如图4-183所示。

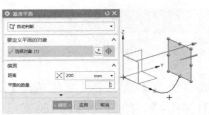

图4-182　创建基准平面

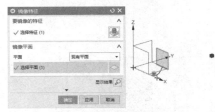

图4-183　镜像特征

05 继续绘制直线和圆角草图，如图4-184所示。

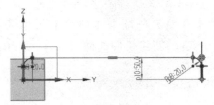

图4-184　绘制直线和圆角草图

06 单击【曲面】选项卡【曲面】组中的【管】按钮 ，创建两个管体，外径为30，如图4-185所示。

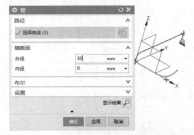

图4-185　创建外径30的两个管特征

07 继续创建管体特征，外径为40，如图4-186所示。至此完成交叉管道模型，如图4-187所示。

图4-186　创建外径40的管特征

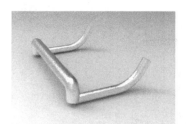

图4-187　完成交叉管道模型

实例096　绘制汤匙

⊙ 案例源文件：ywj/04/096.prt

01 单击【主页】选项卡【直接草图】组中的【椭圆】按钮◯，绘制大半径和小半径为12和20的椭圆，如图4-188所示。

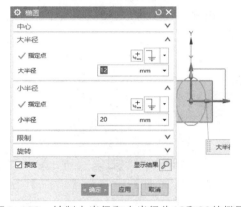

图4-188　绘制大半径和小半径为12和20的椭圆

02 单击【主页】选项卡【特征】组中的【基准平面】按钮◆，创建基准平面，如图4-189所示。

图4-189　创建基准平面

03 在基准面上绘制大半径和小半径为16和26的椭圆，如图4-190所示。

04 单击【曲面】选项卡【曲面】组中的【直纹】按钮◇，创建直纹面，形成汤勺部分，如图4-191所示。

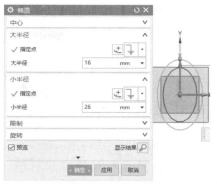

图4-190　绘制大半径和小半径为16和26的椭圆

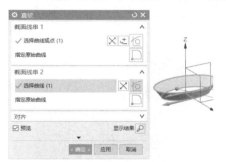

图4-191　创建直纹面

05 单击【曲面】选项卡【曲面】组中的【有界平面】按钮◇，创建有界平面，如图4-192所示。

图4-192　创建有界平面

06 单击【曲面】选项卡【曲面】组中的【面倒圆】按钮◇，创建面倒圆曲面，半径为3，如图4-193所示。

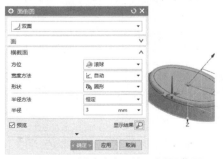

图4-193　创建半径3的面倒圆曲面

07 单击【主页】选项卡【特征】组中的【基准平面】按钮◆，创建基准平面，如图4-194所示。

图4-194　创建基准平面

08 在基准平面上绘制部分椭圆草图，如图4-195所示。

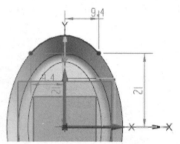

图4-195　绘制部分椭圆草图

09 绘制50°的斜线，如图4-196所示。

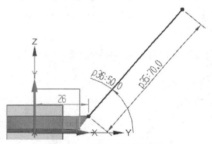

图4-196　绘制斜线

10 单击【曲面】选项卡【曲面】组中的【沿引导线扫掠】按钮，创建扫掠曲面，形成手柄部分，如图4-197所示。至此完成汤匙模型，如图4-198所示。

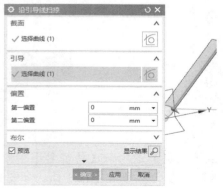

图4-197　创建沿引导线扫掠的曲面

图4-198　完成汤匙模型

实例 097　绘制固定件

案例源文件：ywj/04/097.prt

01 单击【主页】选项卡【直接草图】组中的【圆】按钮○，绘制直径60的半圆形，如图4-199所示。

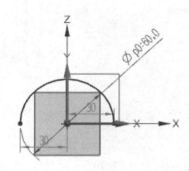

图4-199　绘制直径60的半圆

02 单击【主页】选项卡【特征】组中的【基准平面】按钮◇，创建基准平面，如图4-200所示。

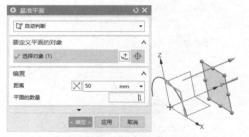

图4-200　创建基准平面

03 在基准平面上绘制直径20的半圆形，如图4-201所示。

04 单击【主页】选项卡【特征】组中的【基准平面】按钮◇，创建基准平面，如图4-202所示。

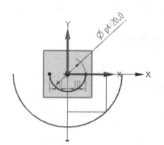

图4-201 绘制直径20的半圆

图4-202 创建基准平面

05 在上步创建的基准面上绘制直径60的半圆形，如图4-203所示。

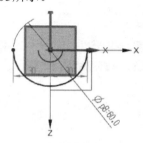

图4-203 绘制直径60的半圆

06 单击【曲面】选项卡【曲面】组中的【通过曲线组】按钮 ，创建通过曲线组的曲面，如图4-204所示。

图4-204 创建通过曲线组的曲面

07 单击【主页】选项卡【直接草图】组中的【矩形】按钮□和【圆角】按钮 ，绘制110×110的矩形，并绘制圆角，如图4-205所示。

08 单击【曲面】选项卡【曲面】组中的【填充曲面】按钮 ，创建填充曲面，如图4-206所示。

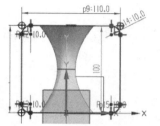

图4-205 绘制矩形和圆角草图

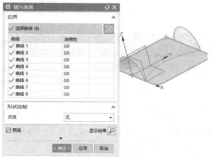

图4-206 创建填充曲面

09 单击【曲面】选项卡【曲面操作】组中的【修剪片体】按钮 ，修剪曲面片体，如图4-207所示。

图4-207 修剪片体

10 单击【主页】选项卡【特征】组中的【孔】按钮 ，创建两个孔特征，直径为10，如图4-208所示。至此完成固定件模型，如图4-209所示。

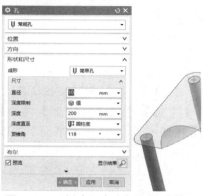

图4-208 创建两个直径10的孔特征

图4-209 完成固定件模型

实例 098　◎案例源文件：ywj/04/098.prt

绘制歧管

01 单击【主页】选项卡【直接草图】组中的【圆】按钮 ○，绘制直径50的圆形，如图4-210所示。

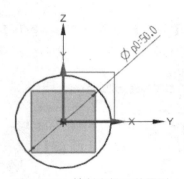

图4-210　绘制直径50的圆形

02 单击【主页】选项卡【直接草图】组中的【生产线】按钮 ╱，在YX面绘制直线草图，如图4-211所示。

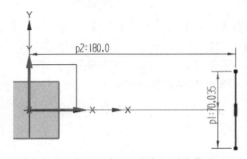

图4-211　在YX面绘制直线草图

03 单击【主页】选项卡【特征】组中的【基准平面】按钮 ◆，创建基准平面，如图4-212所示。

04 在基准平面上绘制直径60的圆形，如图4-213所示。

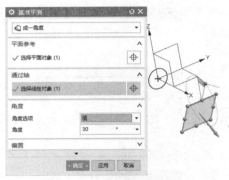

图4-212　创建基准平面

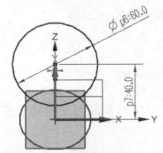

图4-213　绘制直径60的圆形

05 再次创建基准平面，如图4-214所示。

图4-214　创建基准平面

06 在上步创建的基准面上绘制大半径和小半径为30和40的椭圆，如图4-215所示。

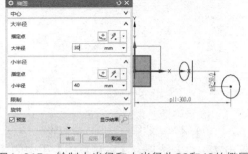

图4-215　绘制大半径和小半径为30和40的椭圆

07 单击【曲面】选项卡【曲面】组中的【通过曲线组】按钮 ◢，创建通过曲线组的曲面，形成管身部分，如图4-216所示。

08 创建另一个基准平面，如图4-217所示。

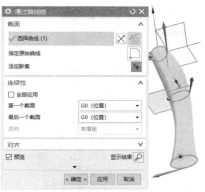

图4-216 创建通过曲线组的曲面

图4-217 创建基准平面

09 单击【主页】选项卡【特征】组中的【镜像特征】按钮![icon]，创建镜像特征，如图4-218所示。

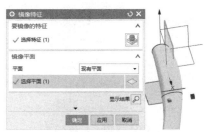

图4-218 镜像特征

10 单击【曲面】选项卡【曲面操作】组中的【修剪片体】按钮![icon]，修剪曲面片体，如图4-219所示。至此完成歧管模型，如图4-220所示。

图4-219 修剪片体

图4-220 完成歧管模型

实例 099 ⊕ 案例源文件：ywj/04/099.prt

绘制吹风机

01 单击【主页】选项卡【直接草图】组中的【艺术样条】按钮![icon]，绘制样条曲线，如图4-221所示。

图4-221 绘制样条曲线

02 单击【曲面】选项卡【曲面】组中的【旋转】按钮![icon]，创建旋转曲面，如图4-222所示。

图4-222 创建旋转曲面

03 单击【主页】选项卡【直接草图】组中的【矩形】按钮![icon]，绘制40×20的矩形，如图4-223所示。

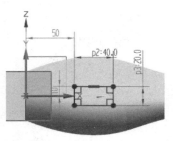

图4-223　绘制40×20的矩形

04 单击【主页】选项卡【特征】组中的【基准平面】按钮◆，创建基准平面，如图4-224所示。

图4-224　创建基准平面

05 在基准面上绘制40×20的矩形，如图4-225所示。

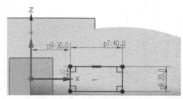

图4-225　绘制40×20的矩形

06 创建基准平面，如图4-226所示。

图4-226　创建基准平面

07 在上步创建的基准面上绘制30×15的矩形，如图4-227所示。

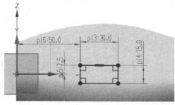

图4-227　绘制30×15的矩形

08 单击【曲面】选项卡【曲面】组中的【艺术曲面】按钮◈，创建艺术曲面，形成把手部分，如图4-228所示。

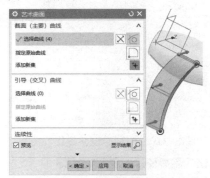

图4-228　创建艺术曲面

09 单击【曲面】选项卡【曲面】组中的【轮廓线弯边】按钮◈，创建轮廓线弯边曲面，如图4-229所示。

图4-229　创建轮廓线弯边曲面

10 单击【曲面】选项卡【曲面】组中的【面倒圆】按钮◈，创建面倒圆曲面，半径为6，如图4-230所示。至此完成吹风机模型，如图4-231所示。

图4-230　创建半径6的面倒圆曲面

图4-231　完成吹风机模型

实例100　绘制叶轮

📀 案例源文件：ywj/04/100.prt

01 单击【主页】选项卡【直接草图】组中的【圆】按钮 ○，绘制直径100的圆形，如图4-232所示。

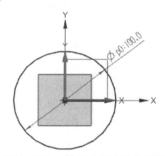

图4-232　绘制直径100的圆形

02 单击【曲面】选项卡【曲面】组中的【填充曲面】按钮 ⬛，创建填充曲面，如图4-233所示。

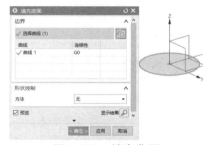

图4-233　填充曲面

03 绘制直径20的圆形，如图4-234所示。

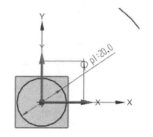

图4-234　绘制直径20的圆形

04 绘制6×6的矩形，并进行修剪，如图4-235所示。

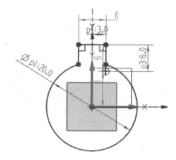

图4-235　绘制矩形并修剪

05 单击【曲面】选项卡【曲面操作】组中的【修剪片体】按钮 ⬛，修剪曲面片体，如图4-236所示。

图4-236　修剪片体

06 绘制半径20的圆弧，如图4-237所示。

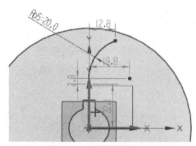

图4-237　绘制半径20的圆弧

07 创建拉伸曲面，距离为15，如图4-238所示。

图4-238　拉伸草图

08 单击【曲面】选项卡【曲面】组中的【规律延伸】按钮 🖋，创建规律延伸曲面，形成扇叶外沿，如图4-239所示。

图4-239　创建规律延伸曲面

09 单击【主页】选项卡【特征】组中的【阵列特征】按钮 ⬚，创建圆形阵列特征，如图4-240所示。至此完成叶轮模型，如图4-241所示。

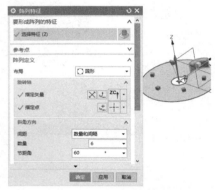

图4-240　创建阵列特征

图4-241　完成叶轮模型

实例 101　🔵 案例源文件：ywj/04/101.prt

绘制塑胶玩具

01 单击【主页】选项卡【直接草图】组中的【椭圆】按钮 ⬭，绘制椭圆，并进行修剪，

如图4-242所示。

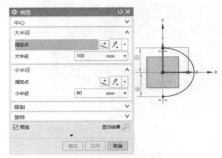

图4-242　绘制半个椭圆

02 单击【主页】选项卡【直接草图】组中的【生产线】按钮 ╱，绘制一个直线草图，如图4-243所示。

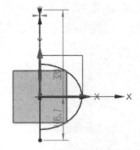

图4-243　绘制一个直线草图

03 单击【主页】选项卡【特征】组中的【基准平面】按钮 ◆，创建相交的倾斜基准平面，如图4-244所示。

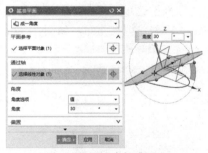

图4-244　创建基准平面

04 在基准平面上绘制半径90的圆形，并进行修剪，如图4-245所示。

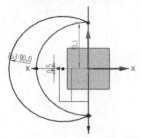

图4-245　绘制半径90的圆形

05 再次创建倾斜角度的基准平面，如图4-246所示。

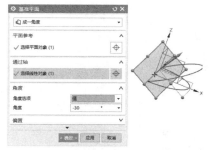

图4-246 创建基准平面

06 在上步创建的基准面上绘制半径100的圆形，并进行修剪，如图4-247所示。

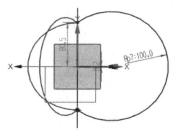

图4-247 绘制半径100的圆形

07 绘制大半径和小半径为100和80的椭圆，如图4-248所示。

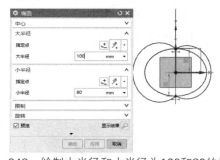

图4-248 绘制大半径和小半径为100和80的椭圆

08 单击【曲面】选项卡【曲面】组中的【艺术曲面】按钮，创建艺术曲面，形成身体部分，如图4-249所示。

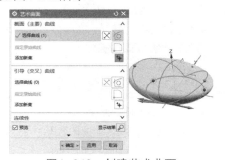

图4-249 创建艺术曲面

09 绘制直径100的圆形，并进行修剪，如图4-250所示。

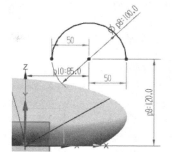

图4-250 绘制直径100的半圆形

10 创建旋转曲面，如图4-251所示。

图4-251 创建旋转曲面

11 单击【主页】选项卡【特征】组中的【圆锥】按钮，创建圆锥体特征，如图4-252所示。至此完成塑胶玩具模型，如图4-253所示。

图4-252 创建圆锥特征

图4-253 完成塑胶玩具模型

实例 102

● 案例源文件：ywj/04/102.prt

绘制麦克风

01 单击【主页】选项卡【直接草图】组中的【生产线】按钮 ╱ ，绘制草图，如图4-254所示。

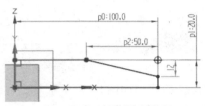

图4-254　绘制梯形草图

02 单击【曲面】选项卡【曲面】组中的【拉伸】按钮 ，创建拉伸曲面，距离为160，如图4-255所示。

图4-255　拉伸草图

03 单击【主页】选项卡【特征】组中的【基准平面】按钮 ，创建基准平面，如图4-256所示。

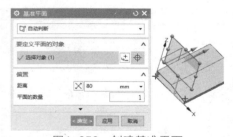

图4-256　创建基准平面

04 在基准平面上绘制直线草图，如图4-257所示。

05 绘制直径10的圆形，如图4-258所示。

06 单击【曲面】选项卡【曲面】组中的【沿引导线扫掠】按钮 ，创建扫掠曲面，形成支架部分，如图4-259所示。

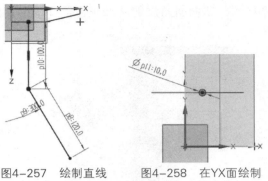

| 图4-257 | 绘制直线草图 | 图4-258 | 在YX面绘制直径10的圆形 |

图4-259　创建沿引导线扫掠的曲面

07 单击【主页】选项卡【特征】组中的【球】按钮 ，创建球体特征，直径为15，如图4-260所示。

图4-260　创建球体

08 单击【曲面】选项卡【曲面】组中的【有界平面】按钮 ，创建有界平面，如图4-261所示。至此完成麦克风模型，如图4-262所示。

图4-261　创建两端面的有界平面

图4-262　完成麦克风模型

实例103　绘制汽车轮毂

● 案例源文件：绘制气缸

01 绘制80×100的矩形，然后绘制倒角，如图4-263所示。

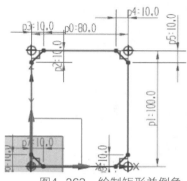

图4-263　绘制矩形并倒角

02 单击【曲面】选项卡【曲面】组中的【拉伸】按钮 🔲，创建拉伸曲面，距离为160，如图4-264所示。

图4-264　拉伸草图

03 单击【曲面】选项卡【曲面】组中的【填充曲面】按钮 🔲，创建填充曲面，如图4-265所示。

04 绘制矩形和圆形组成的槽草图，如图4-266所示。

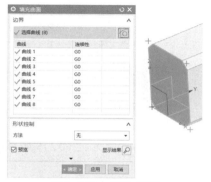

图4-265　填充曲面

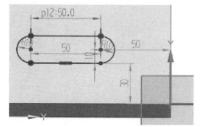

图4-266　绘制矩形和圆形草图

05 创建拉伸曲面，距离为10，如图4-267所示。

图4-267　拉伸草图

06 单击【曲面】选项卡【曲面】组中的【有界平面】按钮 🔲，创建有界平面，如图4-268所示。

图4-268　创建槽的有界平面

07 再次创建有界平面，如图4-269所示。

图4-269　创建端面的有界平面

08 绘制直径16的圆形，如图4-270所示。

第4章　曲面设计

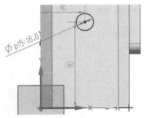

图4-270 绘制直径16的圆形

09 创建拉伸曲面，距离为102，如图4-271所示。

图4-271 拉伸草图

10 创建填充曲面，如图4-272所示。

图4-272 填充曲面

11 绘制6×6的矩形，如图4-273所示。

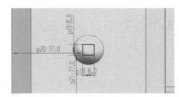

图4-273 绘制6×6的矩形

12 创建拉伸曲面，距离为140，如图4-274所示。至此完成气缸模型，如图4-275所示。

图4-274 拉伸草图

图4-275 完成气缸模型

实例104 绘制皮尺
<small>案例源文件 ywj/04/104.prt</small>

01 单击【主页】选项卡【直接草图】组中的【生产线】按钮／，绘制长50的直线，如图4-276所示。

图4-276 绘制长50的直线

02 单击【曲面】选项卡【曲面】组中的【旋转】按钮，创建旋转曲面，如图4-277所示。

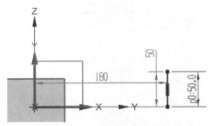

图4-277 创建旋转曲面

03 单击【曲面】选项卡【曲面】组中的【有界平面】按钮，创建两端的有界平面，如图4-278所示。

图4-278 创建两端的有界平面

04 单击【曲面】选项卡【曲面】组中的【面倒圆】按钮，创建面倒圆曲面，半径为6，如图4-279所示。

图4-279　在两端创建半径6的面倒圆

05 绘制直径160的圆形，如图4-280所示。

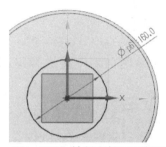

图4-280　绘制直径160的圆形

06 创建拉伸曲面，距离为10，如图4-281所示。

图4-281　拉伸草图

07 创建有界平面，如图4-282所示。

图4-282　创建有界平面

08 创建面倒圆曲面，半径为5，如图4-283所示。

图4-283　创建半径5的面倒圆

09 创建球体特征，直径为15，如图4-284所示。

图4-284　创建球体

10 绘制10×20的矩形，如图4-285所示。

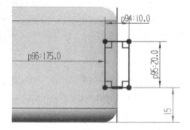

图4-285　绘制10×20的矩形

11 创建拉伸曲面，距离为60，如图4-286所示。

图4-286　拉伸草图

12 创建有界平面，如图4-287所示。

图4-287　创建有界平面

13 创建拉伸曲面，距离为100，如图4-288所示。至此完成皮尺模型，如图4-289所示。

图4-288　拉伸草图

图4-289　完成皮尺模型

实例105
● 案例源文件：ywj/04/105.prt
绘制固定架

01 单击【主页】选项卡【直接草图】组中的【圆】按钮○，绘制直径100的圆形，如图4-290所示。

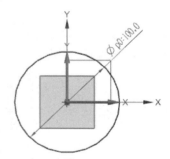

图4-290　绘制直径100的圆形

02 单击【曲面】选项卡【曲面】组中的【有界平面】按钮◇，创建有界平面，如图4-291所示。

图4-291　创建有界平面

03 绘制T形草图，如图4-292所示。

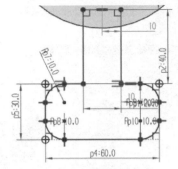

图4-292　绘制T形草图

04 创建有界平面，如图4-293所示。

图4-293　创建有界平面

05 绘制一角倒圆的矩形并进行阵列，如图4-294所示。

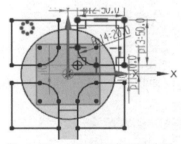

图4-294　绘制矩形草图并阵列

06 单击【曲面】选项卡【曲面操作】组中的【修剪片体】按钮◆，修剪曲面片体，如图4-295所示。

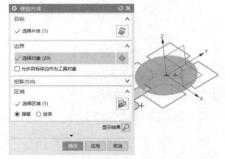

图4-295　修剪片体

07 单击【曲面】选项卡【曲面】组中的【规律延伸】按钮◆，创建4个规律延伸曲面，如图4-296所示。

08 绘制直径10的圆形，如图4-297所示。

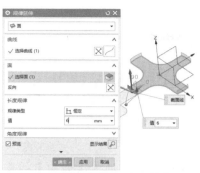

图4-296 创建4个规律延伸曲面

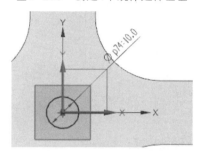

图4-297 绘制直径10的圆形

09 修剪曲面片体，如图4-298所示。至此完成固定梁模型，如图4-299所示。

图4-298 修剪片体

图4-299 完成固定梁模型

实例106 绘制充电宝
案例源文件：ywj/04/106.prt

01 绘制80×80的矩形，并绘制圆角，如图4-300所示。

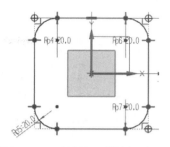

图4-300 绘制矩形并倒圆角

02 单击【曲面】选项卡【曲面】组中的【拉伸】按钮，创建拉伸曲面，距离为40，如图4-301所示。

图4-301 拉伸草图

03 单击【曲面】选项卡【曲面】组中的【有界平面】按钮，创建两端端面的有界平面，如图4-302所示。

图4-302 创建两端面的有界平面

04 单击【曲面】选项卡【曲面】组中的【面倒圆】按钮，创建面倒圆曲面，半径为2，如图4-303所示。

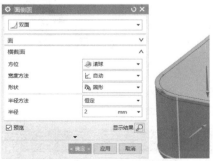

图4-303 创建两端的面倒圆曲面

05 绘制直径20的圆形，如图4-304所示。

06 绘制垂直平面的半径为30的圆弧，如图4-305所示。

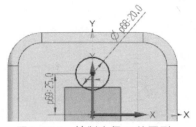

图4-304 绘制直径20的圆形

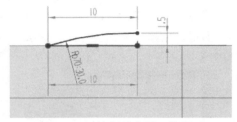

图4-305 绘制垂直平面的圆弧

07 单击【曲面】选项卡【曲面】组中的【沿引导线扫掠】按钮 ◇，创建扫掠曲面，形成按钮部分，如图4-306所示。至此完成充电宝模型，如图4-307所示。

图4-306 创建沿引导线扫掠的曲面

图4-307 完成充电宝模型

实例107

绘制摄像头

01 绘制100×100的矩形，并绘制圆角，如图4-308所示。

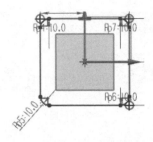

图4-308 绘制矩形并倒圆角

02 单击【曲面】选项卡【曲面】组中的【拉伸】按钮 ◎，创建拉伸曲面，距离为200，如图4-309所示。

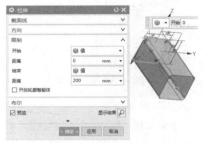

图4-309 拉伸草图

03 单击【曲面】选项卡【曲面】组中的【有界平面】按钮 ◇，创建有界平面，如图4-310所示。

图4-310 创建有界平面

04 单击【曲面】选项卡【曲面】组中的【规律延伸】按钮 ◇，创建规律延伸曲面，形成内沿部分，如图4-311所示。

图4-311 创建规律延伸曲面

05 绘制直径40的圆形，如图4-312所示。

06 创建拉伸曲面，距离为200，如图4-313所示。

UG NX 12 完全实训手册

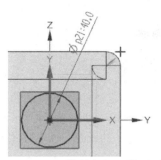

图4-312 绘制直径40的圆形

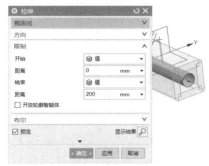

图4-313 拉伸草图

07 创建3段延伸曲面，长度为30，如图4-314所示。

图4-314 创建长度30的延伸曲面

08 绘制空间直线，如图4-315所示。

图4-315 绘制空间直线

09 单击【曲面】选项卡【曲面】组中的【填充曲面】按钮🪁，创建两个三角形填充曲面，如图4-316所示。至此完成摄像头模型，如图4-317所示。

图4-316 填充曲面

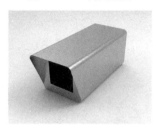

图4-317 完成摄像头模型

实例 108

案例源文件：ywj/04/108.prt

绘制头盔

01 单击【主页】选项卡【直接草图】组中的【圆】按钮〇，绘制直径100的圆形，并进行修剪，如图4-318所示。

图4-318 绘制直径100圆形并修剪

02 单击【曲面】选项卡【曲面】组中的【旋转】按钮💿，创建旋转曲面，如图4-319所示。

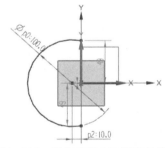

图4-319 创建旋转曲面

03 单击【主页】选项卡【特征】组中的【基准平面】按钮 ◇，创建基准平面，如图4-320所示。

图4-320 创建基准平面

04 在基准平面上绘制直径30的圆形，如图4-321所示。

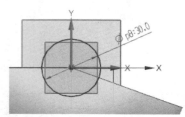

图4-321 绘制直径30的圆形

05 单击【曲面】选项卡【曲面】组中的【拉伸】按钮 ⬡，创建拉伸曲面，距离为4，如图4-322所示。

图4-322 拉伸草图

06 单击【曲面】选项卡【曲面】组中的【有界平面】按钮 ◇，创建有界平面，如图4-323所示。

图4-323 创建有界平面

07 单击【主页】选项卡【特征】组中的【镜像特征】按钮，创建镜像特征，如图4-324所示。

图4-324 创建镜像特征

08 绘制直径10和16的圆形，如图4-325所示。

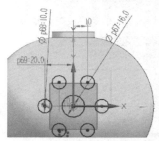

图4-325 绘制直径10和16的圆形

09 单击【曲线】选项卡【派生曲线】组中的【投影曲线】按钮 ◇，创建投影曲线，如图4-326所示。

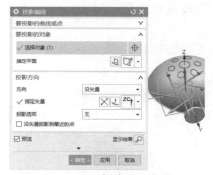

图4-326 创建投影曲线

10 单击【曲面】选项卡【曲面操作】组中的【修剪片体】按钮 ◇，修剪曲面片体，如图4-327所示。至此完成头盔模型，如图4-328所示。

图4-327 修剪片体

图4-328　完成头盔模型

实例109

绘制椅子

◎ 案例源文件：ywj/04/109.prt

01 绘制100×100的矩形，并绘制圆角，如图4-329所示。

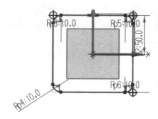

图4-329　绘制100×100的矩形并倒圆角

02 单击【曲面】选项卡【曲面】组中的【有界平面】按钮～，创建有界平面，如图4-330所示。

图4-330　创建有界平面

03 单击【曲面】选项卡【曲面】组中的【规律延伸】按钮，创建规律延伸曲面，如图4-331所示。

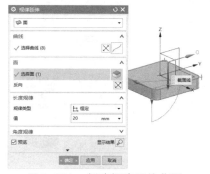

图4-331　创建规律延伸曲面

04 绘制直径15的圆形，如图4-332所示。

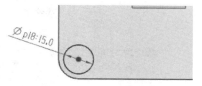

图4-332　绘制直径15的圆形

05 创建基准平面，如图4-333所示。

图4-333　创建基准平面

06 在基准面上绘制直径30的圆形，如图4-334所示。

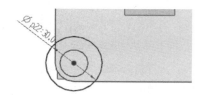

图4-334　绘制直径30的圆形

07 单击【曲面】选项卡【曲面】组中的【通过曲线组】按钮，创建通过曲线组的曲面，形成椅子腿部分，如图4-335所示。

图4-335　创建通过曲线组的曲面

08 为椅子腿部分创建阵列特征，如图4-336所示。

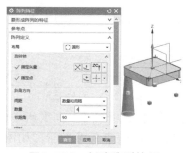

图4-336　创建阵列特征

09 绘制15×2的两个矩形，如图4-337所示。

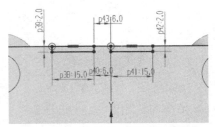

图4-337 绘制15×2的两个矩形

10 创建拉伸曲面，距离为50，如图4-338所示。

图4-338 拉伸草图

11 绘制60×100的矩形，如图4-339所示。

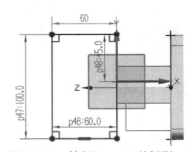

图4-339 绘制60×100的矩形

12 创建拉伸曲面，距离为10，如图4-340所示。

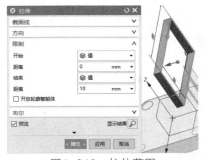

图4-340 拉伸草图

13 单击【曲面】选项卡【曲面】组中的【有界平面】按钮，创建有界平面，如图4-341所示。至此完成椅子模型，如图4-342所示。

图4-341 创建有界平面

图4-342 完成椅子模型

实例 110 ◎ 案例源文件：ywj/04/110.prt

绘制罐子

01 单击【主页】选项卡【直接草图】组中的【生产线】按钮╱，绘制直线，如图4-343所示。

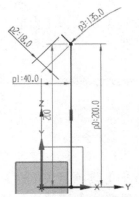

图4-343 绘制直线草图

02 单击【曲面】选项卡【曲面】组中的【旋转】按钮，创建旋转曲面，如图4-344所示。

图4-344 创建旋转曲面

03 单击【曲面】选项卡【曲面】组中的【有界平面】按钮◇，创建有界平面，如图4-345所示。

图4-345 创建有界平面

04 单击【曲面】选项卡【曲面】组中的【面倒圆】按钮◆，创建面倒圆曲面，半径为4，如图4-346所示。

图4-346 创建半径4的面倒圆曲面

05 创建有界平面，如图4-347所示。

图4-347 创建有界平面

06 创建拉伸曲面，距离为4，如图4-348所示。

图4-348 拉伸草图

07 单击【主页】选项卡【直接草图】组中的【艺术样条】按钮／，绘制样条曲线，如图4-349所示。

08 单击【主页】选项卡【特征】组中的【基准平面】按钮◆，创建基准平面，如图4-350所示。

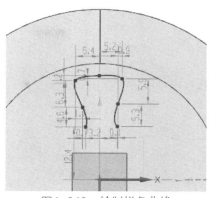

图4-349 绘制样条曲线

图4-350 创建基准平面

09 在基准面上绘制直径2的圆形，如图4-351所示。

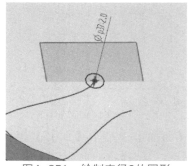

图4-351 绘制直径2的圆形

10 单击【曲面】选项卡【曲面】组中的【沿引导线扫掠】按钮◆，创建扫掠曲面，形成拉手部分，如图4-352所示。至此完成罐子模型，如图4-353所示。

图4-352 创建沿引导线扫掠的曲面

图4-353　完成罐子模型

实例 111
⊙ 案例源文件：ywj/04/111.prt

绘制机箱

01 首先绘制矩形和圆形草图，并进行修剪，如图4-354所示。

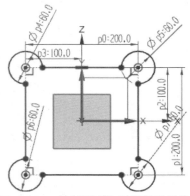

图4-354　绘制矩形和圆形草图并修剪

02 单击【曲面】选项卡【曲面】组中的【拉伸】按钮 ，创建拉伸曲面，距离为300，如图4-355所示。

图4-355　拉伸草图

03 单击【曲面】选项卡【曲面】组中的【有界平面】按钮 ，创建两端的有界平面，如图4-356所示。

04 绘制直径16的圆形，如图4-357所示。

图4-356　创建两端的有界平面

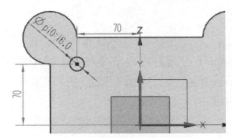

图4-357　绘制直径16的圆形

05 将圆形进行线性阵列，如图4-358所示。

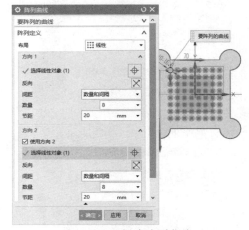

图4-358　创建阵列曲线

06 单击【曲面】选项卡【曲面操作】组中的【修剪片体】按钮 ，修剪曲面片体，如图4-359所示。

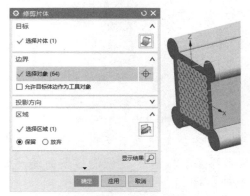

图4-359　修剪片体

07 绘制直径20的圆形和50×20的矩形，如图4-360所示。

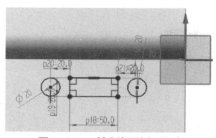

图4-360　绘制矩形和圆形

08 创建拉伸曲面，距离为10，如图4-361
所示。

图4-361　拉伸草图

09 绘制4个40×10的矩形，如图4-362所示。

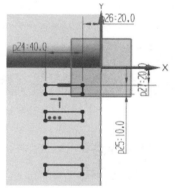

图4-362　绘制4个矩形

10 创建拉伸曲面，距离为10，如图4-363
所示。

图4-363　拉伸草图

11 修剪曲面片体，如图4-364所示。至此完成
机箱模型，如图4-365所示。

图4-364　修剪片体

图4-365　完成机箱模型

第 **5** 章　曲面编辑

绘制把手

01 单击【主页】选项卡【直接草图】组中的【圆】按钮○，绘制直径40的圆形，如图5-1所示。

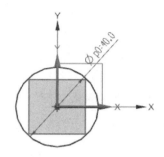

图5-1　绘制直径40的圆形

02 单击【曲面】选项卡【曲面】组中的【拉伸】按钮，创建拉伸曲面，距离为30，如图5-2所示。

图5-2　拉伸草图

03 单击【曲面】选项卡【曲面】组中的【填充曲面】按钮，创建填充曲面，如图5-3所示。

图5-3　填充曲面

04 绘制大半径和小半径为12和4的椭圆，如图5-4所示。

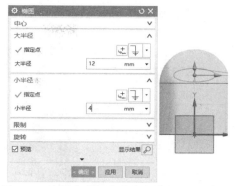

图5-4　绘制大半径和小半径为12和4的椭圆

05 绘制斜线，如图5-5所示。

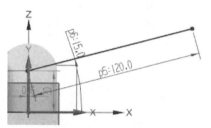

图5-5　绘制斜线

06 单击【曲面】选项卡【曲面】组中的【沿引导线扫掠】按钮，创建扫掠曲面，形成手柄部分，如图5-6所示。

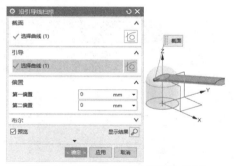

图5-6　创建沿引导线扫掠的曲面

07 单击【曲面】选项卡【曲面】组中的【填充曲面】按钮，创建填充曲面，如图5-7所示。

图5-7　填充曲面

08 单击【曲面】选项卡【曲面操作】组中的【修剪片体】按钮，修剪曲面片体，如图5-8所示。至此完成把手模型，如图5-9所示。

图5-8　修剪片体

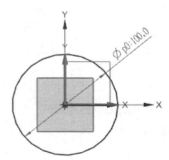

图5-9　完成把手模型

实例113
案例源文件：ywj/05/113.prt
绘制风扇

01 单击【主页】选项卡【直接草图】组中的【圆】按钮○，绘制直径100的圆形，如图5-10所示。

图5-10　绘制直径100的圆形

02 单击【曲面】选项卡【曲面】组中的【拉伸】按钮，创建拉伸曲面，距离为30，如图5-11所示。

03 单击【曲面】选项卡【曲面】组中的【有界平面】按钮，创建有界平面，如图5-12

所示。

图5-11　拉伸草图

图5-12　创建有界平面

04 单击【曲面】选项卡【曲面】组中的【面倒圆】按钮，创建面倒圆曲面，半径为4，如图5-13所示。

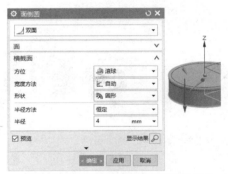

图5-13　创建半径4的面倒圆曲线

05 绘制斜线，如图5-14所示。

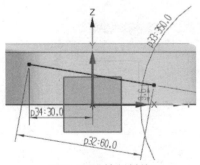

图5-14　绘制斜线

06 单击【曲线】选项卡【派生曲线】组中的【投影曲线】按钮，创建投影曲线，如图5-15所示。

图5-15 创建投影曲线

07 再绘制两条斜线，如图5-16所示。

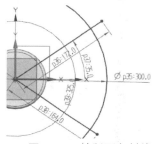

图5-16 绘制两条斜线

08 单击【曲面】选项卡【曲面】组中的【通过曲线组】按钮，创建通过曲线组的曲面，形成扇叶，如图5-17所示。

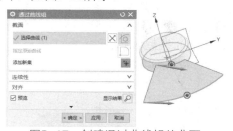

图5-17 创建通过曲线组的曲面

09 单击【曲面】选项卡【编辑曲面】组中的【X型】按钮，编辑扇叶曲面X型参数，如图5-18所示。

图5-18 编辑曲面X型参数

10 单击【主页】选项卡【特征】组中的【阵列特征】按钮，为扇叶创建圆形阵列特征，如图5-19所示。至此完成风扇模型，如图5-20所示。

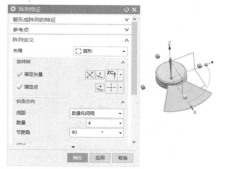

图5-19 创建阵列特征

图5-20 完成风扇模型

实例 114　 案例源文件：ywj/05/114.prt

绘制灯罩

01 单击【主页】选项卡【直接草图】组中的【圆弧】按钮，绘制半径200的圆弧，如图5-21所示。

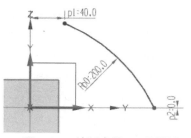

图5-21 绘制半径200的圆弧

02 单击【曲面】选项卡【曲面】组中的【旋转】按钮，创建旋转曲面，形成罩身，如图5-22所示。

03 单击【曲面】选项卡【曲面】组中的【规律延伸】按钮，创建规律延伸曲面，如图5-23

所示。

图5-22　创建旋转曲面

图5-23　创建规律延伸曲面

04 单击【曲面】选项卡【曲面】组中的【拉伸】按钮 ⬡，创建拉伸曲面，距离为30，形成卡口，如图5-24所示。

图5-24　拉伸曲面边线

05 绘制直径20的圆形，如图5-25所示。

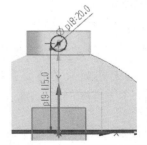

图5-25　绘制直径20的圆形

06 创建拉伸曲面，距离为100，和卡口相交，如图5-26所示。

图5-26　拉伸草图

07 单击【曲面】选项卡【曲面操作】组中的【修剪片体】按钮 ◇，修剪曲面片体，如图5-27所示。

图5-27　修剪片体

08 单击【曲面】选项卡【编辑曲面】组中的【I型】按钮 ⬡，编辑曲面I型参数，如图5-28所示。完成的灯罩模型如图5-29所示。

图5-28　编辑曲面I型参数

图5-29　完成灯罩模型

实例 115
案例源文件：ywj/05/115.prt
绘制饮水机开关

01 单击【主页】选项卡【直接草图】组中的【圆】按钮○，绘制直径20的圆形，如图5-30所示。

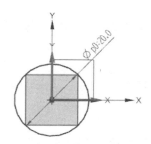

图5-30　绘制直径20的圆形

02 单击【曲面】选项卡【曲面】组中的【拉伸】按钮⬡，创建拉伸曲面，距离为2，如图5-31所示。

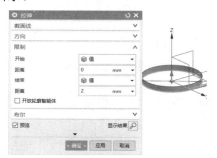

图5-31　拉伸草图

03 单击【曲面】选项卡【曲面】组中的【有界平面】按钮～，创建有界平面，如图5-32所示。

图5-32　创建有界平面

04 绘制直径12的圆形，如图5-33所示。

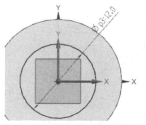

图5-33　绘制直径12的圆形

05 单击【主页】选项卡【特征】组中的【基准平面】按钮◆，创建基准平面，如图5-34所示。

图5-34　创建基准平面

06 在基准面上绘制直径10的圆形，如图5-35所示。

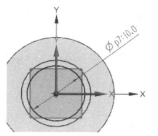

图5-35　绘制直径10的圆形

07 单击【曲面】选项卡【曲面】组中的【通过曲线组】按钮◇，创建通过曲线组的曲面，如图5-36所示。

图5-36　创建通过曲线组的曲面

08 再次创建基准平面，如图5-37所示。

图5-37　创建基准平面

09 在上步创建的基准面上绘制直径12的圆形，如图5-38所示。

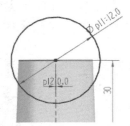

图5-38 绘制直径12的圆形

10 继续创建基准平面,如图5-39所示。

图5-39 创建基准平面

11 在上步创建的基准面上绘制直径18的圆形,如图5-40所示。

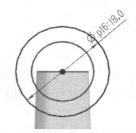

图5-40 绘制直径18的圆形

12 创建基准平面,如图5-41所示。

图5-41 创建基准平面

13 在上步创建的基准面上绘制直径4的圆形,如图5-42所示。

图5-42 绘制直径4的圆形

14 单击【曲面】选项卡【曲面】组中的【通过曲线组】按钮,创建通过曲线组的曲面,形成出水口,如图5-43所示。

图5-43 创建通过曲线组的曲面

15 单击【曲面】选项卡【曲面】组中的【有界平面】按钮,创建有界平面,如图5-44所示。

图5-44 创建有界平面

16 单击【曲面】选项卡【曲面】组中的【面倒圆】按钮,创建面倒圆曲面,半径为1,如图5-45所示。

图5-45 创建半径1的面倒圆曲面

17 绘制10×1的矩形,如图5-46所示。

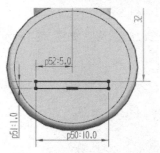

图5-46 绘制10×1的矩形

18 绘制样条曲线作为路径,如图5-47所示。

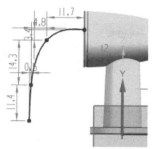

图5-47 绘制样条曲线

19 单击【曲面】选项卡【曲面】组中的【沿引导线扫掠】按钮 ，创建扫掠曲面，形成按把部分，如图5-48所示。

图5-48 创建沿引导线扫掠的曲面

20 单击【曲面】选项卡【编辑曲面】组中的【匹配边】按钮 ，匹配曲面边，如图5-49所示。至此完成饮水机开关模型，如图5-50所示。

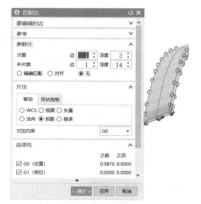

图5-49 匹配曲面边

图5-50 完成饮水机开关模型

实例 116 ● 案例源文件：ywj/05/116.prt

绘制飞镖玩具

01 单击【主页】选项卡【直接草图】组中的【圆】按钮 ○，绘制直径20、20、40和60的4个圆形，如图5-51所示。

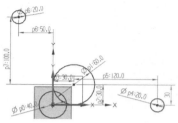

图5-51 绘制4个圆形

02 绘制这些圆形的公切线并修剪，如图5-52所示。

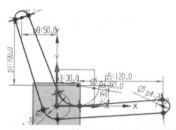

图5-52 绘制公切线并修剪

03 单击【曲面】选项卡【曲面】组中的【有界平面】按钮 ，创建有界平面，如图5-53所示。

图5-53 创建有界平面

04 单击【曲面】选项卡【曲面操作】组中的【偏置曲面】按钮 ，创建偏置曲面，如图5-54所示。

图5-54 创建偏置曲面

05 单击【曲面】选项卡【曲面】组中的【规律

延伸】按钮 ✎，创建规律延伸曲面，如图5-55所示。这样就完成飞镖玩具模型，如图5-56所示。

所示。

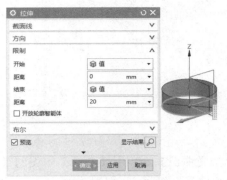

图5-58 拉伸草图

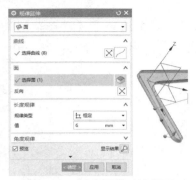

图5-55 创建规律延伸曲面

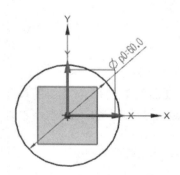

图5-56 完成飞镖玩具模型

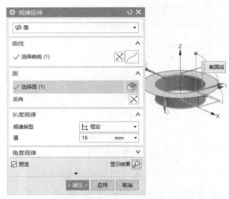

图5-59 创建规律延伸曲面

实例 117
◉案例源文件：ywj/05/117.prt

绘制旋钮

01 单击【主页】选项卡【直接草图】组中的【圆】按钮 ○，绘制直径60的圆形，如图5-57所示。

04 创建拉伸曲面，距离为30，如图5-60所示。

图5-60 拉伸草图

图5-57 绘制直径60的圆形

02 单击【曲面】选项卡【曲面】组中的【拉伸】按钮 ◈，创建拉伸曲面，距离为20，如图5-58所示。

03 单击【曲面】选项卡【曲面】组中的【规律延伸】按钮 ✎，创建规律延伸曲面，如图5-59

05 创建有界平面，如图5-61所示。

图5-61 创建有界平面

06 单击【曲面】选项卡【曲面】组中的【面倒圆】按钮 ◈，创建面倒圆曲面，半径为4，如图5-62所示。

07 创建球体特征，直径为30，如图5-63所示。

图5-62 创建半径4的面倒圆曲面

图5-63 创建球体

08 单击【曲面】选项卡【曲面操作】组中的【修剪片体】按钮 ，修剪曲面片体，如图5-64所示。

图5-64 修剪片体

09 单击【主页】选项卡【特征】组中的【基准平面】按钮 ◆，创建基准平面，如图5-65所示。

图5-65 创建基准平面

10 在基准面上绘制直径4的圆形，如图5-66所示。

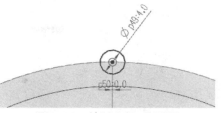

图5-66 绘制直径4的圆形

11 创建拉伸曲面，距离为25，如图5-67所示。

图5-67 拉伸草图

12 单击【曲面】选项卡【编辑曲面】组中的【扩大】按钮 ，扩大曲面，如图5-68所示。

图5-68 扩大曲面

13 单击【主页】选项卡【特征】组中的【阵列特征】按钮 ，为上步的曲面创建圆形阵列特征，如图5-69所示。至此完成旋钮模型，如图5-70所示。

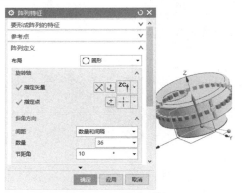

图5-69 创建阵列特征

图5-70　完成旋钮模型

实例118　绘制转盘

案例源文件：ywj/05/118.prt

01 单击【主页】选项卡【直接草图】组中的
【圆】按钮○，绘制直径100的圆形，如图
5-71所示。

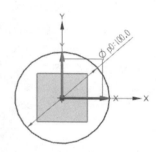

图5-71　绘制直径100的圆形

02 单击【曲面】选项卡【曲面】组中的【有
界平面】按钮，创建有界平面，如图5-72
所示。

图5-72　创建有界平面

03 绘制直径20的圆形，如图5-73所示。

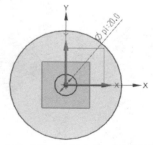

图5-73　绘制直径20的圆形

04 创建拉伸曲面，长度为2，如图5-74所示。

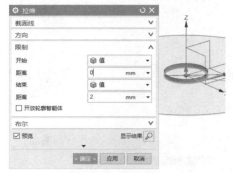

图5-74　拉伸草图

05 创建有界平面，如图5-75所示。

图5-75　创建有界平面

06 绘制直径30的圆形，如图5-76所示。

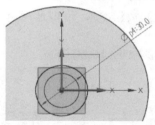

图5-76　绘制直径30的圆形

07 接着绘制圆弧并修剪，如图5-77所示。

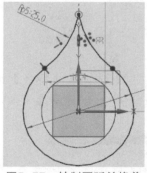

图5-77　绘制圆弧并修剪

08 创建有界平面，如图5-78所示。

图5-78　创建有界平面

09 绘制长50的直线，如图5-79所示。

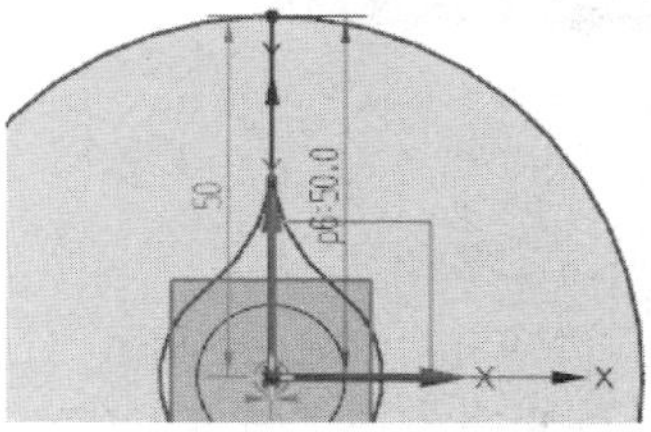

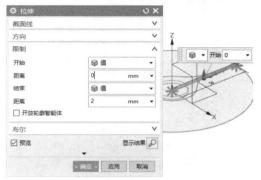

图5-79　绘制长50的直线

10 创建拉伸曲面，距离为2，形成扇叶，如图5-80所示。

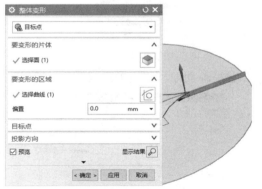

图5-80　拉伸草图

11 单击【曲面】选项卡【编辑曲面】组中的【整体变形】按钮，整体变形曲面，如图5-81所示。

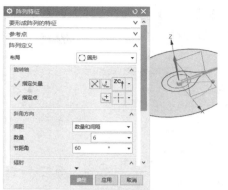

图5-81　曲面整体变形

◎提示○

　　整体变形是一种生成曲面和进行曲面编辑的工具，它能够快速并动态地生成曲面、曲面成形和编辑光顺的B曲面。

12 单击【主页】选项卡【特征】组中的【阵列特征】按钮，为扇叶创建圆形阵列特征，如图5-82所示。至此完成转盘模型，如图5-83所示。

图5-82　创建阵列特征

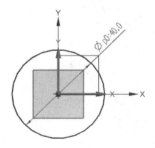

图5-83　完成转盘模型

实例 119　◎案例源文件：ywj/05/119.prt
绘制表盘

01 单击【主页】选项卡【直接草图】组中的【圆】按钮○，绘制直径40的圆形，如图5-84所示。

图5-84　绘制直径40的圆形

02 单击【曲面】选项卡【曲面】组中的【有界平面】按钮，创建有界平面，如图5-85所示。

图5-85　创建有界平面

03 单击【曲面】选项卡【曲面】组中的【规律延伸】按钮，创建规律延伸曲面，如图5-86所示。

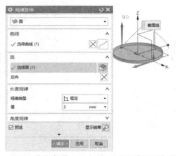

图5-86　创建曲面边线的规律延伸曲面

04 单击【曲面】选项卡【曲面】组中的【规律延伸】按钮，创建倾斜角度的规律延伸曲面，如图5-87所示。

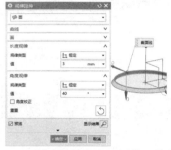

图5-87　创建倾斜角度的规律延伸曲面

05 绘制1×6的矩形，如图5-88所示。

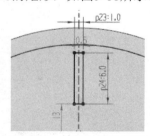

图5-88　绘制1×6的矩形

06 单击【曲面】选项卡【曲面】组中的【拉伸】按钮，创建拉伸曲面，距离为1，形成刻度，如图5-89所示。

图5-89　拉伸草图

07 创建有界平面，如图5-90所示。

图5-90　创建有界平面

08 单击【主页】选项卡【特征】组中的【阵列特征】按钮，为刻度创建圆形阵列特征，如图5-91所示。

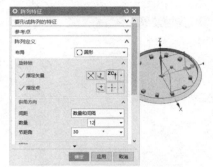

图5-91　创建阵列特征

09 绘制直径2的圆形，如图5-92所示。

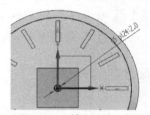

图5-92　绘制直径2的圆形

10 创建拉伸曲面，距离为1，如图5-93所示。

图5-93　拉伸草图

11 再次创建有界平面，如图5-94所示。

图5-94　创建有界平面

12 绘制两个互相垂直的矩形, 如图5-95所示。

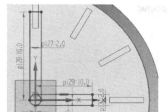

图5-95　绘制两个互相垂直的矩形

13 创建拉伸曲面, 距离为1, 形成指针, 如图5-96所示。至此完成表盘模型, 如图5-97所示。

图5-96　拉伸草图

图5-97　完成表盘模型

实例120

案例源文件: ywj/05/120.prt

绘制电机开关

01 绘制100×60的矩形并倒圆角, 如图5-98所示。

图5-98　绘制100×60的矩形并倒圆角

02 单击【曲面】选项卡【曲面】组中的【拉伸】按钮, 创建拉伸曲面, 距离为40, 如图5-99所示。

图5-99　拉伸草图

03 单击【曲面】选项卡【曲面】组中的【有界平面】按钮, 创建有界平面, 如图5-100所示。

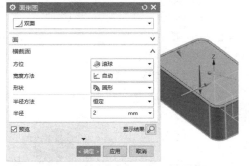

图5-100　创建有界平面

04 单击【曲面】选项卡【曲面】组中的【面倒圆】按钮, 创建面倒圆曲面, 半径为2, 如图5-101所示。

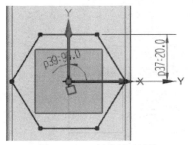

图5-101　创建半径2的面倒圆曲面

05 绘制六边形, 如图5-102所示。

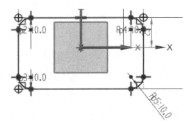

图5-102　绘制六边形

06 创建拉伸曲面, 距离为5, 如图5-103所示。

图5-103　拉伸草图

07 创建有界平面，如图5-104所示。

图5-104　创建有界平面

08 绘制直径30的圆形，如图5-105所示。

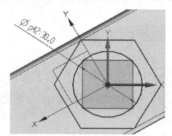

图5-105　绘制直径30的圆形

09 创建拉伸曲面，距离为10，如图5-106所示。

图5-106　拉伸草图

10 再次创建有界平面，如图5-107所示。

图5-107　创建有界平面

11 绘制直径10的圆形，如图5-108所示。

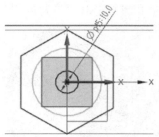

图5-108　绘制直径10的圆形

12 单击【主页】选项卡【特征】组中的【基准平面】按钮◈，创建基准平面，如图5-109所示。

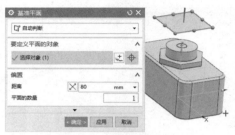

图5-109　创建基准平面

13 在基准面上绘制直径16的圆形，如图5-110所示。

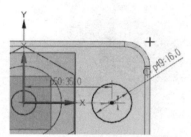

图5-110　绘制直径16的圆形

14 单击【曲面】选项卡【曲面】组中的【通过曲线组】按钮◈，创建通过曲线组的曲面，形成把手，如图5-111所示。

图5-111　创建通过曲线组的曲面

15 单击【曲面】选项卡【曲面】组中的【填充曲面】按钮◈，创建填充曲面，如图5-112所示。

图5-112　填充曲面

16 单击【曲面】选项卡【编辑曲面】组中的【I型】按钮🖍，编辑曲面I型参数，如图5-113所示。至此完成电机开关模型，如图5-114所示。

图5-113　编辑曲面I型参数

图5-114　完成电机开关模型

实例 121
绘制断路器
🌐 案例源文件：ywj/05/121.prt

01 单击【主页】选项卡【直接草图】组中的【矩形】按钮☐，绘制120×50的矩形，如图5-115所示。

02 单击【曲面】选项卡【曲面】组中的【拉伸】按钮🗗，创建拉伸曲面，距离为50，如图5-116所示。

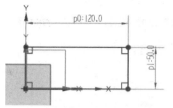

图5-115　绘制120×50的矩形

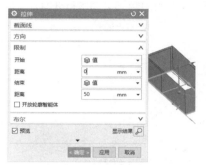

图5-116　拉伸草图

03 单击【曲面】选项卡【曲面】组中的【有界平面】按钮🔅，创建有界平面，如图5-117所示。

图5-117　创建有界平面

04 绘制宽70的矩形，如图5-118所示。

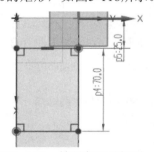

图5-118　绘制宽70的矩形

05 创建拉伸曲面，距离为20，如图5-119所示。

图5-119　拉伸草图

06 创建有界平面,如图5-120所示。

图5-120　创建有界平面

07 绘制10×10的矩形,如图5-121所示。

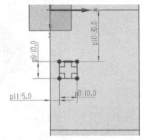

图5-121　绘制10×10的矩形

08 创建拉伸曲面,距离为30,形成开关,如图5-122所示。

图5-122　拉伸草图

09 单击【曲面】选项卡【曲面】组中的【四点曲面】按钮◇,创建四点曲面,如图5-123所示。

图5-123　创建四点曲面

◎提示·◦

　　在生成四点曲面时,可以选择已经存在的四点,也可以通过点捕捉方法来捕捉四点,或者直接通过鼠标来创建四点。

10 单击【曲面】选项卡【编辑曲面】组中的

【边对称】按钮◇,设置曲面边对称,如图5-124所示。至此完成断路器模型,如图5-125所示。

图5-124　创建边对称

图5-125　完成断路器模型

实例 122 ⊛ 案例源文件:ywj/05/122.prt
绘制电磁开关

01 单击【主页】选项卡【直接草图】组中的【矩形】按钮▢,绘制100×80的矩形,如图5-126所示。

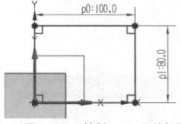

图5-126　绘制100×80的矩形

02 单击【曲面】选项卡【曲面】组中的【拉伸】按钮⬡,创建拉伸曲面,距离为120,如图5-127所示。

03 单击【主页】选项卡【直接草图】组中的【生产线】按钮╱,绘制长80的直线,如图5-128所示。

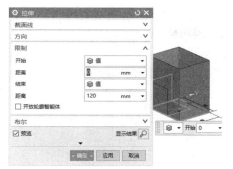

图5-127　拉伸草图

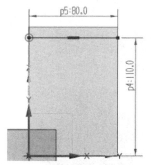

图5-128　绘制长80的直线

04 创建拉伸曲面，距离为100，如图5-129所示。

图5-129　拉伸草图

05 绘制直径10的圆形，如图5-130所示。

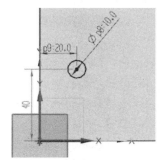

图5-130　绘制直径10的圆形

06 创建拉伸曲面，距离为10，如图5-131所示。

07 创建有界平面，如图5-132所示。

08 绘制直径20的圆形，如图5-133所示。

图5-131　拉伸草图

图5-132　创建有界平面

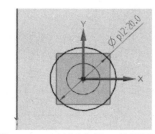

图5-133　绘制直径20的圆形

09 创建拉伸曲面，距离为30，如图5-134所示。

图5-134　拉伸草图

10 单击【主页】选项卡【特征】组中的【基准平面】按钮◆，创建基准平面，如图5-135所示。

图5-135　创建基准平面

11 在基准面上绘制16×20的矩形，如图5-136所示。

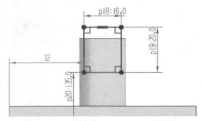

图5-136 绘制16×20的矩形

12 在对应曲面上，绘制22×30的矩形，如图5-137所示。

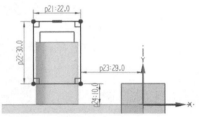

图5-137 在对应曲面上绘制22×30的矩形

13 单击【曲面】选项卡【曲面】组中的【通过曲线组】按钮，创建通过曲线组的曲面，形成手柄部分，如图5-138所示。

图5-138 创建通过曲线组的曲面

14 单击【曲面】选项卡【曲面】组中的【填充曲面】按钮，创建手柄两端的填充曲面，如图5-139所示。

图5-139 填充两端的曲面

15 单击【曲面】选项卡【编辑曲面】组中的

【X型】按钮，编辑曲面X型参数，如图5-140所示。至此完成电磁开关模型，如图5-141所示。

图5-140 编辑曲面X型参数

图5-141 完成电磁开关模型

实例123
绘制钥匙
案例源文件：ywj/05/123.prt

01 单击【主页】选项卡【直接草图】组中的【圆】按钮，绘制直径50和100的同心圆形，如图5-142所示。

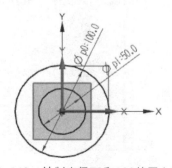

图5-142 绘制直径50和100的同心圆

02 单击【曲面】选项卡【曲面】组中的【有界平面】按钮，创建有界平面，如图5-143所示。

图5-143 创建有界平面

03 单击【主页】选项卡【特征】组中的【基准平面】按钮 ◈，创建基准平面，如图5-144所示。

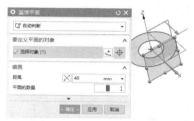

图5-144 创建基准平面

04 在基准面上绘制直径15的圆形，如图5-145所示。

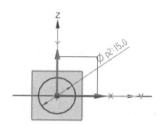

图5-145 绘制直径15的圆形

05 创建拉伸曲面，距离为240，形成长柄部分，如图5-146所示。

图5-146 拉伸草图

06 创建填充曲面，如图5-147所示。

图5-147 填充曲面

07 绘制30×6的矩形，如图5-148所示。

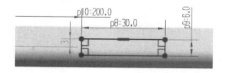

图5-148 绘制30×6的矩形

08 创建拉伸曲面，距离为40，形成钥匙齿，如图5-149所示。

图5-149 拉伸草图

09 绘制18×18的矩形，如图5-150所示。

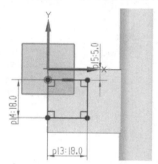

图5-150 绘制18×18的矩形

10 创建拉伸曲面，距离为40，如图5-151所示。

图5-151 拉伸草图

11 单击【曲面】选项卡【曲面操作】组中的【修剪片体】按钮 ◈，修剪曲面片体，如图5-152所示。

图5-152　修剪片体

12 单击【曲面】选项卡【曲面操作】组中的【加厚】按钮 ，加厚曲面形成实体，如图5-153所示。至此完成钥匙模型，如图5-154所示。

图5-153　加厚曲面

图5-154　完成钥匙模型

实例124　绘制花盆

案例源文件：ywj/05/124.prt

01 单击【主页】选项卡【直接草图】组中的【圆】按钮 ○，绘制直径100的圆形，如图5-155所示。

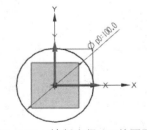

图5-155　绘制直径100的圆形

02 单击【曲面】选项卡【曲面】组中的【有界平面】按钮 ，创建有界平面，如图5-156所示。

图5-156　创建有界平面

03 单击【曲面】选项卡【曲面】组中的【拉伸】按钮 ，创建拉伸曲面，距离为20，拔模角度为-6°，如图5-157所示。

图5-157　拉伸草图

04 单击【曲面】选项卡【曲面】组中的【规律延伸】按钮 ，创建规律延伸曲面，如图5-158所示。

图5-158　创建规律延伸曲面

05 创建拉伸曲面，距离为80，拔模角度为-6°，如图5-159所示。

图5-159　拉伸曲面边线

06 创建规律延伸曲面，形成盆沿，如图5-160所示。

图5-160　创建规律延伸曲面

07 单击【曲面】选项卡【曲面】组中的【面倒圆】按钮，创建面倒圆曲面，半径为3，如图5-161所示。

图5-161　创建底面和盆口的面倒圆

08 绘制直径16的8个圆形，如图5-162所示。

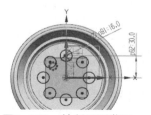

图5-162　绘制圆形草图

09 单击【曲面】选项卡【曲面操作】组中的【修剪片体】按钮，修剪曲面片体，如图5-163所示。

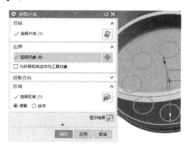

图5-163　修剪片体

10 单击【曲面】选项卡【编辑曲面】组中的【扩大】按钮，扩大曲面，如图5-164所示。至此完成花盆模型，如图5-165所示。

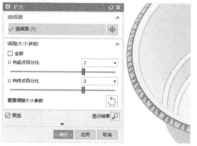

图5-164　扩大曲面

图5-165　完成花盆模型

实例 125 ⊙ 案例源文件：ywj/05/125.prt

绘制水罐

01 单击【主页】选项卡【直接草图】组中的【圆】按钮○，绘制直径100的圆形，如图5-166所示。

图5-166　绘制直径100的圆形

02 单击【主页】选项卡【特征】组中的【基准平面】按钮，创建距离160的基准平面，如图5-167所示。

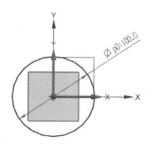

图5-167　创建距离160的基准平面

03 在基准面上绘制直径180的圆形，如图5-168所示。

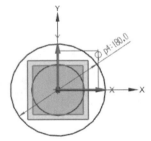

图5-168　绘制直径180的圆形

04 创建距离200的基准平面，如图5-169所示。

图5-169　创建距离200的基准平面

05 在上步创建的基准面上绘制直径130的圆形，如图5-170所示。

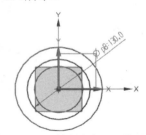

图5-170　绘制直径130的圆形

06 创建距离240的基准平面，如图5-171所示。

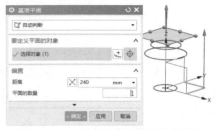

图5-171　创建距离240的基准平面

07 在上步创建的基准面上绘制直径160的圆形，如图5-172所示。

08 单击【曲面】选项卡【曲面】组中的【通过曲线组】按钮，创建通过曲线组的曲面，形成瓶身，如图5-173所示。

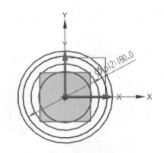

图5-172　绘制直径160的圆形

图5-173　创建通过曲线组的曲面

09 绘制样条曲线作为把手路径，如图5-174所示。

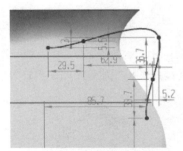

图5-174　绘制样条曲线

10 绘制直径10的圆形，如图5-175所示。

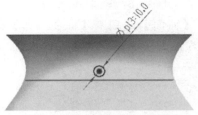

图5-175　绘制直径10的圆形

11 单击【曲面】选项卡【曲面】组中的【沿引导线扫掠】按钮，创建扫掠曲面，形成把手，如图5-176所示。

12 单击【主页】选项卡【特征】组中的【镜像特征】按钮，创建镜像特征，如图5-177所示。

图5-176　创建沿引导线扫掠的曲面

图5-177　镜像特征

13 单击【曲面】选项卡【曲面操作】组中的【修剪片体】按钮 ✑，修剪两边的把手片体，如图5-178所示。这样就完成水罐模型，如图5-179所示。

图5-178　修剪两边的把手片体

图5-179　完成水罐模型

实例 126

🔵 案例源文件：ywj/05/126.prt

绘制扳手

01 单击【主页】选项卡【直接草图】组中的

【圆】按钮 ◯，绘制直径50和80的同心圆，如图5-180所示。

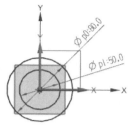

图5-180　绘制直径50和80的同心圆

02 单击【曲面】选项卡【曲面】组中的【拉伸】按钮 ⬡，创建拉伸曲面，距离为20，如图5-181所示。

图5-181　拉伸草图

03 单击【曲面】选项卡【曲面】组中的【有界平面】按钮 ⬳，创建有界平面，如图5-182所示。

图5-182　创建两端的有界平面

04 单击【主页】选项卡【特征】组中的【基准平面】按钮 ◇，创建基准平面，如图5-183所示。

图5-183　创建基准平面

05 在上步创建的基准面上绘制40×8的矩形并绘制圆角，如图5-184所示。

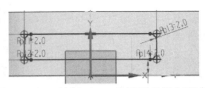

图5-184　绘制40×8的矩形并绘制圆角

06 创建拉伸曲面，距离为300，如图5-185
所示。

图5-185　拉伸草图

07 绘制直径100的圆形，如图5-186所示。

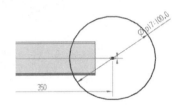

图5-186　绘制直径100的圆形

08 创建有界平面，如图5-187所示。

图5-187　创建有界平面

09 绘制直线和圆弧草图，如图5-188所示。

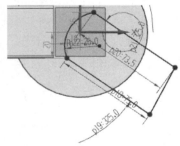

图5-188　绘制直线和圆弧草图

10 单击【曲面】选项卡【曲面操作】组中的
【修剪片体】按钮，修剪曲面片体，如图
5-189所示。

图5-189　修剪片体

11 单击【曲面】选项卡【曲面操作】组中的
【加厚】按钮，加厚曲面形成实体，如图
5-190所示。至此完成扳手模型，如图5-191
所示。

图5-190　加厚曲面

图5-191　完成扳手模型

实例 127 ⏺ 案例源文件：ywwj/05/127.prt

绘制铣刀头

01 单击【主页】选项卡【直接草图】组中的
【圆】按钮○，绘制直径70的圆形，如图
5-192所示。

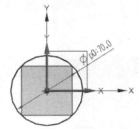

图5-192　绘制直径70的圆形

02 单击【曲面】选项卡【曲面】组中的【拉伸】按钮⬡，创建拉伸曲面，距离为140，如图5-193所示。

图5-193　拉伸草图

03 单击【曲面】选项卡【曲面操作】组中的【偏置曲面】按钮⬙，创建偏置曲面，如图5-194所示。

图5-194　创建偏置曲面

04 绘制直线，如图5-195所示。

图5-195　绘制直线

05 创建拉伸曲面，距离为200，如图5-196所示。

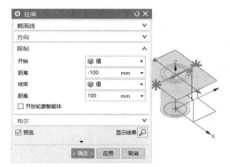

图5-196　拉伸草图

06 单击【曲面】选项卡【曲面操作】组中的【修剪片体】按钮⬘，修剪曲面片体，如图5-197所示。

图5-197　修剪片体

07 单击【曲面】选项卡【曲面】组中的【通过曲线组】按钮⬗，创建通过曲线组的曲面，如图5-198所示。

图5-198　创建通过曲线组的曲面

08 绘制直径15的圆形，如图5-199所示。

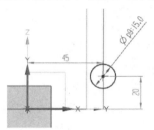

图5-199　绘制直径15的圆形

09 单击【曲面】选项卡【曲面】组中的【旋转】按钮⬖，创建旋转曲面，如图5-200所示。

图5-200　创建旋转曲面

10 修剪圆柱和圆环曲面片体，如图5-201所示。

11 创建基准平面，如图5-202所示。

12 在上步创建的基准面上绘制直径50的圆形，如图5-203所示。

图5-201　两次修剪片体

图5-202　创建基准平面

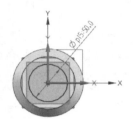

图5-203　绘制直径50的圆形

13 创建通过曲线组的曲面,如图5-204所示。

图5-204　创建通过曲线组的曲面

14 单击【曲面】选项卡【编辑曲面】组中的【整修面】按钮,改进曲面的外观,如图5-205所示。至此完成铣刀头模型,如图5-206所示。

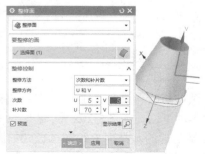

图5-205　整修面

图5-206　完成铣刀头模型

实例128 绘制周转箱
案例源文件：ywj/05/128.prt

01 绘制200×100的矩形并绘制圆角,如图5-207所示。

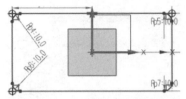

图5-207　绘制200×100的矩形并倒圆角

02 单击【曲面】选项卡【曲面】组中的【拉伸】按钮,创建拉伸曲面,距离为50,如图5-208所示。

图5-208　拉伸草图

03 单击【主页】选项卡【直接草图】组中的【偏置曲线】按钮,绘制偏置曲线,距离为10,如图5-209所示。

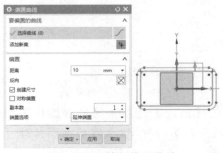

图5-209　绘制偏置曲线

04 单击【曲面】选项卡【曲面】组中的【有界平面】按钮，创建有界平面，如图5-210所示。

图5-210 创建有界平面

05 单击【曲面】选项卡【曲面】组中的【规律延伸】按钮，创建规律延伸曲面，形成箱沿，如图5-211所示。

图5-211 创建规律延伸曲面

06 绘制6条长10的直线，如图5-212所示。

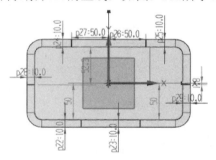

图5-212 绘制6条直线

07 创建拉伸曲面，距离为50，如图5-213所示。

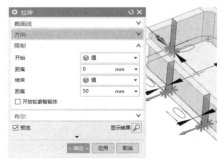

图5-213 拉伸草图

08 单击【曲面】选项卡【编辑曲面】组中的【I型】按钮，编辑曲面I型参数，如图5-214所示。至此完成周转箱模型，如图5-215所示。

图5-214 编辑曲面I型参数

图5-215 完成周转箱模型

实例 129
绘制导轮
案例源文件 ywj/05/129.prt

01 单击【主页】选项卡【直接草图】组中的【圆】按钮，绘制直径60和100的圆形和切线，如图5-216所示。

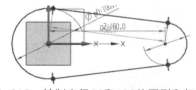

图5-216 绘制直径60和100的圆形和切线

02 单击【曲面】选项卡【曲面】组中的【有界平面】按钮，创建有界平面，如图5-217所示。

图5-217 创建有界平面

03 绘制直径90的圆形，如图5-218所示。

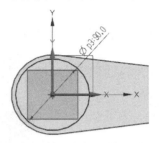

图5-218　绘制直径90的圆形

04 创建拉伸曲面，距离为30，形成轮子部分，如图5-219所示。

图5-219　拉伸草图

05 单击【曲面】选项卡【曲面操作】组中的【偏置曲面】按钮◈，创建偏置曲面，如图5-220所示。

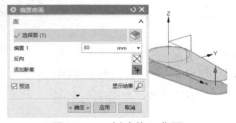

图5-220　创建偏置曲面

06 绘制20×20的矩形，如图5-221所示。

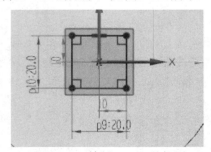

图5-221　绘制20×20的矩形

07 创建拉伸曲面，距离为50，形成轴心部分，如图5-222所示。

图5-222　拉伸草图

08 单击【曲面】选项卡【曲面操作】组中的【修剪片体】按钮◈，修剪曲面片体，如图5-223所示。

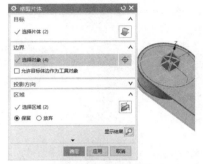

图5-223　修剪片体

09 再绘制直径30的圆形，如图5-224所示。

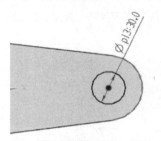

图5-224　绘制直径30的圆形

10 创建拉伸曲面，距离为50，形成轴心部分，如图5-225所示。

图5-225　拉伸草图

11 修剪曲面片体，如图5-226所示。至此完成导轮模型，如图5-227所示。

图5-226 修剪片体

图5-227 完成导轮模型

实例 130
案例源文件：ywj/05/130.prt

绘制棘轮

01 绘制直径100的圆形和两段圆弧，如图5-228所示。

图5-228 绘制直径100的圆形和两段圆弧

02 单击【主页】选项卡【直接草图】组中的【阵列曲线】按钮，绘制圆弧的阵列曲线，如图5-229所示。

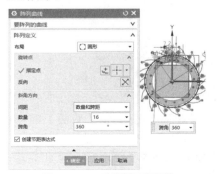

图5-229 阵列圆弧图形

03 单击【曲面】选项卡【曲面】组中的【拉伸】按钮，创建拉伸曲面，距离为50，形成轮齿部分，如图5-230所示。

图5-230 拉伸草图

04 单击【曲面】选项卡【曲面】组中的【有界平面】按钮，创建有界平面，如图5-231所示。

图5-231 创建两端的有界平面

05 单击【曲面】选项卡【编辑曲面】组中的【扩大】按钮，扩大曲面，如图5-232所示。

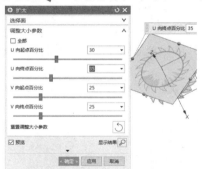

图5-232 扩大曲面

06 单击【曲面】选项卡【曲面操作】组中的【修剪片体】按钮，修剪曲面片体，如图5-233所示。至此完成棘轮模型，如图5-234所示。

图5-233 修剪片体

图5-234　完成棘轮模型

实例 131

案例源文件：ywj/05/131.prt

绘制伞面

01 单击【主页】选项卡【直接草图】组中的【圆弧】按钮，绘制半径500的圆弧，如图5-235所示。

图5-235　绘制半径500的圆弧

02 单击【主页】选项卡【特征】组中的【基准平面】按钮，创建基准平面，如图5-236所示。

图5-236　创建基准平面

03 在创建的基准平面上绘制半径500的圆弧，如图5-237所示。

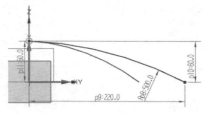

图5-237　绘制半径500的圆弧

04 在YX面绘制半径200的圆弧，如图5-238所示。

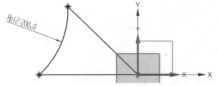

图5-238　在YX面绘制半径200的圆弧

05 单击【曲面】选项卡【曲面】组中的【填充曲面】按钮，创建填充曲面，形成伞瓣，如图5-239所示。

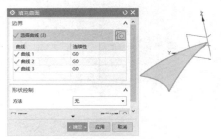

图5-239　填充曲面

06 单击【主页】选项卡【特征】组中的【阵列特征】按钮，为伞瓣创建圆形阵列特征，如图5-240所示。

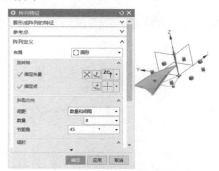

图5-240　创建阵列特征

07 绘制直径20的圆形，如图5-241所示。

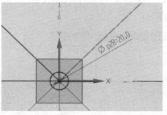

图5-241　绘制直径20的圆形

08 单击【曲面】选项卡【曲面】组中的【拉伸】按钮，创建拉伸曲面，距离为300，形成手柄，如图5-242所示。至此完成伞面模型，如图5-243所示。

图5-242 拉伸草图

图5-243 完成伞面模型

实例 132

案例源文件：ywj/05/132.prt

绘制凸模

01 单击【主页】选项卡【直接草图】组中的【矩形】按钮□，绘制200×120的矩形，如图5-244所示。

图5-244 绘制200×120的矩形

02 单击【曲面】选项卡【曲面】组中的【拉伸】按钮，创建拉伸曲面，距离为50，如图5-245所示。

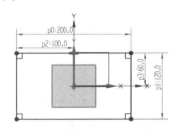

图5-245 拉伸草图

03 单击【曲面】选项卡【曲面】组中的【有界平面】按钮，创建有界平面，如图5-246所示。

图5-246 创建有界平面

04 绘制半个椭圆，如图5-247所示。

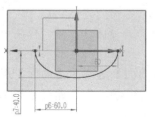

图5-247 绘制半个椭圆

05 单击【曲面】选项卡【曲面】组中的【旋转】按钮，创建旋转曲面，形成凸模部分，如图5-248所示。

图5-248 创建旋转曲面

06 绘制矩形草图，如图5-249所示。

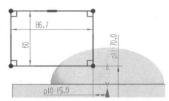

图5-249 绘制矩形草图

07 创建拉伸曲面，长度为100，和曲面相交，如图5-250所示。

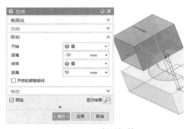

图5-250 拉伸草图

08 单击【曲面】选项卡【曲面操作】组中的【修剪片体】按钮🗨，修剪曲面片体，如图5-251所示。

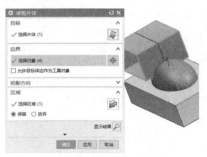

图5-251　修剪片体

09 单击【曲面】选项卡【曲面】组中的【通过曲线组】按钮🗐，创建通过曲线组的曲面，如图5-252所示。

图5-252　创建通过曲线组的曲面

10 单击【曲面】选项卡【编辑曲面】组中的【X型】按钮🗨，编辑曲面X型参数，如图5-253所示。至此完成凸模模型，如图5-254所示。

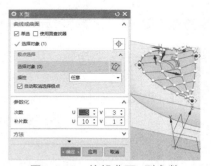

图5-253　编辑曲面X型参数

图5-254　完成凸模模型

实例 133　　　案例源文件　ywj/05/133.prt

绘制外壳

01 单击【主页】选项卡【直接草图】组中的【圆】按钮◯，绘制直径100的圆形，如图5-255所示。

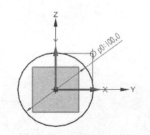

图5-255　绘制直径100的圆形

02 单击【曲面】选项卡【曲面】组中的【拉伸】按钮🗨，创建拉伸曲面，距离为140，如图5-256所示。

图5-256　拉伸草图

03 绘制长40的直线草图，如图5-257所示。

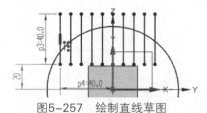

图5-257　绘制直线草图

04 创建拉伸曲面，距离为140，如图5-258所示。

图5-258　拉伸草图

05 单击【曲面】选项卡【曲面操作】组中的

【修剪片体】按钮 ，修剪曲面片体，如图5-259所示。

图5-259 修剪片体

06 单击【主页】选项卡【特征】组中的【阵列特征】按钮 ，为上步的曲面创建圆形阵列特征，如图5-260所示。

图5-260 创建阵列特征

07 单击【曲面】选项卡【编辑曲面】组中的【扩大】按钮 ，扩大曲面，如图5-261所示。至此完成外壳模型，如图5-262所示。

图5-261 扩大曲面

图5-262 完成外壳模型

01 单击【主页】选项卡【直接草图】组中的【矩形】按钮 ，绘制80×30的矩形，如图5-263所示。

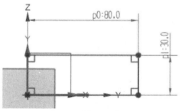

图5-263 绘制80×30的矩形

02 单击【曲面】选项卡【曲面】组中的【拉伸】按钮 ，创建拉伸曲面，距离为200，如图5-264所示。

图5-264 拉伸草图

03 单击【曲面】选项卡【曲面】组中的【有界平面】按钮 ，创建两端的有界平面，如图5-265所示。

图5-265 创建两端的有界平面

04 绘制60×14的矩形，如图5-266所示。

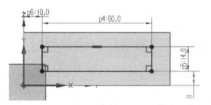

图5-266 绘制60×14的矩形

05 创建拉伸曲面，距离为50，如图5-267所示。

06 绘制两个10×10的矩形，如图5-268所示。

图5-267　拉伸草图

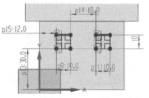

图5-268　绘制10×12的两个矩形

07 单击【曲面】选项卡【曲面操作】组中的【修剪片体】按钮 ，修剪曲面片体，如图5-269所示。

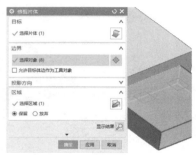

图5-269　修剪片体

08 绘制空间直线，如图5-270所示。

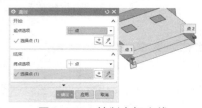

图5-270　绘制空间直线

09 单击【曲面】选项卡【曲面】组中的【通过曲线组】按钮 ，创建通过曲线组的曲面，完成接口部分，如图5-271所示。至此完成优盘模型，如图5-272所示。

图5-271　创建通过曲线组的曲面

图5-272　完成优盘模型

实例 135

案例源文件：ywj/05/135.prt

绘制手机壳

01 单击【主页】选项卡【直接草图】组中的【矩形】按钮 ，绘制140×60的矩形，然后绘制半径1的圆角，如图5-273所示。

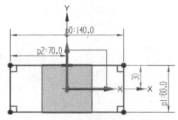

图5-273　绘制140×60的矩形并绘制半径1的圆角

02 单击【曲面】选项卡【曲面】组中的【有界平面】按钮 ，创建有界平面，如图5-274所示。

图5-274　创建有界平面

03 单击【曲面】选项卡【曲面】组中的【拉伸】按钮 ，创建拉伸曲面，距离为5，如图5-275所示。

图5-275　拉伸草图

UG NX 12 完全实训手册

04 单击【曲面】选项卡【曲面】组中的【面倒圆】按钮，创建面倒圆曲面，半径为1，如图5-276所示。

图5-276 创建半径1的面倒圆曲面

05 单击【曲面】选项卡【曲面】组中的【规律延伸】按钮，创建规律延伸曲面，如图5-277所示。

图5-277 创建规律延伸曲面

06 绘制直径6和12的两个圆形，如图5-278所示。

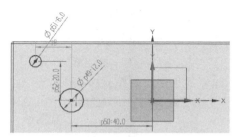

图5-278 绘制直径6和12的圆形

07 单击【曲面】选项卡【曲面操作】组中的【修剪片体】按钮，修剪曲面片体，如图5-279所示。至此完成手机壳模型，如图5-280所示。

图5-279 修剪片体

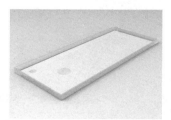

图5-280 完成手机壳模型

实例 136   ◉ 案例源文件：ywj/05/136.prt
绘制遥控器

01 首先绘制100×60的矩形并绘制圆角，如图5-281所示。

图5-281 绘制100×60的矩形并绘制圆角

02 单击【曲面】选项卡【曲面】组中的【拉伸】按钮，创建拉伸曲面，距离为10，如图5-282所示。

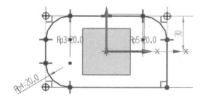

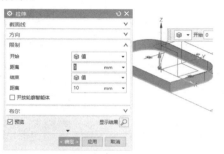

图5-282 拉伸草图

03 单击【曲面】选项卡【曲面】组中的【有

界平面】按钮 ➤ ，创建有界平面，如图5-283
所示。

图5-283　创建两端的有界平面

04 单击【曲面】选项卡【曲面】组中的【面倒圆】按钮 ➤ ，创建面倒圆曲面，半径为4，如图5-284所示。

图5-284　创建半径4的面倒圆曲面

05 绘制直径10的圆形，如图5-285所示。

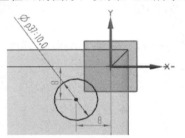

图5-285　绘制直径10的圆形

06 单击【曲面】选项卡【曲面操作】组中的【修剪片体】按钮 ➤ ，修剪曲面片体，如图5-286所示。

图5-286　修剪片体

07 创建规律延伸曲面，如图5-287所示。

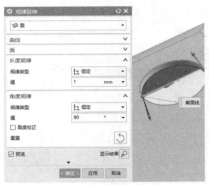

图5-287　创建规律延伸曲面

08 创建有界平面，如图5-288所示。

图5-288　创建有界平面

09 绘制直径8的圆形，如图5-289所示。

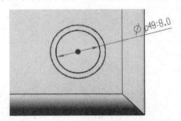

图5-289　绘制直径8的圆形

10 创建拉伸曲面，距离为3，如图5-290所示。

图5-290　拉伸草图

11 创建有界平面，如图5-291所示。

图5-291　创建有界平面

12 创建面倒圆曲面，半径为1，如图5-292所示。

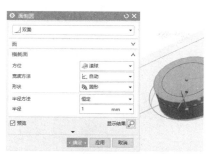

图5-292 创建半径1的面倒圆曲面

13 绘制大半径和小半径为20和10的椭圆，如图5-293所示。

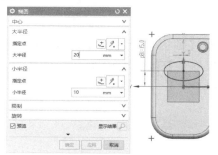

图5-293 绘制大半径和小半径为20和10的椭圆

14 创建拉伸曲面，距离为3，如图5-294所示。

图5-294 拉伸草图

15 创建有界平面，如图5-295所示。

图5-295 创建有界平面

16 绘制宽为4的矩形，如图5-296所示。

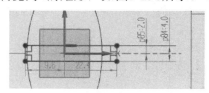

图5-296 绘制宽为4的矩形

17 修剪曲面片体，如图5-297所示。至此完成遥控器模型，如图5-298所示。

图5-297 修剪片体

图5-298 完成遥控器模型

实例 137　案例源文件：ywj/05/137.prt

绘制型材

01 单击【主页】选项卡【直接草图】组中的【矩形】按钮 □，绘制20×20的矩形，如图5-299所示。

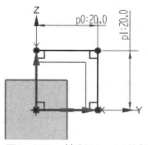

图5-299 绘制20×20的矩形

02 单击【曲面】选项卡【曲面】组中的【有界平面】按钮 ◇，创建有界平面，如图5-300所示。

图5-300 创建有界平面

03 单击【主页】选项卡【直接草图】组中的
【偏置曲线】按钮，绘制偏置矩形，间距为
2，如图5-301所示。

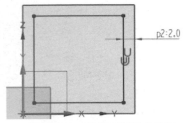

图5-301　偏置间距2的矩形

04 绘制4条长为2的直线，如图5-302所示。

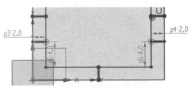

图5-302　绘制4条直线

05 创建拉伸曲面，距离为200，如图5-303
所示。

图5-303　拉伸草图

06 单击【曲面】选项卡【编辑曲面】组中
的【扩大】按钮，扩大曲面，如图5-304
所示。

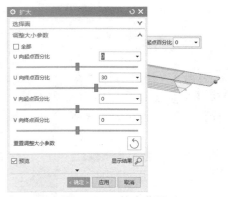

图5-304　扩大曲面

07 绘制12个直径为10的圆形，如图5-305
所示。

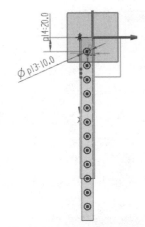

图5-305　绘制圆形草图

08 单击【曲面】选项卡【曲面操作】组中的
【修剪片体】按钮，修剪曲面片体，如图
5-306所示。至此完成型材模型，如图5-307
所示。

图5-306　修剪片体

图5-307　完成型材模型

实例 138　◉ 案例源文件：ywj/05/138.prt

绘制LED灯

01 单击【主页】选项卡【直接草图】组中的
【圆弧】按钮，绘制半径80的圆弧，如图
5-308所示。

02 单击【曲面】选项卡【曲面】组中的【旋
转】按钮，创建旋转曲面，形成灯头部分，
如图5-309所示。

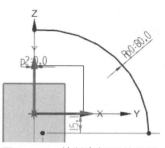

图5-308　绘制半径80的圆弧

图5-309　创建旋转曲面

03 绘制直径120的圆形，如图5-310所示。

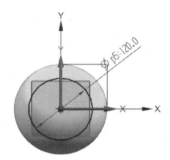

图5-310　绘制直径120的圆形

04 单击【曲面】选项卡【曲面】组中的【通过曲线组】按钮 ，创建通过曲线组的曲面，如图5-311所示。

图5-311　创建通过曲线组的曲面

05 单击【曲面】选项卡【曲面】组中的【面倒圆】按钮 ，创建面倒圆曲面，半径为6，如图5-312所示。

06 绘制直径20的圆形，如图5-313所示。

图5-312　创建半径6的面倒圆曲面

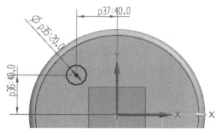

图5-313　绘制直径20的圆形

07 创建拉伸曲面，距离为4，如图5-314所示。

图5-314　创建拉伸曲面

08 创建填充曲面，如图5-315所示。

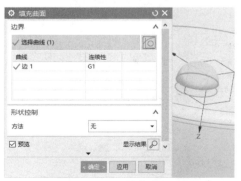

图5-315　填充曲面

09 单击【主页】选项卡【特征】组中的【阵列特征】按钮 ，创建线性阵列特征，如图5-316所示。

图5-316　创建阵列特征

⑩ 绘制直径60的圆形，如图5-317所示。

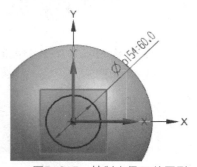

图5-317　绘制直径60的圆形

⑪ 创建拉伸曲面，距离为100，形成灯接口部分，如图5-318所示。

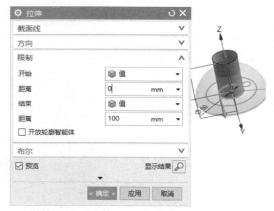

图5-318　拉伸草图

⑫ 单击【曲面】选项卡【曲面】组中的【规律延伸】按钮 ，创建规律延伸曲面，如图5-319所示。至此完成LED灯模型，如图5-320所示。

图5-319　创建规律延伸曲面

图5-320　完成LED灯模型

实例139

案例源文件：ywj/05/139.prt

绘制小型显示器

⓵ 绘制120×80的矩形并绘制圆弧，如图5-321所示。

图5-321　绘制120×80的矩形并绘制圆弧

⓶ 单击【曲面】选项卡【曲面】组中的【拉伸】按钮 ，创建拉伸曲面，距离为60，如图5-322所示。

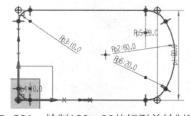

图5-322　拉伸草图

03 绘制半径800的圆弧，如图5-323所示。

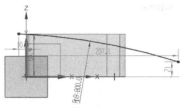

图5-323 绘制半径800的圆弧

04 创建拉伸曲面，距离为200，如图5-324所示。

图5-324 拉伸草图

05 单击【曲面】选项卡【曲面操作】组中的【修剪片体】按钮，两次修剪曲面片体，如图5-325所示。

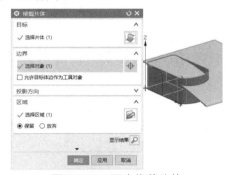

图5-325 两次修剪片体

06 单击【曲面】选项卡【曲面】组中的【面倒圆】按钮，创建面倒圆曲面，半径为4，如图5-326所示。

图5-326 创建半径4的面倒圆曲面

07 单击【主页】选项卡【特征】组中的【基准平面】按钮，创建基准平面，如图5-327所示。

图5-327 创建基准平面

08 在上步创建的基准面上绘制50×50的矩形，如图5-328所示。

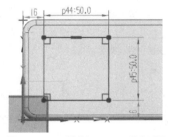

图5-328 绘制50×50的矩形

09 创建拉伸曲面，距离为10，形成屏幕部分，如图5-329所示。

图5-329 拉伸草图

10 单击【曲面】选项卡【曲面操作】组中的【修剪片体】按钮，两次修剪曲面片体，如图5-330所示。

图5-330 两次修剪片体

11 单击【曲面】选项卡【曲面】组中的【四点曲面】按钮◇，创建四点曲面，如图5-331所示。

图5-331 创建四点曲面

12 单击【曲面】选项卡【编辑曲面】组中的【X型】按钮✎，编辑曲面X型参数，如图5-332所示。至此完成小型显示器模型，如图5-333所示。

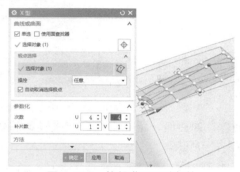

图5-332 编辑曲面X型参数

图5-333 完成小型显示器模型

实例140

绘制螺栓座

案例源文件：ywj/05/140.prt

01 单击【主页】选项卡【直接草图】组中的【矩形】按钮□，绘制200×60的矩形，如图5-334所示。

02 单击【曲面】选项卡【曲面】组中的【拉伸】按钮◈，创建拉伸曲面，距离为20，如图5-335所示。

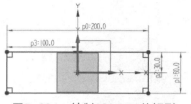

图5-334 绘制200×60的矩形

图5-335 拉伸草图

03 单击【曲面】选项卡【曲面】组中的【有界平面】按钮◈，创建有界平面，如图5-336所示。

图5-336 创建有界平面

04 绘制直径40的圆形和对应的切线，如图5-337所示。

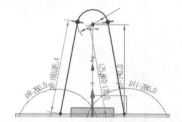

图5-337 绘制直径40的圆形和切线

05 创建拉伸曲面，距离为40，如图5-338所示。

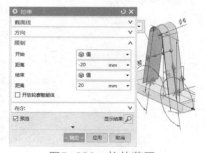

图5-338 拉伸草图

06 绘制直径20的圆形，如图5-339所示。

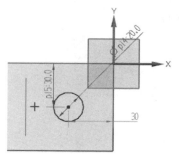

图5-339 绘制直径20的圆形

07 单击【曲面】选项卡【曲面操作】组中的【修剪片体】按钮，修剪曲面片体，如图5-340所示。

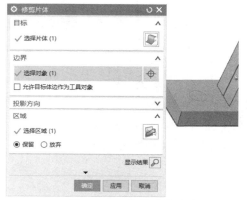

图5-340 修剪片体

08 单击【曲面】选项卡【曲面】组中的【规律延伸】按钮，创建规律延伸曲面，如图5-341所示。

图5-341 创建规律延伸曲面

09 单击【主页】选项卡【特征】组中的【镜像特征】按钮，创建镜像特征，如图5-342所示。至此完成螺栓座模型，如图5-343所示。

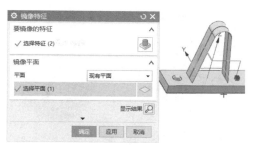

图5-342 镜像特征

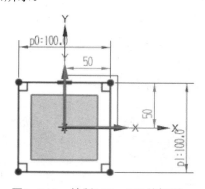

图5-343 完成螺栓座模型

实例141 ⊙案例源文件：ywj/05/141.prt

绘制电表壳

01 单击【主页】选项卡【直接草图】组中的【矩形】按钮，绘制100×100的矩形，如图5-344所示。

图5-344 绘制100×100的矩形

02 单击【曲面】选项卡【曲面】组中的【拉伸】按钮，创建拉伸曲面，距离为50，如图5-345所示。

03 单击【主页】选项卡【直接草图】组中的【圆】按钮，绘制直径300的圆形，如图5-346所示。

04 创建拉伸曲面，距离为120，如图5-347所示。

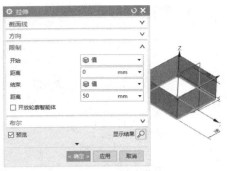

图5-345　拉伸草图

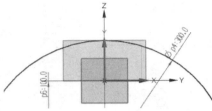

图5-346　绘制直径300的圆形

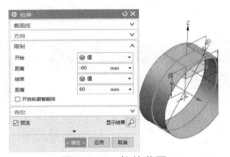

图5-347　拉伸草图

05 单击【曲面】选项卡【曲面操作】组中的【修剪片体】按钮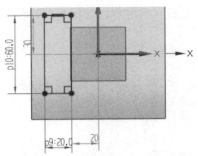，修剪曲面片体两次，如图5-348所示。

图5-348　两次修剪片体

06 绘制20×60的矩形，如图5-349所示。

07 单击【曲线】选项卡【派生曲线】组中的【投影曲线】按钮，创建投影曲线，如图5-350所示。

图5-349　绘制20×60的矩形

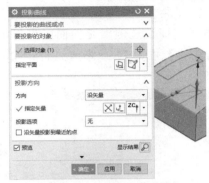

图5-350　创建投影曲线

08 修剪曲面片体，如图5-351所示。

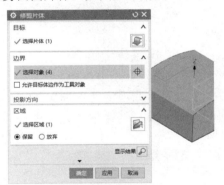

图5-351　修剪片体

09 单击【曲面】选项卡【曲面】组中的【规律延伸】按钮，创建规律延伸曲面，如图5-352所示。

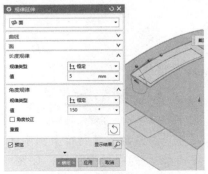

图5-352　创建规律延伸曲面

10 绘制直径10和20的同心圆形，如图5-353所示。

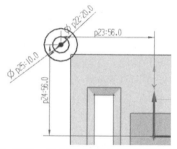

图5-353　绘制直径10和20的同心圆

11 单击【曲面】选项卡【曲面】组中的【有界平面】按钮👄，创建有界平面，如图5-354所示。

图5-354　创建有界平面

12 单击【主页】选项卡【特征】组中的【阵列特征】按钮👄，创建线性阵列特征，如图5-355所示。至此完成电表壳模型，如图5-356所示。

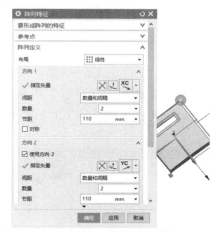

图5-355　创建阵列特征

图5-356　完成电表壳模型

📀 案例源文件：ywj/05/142.prt

绘制轴承圈

01 单击【主页】选项卡【直接草图】组中的【圆】按钮○，绘制直径70和120的同心圆形，如图5-357所示。

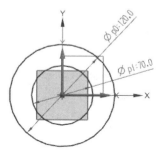

图5-357　绘制直径70和120的同心圆

02 单击【曲面】选项卡【曲面】组中的【拉伸】按钮👄，创建拉伸曲面，距离为50，如图5-358所示。

图5-358　拉伸草图

03 单击【曲面】选项卡【曲面】组中的【有界平面】按钮👄，创建有界平面，如图5-359所示。

图5-359　创建有界平面

04 单击【曲面】选项卡【曲面操作】组中的【偏置曲面】按钮👄，创建偏置曲面，如图5-360所示。

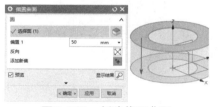

图5-360　创建偏置曲面

05 绘制直径25的圆形，如图5-361所示。

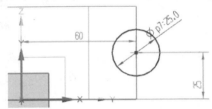

图5-361　绘制直径25的圆形

06 单击【曲面】选项卡【曲面】组中的【旋转】按钮，创建旋转曲面，如图5-362所示。

图5-362　创建旋转曲面

07 单击【曲面】选项卡【曲面操作】组中的【修剪片体】按钮，两次修剪曲面片体，如图5-363所示。至此完成轴承圈模型，如图5-364所示。

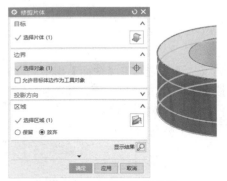

图5-363　两次修剪片体

图5-364　完成轴承圈模型

 案例源文件：ywj/05/143.prt

绘制轮毂

01 单击【主页】选项卡【直接草图】组中的【生产线】按钮，绘制长20和100的直线并倒圆角，如图5-365所示。

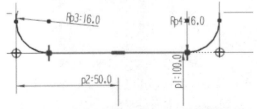

图5-365　绘制长20和100的直线并倒圆角

02 单击【曲面】选项卡【曲面】组中的【旋转】按钮，创建旋转曲面，形成轮圈部分，如图5-366所示。

图5-366　创建旋转曲面

03 单击【主页】选项卡【特征】组中的【基准平面】按钮，创建基准平面，如图5-367所示。

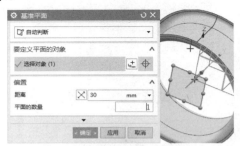

图5-367　创建基准平面

04 在上步创建的基准面上绘制直径40和200的同心圆形，如图5-368所示。

05 创建有界平面，如图5-369所示。

06 绘制大半径和小半径为20和30的椭圆并阵列，如图5-370所示。

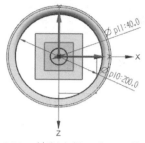

图5-368　绘制直径40和200的同心圆

图5-369　创建有界平面

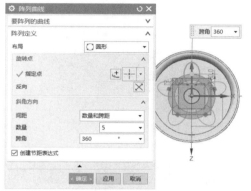

图5-370　绘制大半径和小半径为20和30的椭圆并阵列

07 单击【曲面】选项卡【曲面操作】组中的【修剪片体】按钮 ，修剪曲面片体，如图5-371所示。

图5-371　修剪片体

08 单击【曲面】选项卡【编辑曲面】组中的【I型】按钮 ，编辑曲面I型参数，如图5-372所示。至此完成轮毂模型，如图5-373所示。

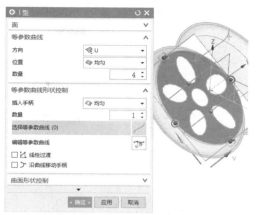

图5-372　编辑曲面I型参数

图5-373　完成轮毂模型

实例 144　　⊕ 案例源文件：ywj/05/144.prt

绘制水盆

01 绘制120×90的矩形并倒圆角，如图5-374所示。

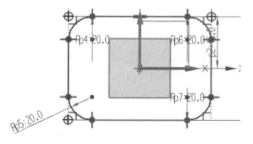

图5-374　绘制120×90的矩形并倒圆角

02 单击【曲面】选项卡【曲面】组中的【拉伸】按钮 ，创建拉伸曲面，距离为40，形成盆身部分，如图5-375所示。

03 单击【曲面】选项卡【曲面】组中的【有界平面】按钮 ，创建有界平面，如图5-376所示。

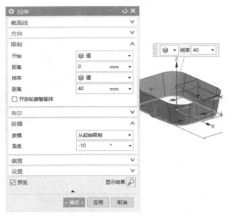

图5-375 拉伸草图

图5-376 创建有界平面

04 单击【曲面】选项卡【曲面】组中的【面倒圆】按钮，创建面倒圆曲面，半径为10，如图5-377所示。

图5-377 创建半径10的面倒圆曲面

05 单击【曲面】选项卡【曲面】组中的【规律延伸】按钮，创建规律延伸曲面，形成盆沿，如图5-378所示。

图5-378 创建规律延伸曲面

06 再次创建曲面边线的规律延伸曲面，如图5-379所示。至此完成水盆模型，如图5-381所示。

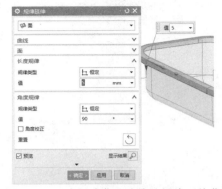

图5-379 再次创建曲面边线的规律延伸曲面

图5-380 完成水盆模型

实例145 绘制纺车座

案例源文件：ywj/05/145.prt

01 单击【主页】选项卡【直接草图】组中的【圆】按钮○，绘制直径100的圆形，如图5-381所示。

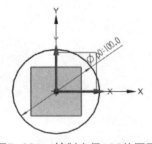

图5-381 绘制直径100的圆形

02 单击【曲面】选项卡【曲面】组中的【拉伸】按钮，创建拉伸曲面，距离为10，如图5-382所示。

03 单击【曲面】选项卡【曲面】组中的【有界平面】按钮，创建有界平面，如图5-383所示。

图5-382 拉伸草图

图5-383 创建有界平面

04 绘制直径20和60的同心圆形，如图5-384所示。

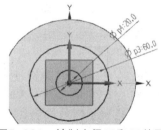

图5-384 绘制直径20和60的同心圆

05 单击【曲面】选项卡【曲面】组中的【拉伸】按钮🏠，创建拉伸曲面，距离为100，如图5-385所示。

图5-385 拉伸草图

06 创建有界平面，如图5-386所示。

图5-386 创建有界平面

07 绘制直径100的圆形和直线，如图5-387所示。

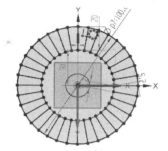

图5-387 绘制圆形和直线草图

08 创建拉伸曲面，距离为10，如图5-388所示。

图5-388 拉伸草图

09 单击【曲面】选项卡【编辑曲面】组中的【扩大】按钮🥐，扩大曲面，如图5-389所示。至此完成纺车座模型，如图5-390所示。

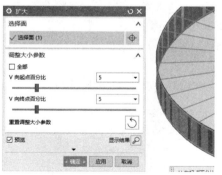

图5-389 扩大曲面

图5-390 完成纺车座模型

实例 146 ◎案例源文件：ywj/05/146.prt

绘制药盒

01 绘制200×120的矩形并倒圆角，如图5-391所示。

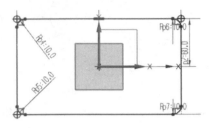

图5-391 绘制200×120的矩形并倒圆角

02 单击【曲面】选项卡【曲面】组中的【拉伸】按钮 ，创建拉伸曲面，距离为40，如图5-392所示。

图5-392 拉伸草图

03 单击【曲面】选项卡【曲面】组中的【有界平面】按钮 ，创建有界平面，如图5-393所示。

图5-393 创建有界平面

04 绘制直线草图，如图5-394所示。

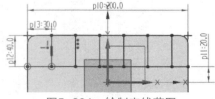

图5-394 绘制直线草图

05 创建拉伸曲面，距离为30，形成内部槽特征，如图5-395所示。

图5-395 拉伸草图

06 单击【主页】选项卡【特征】组中的【镜像特征】按钮 ，创建镜像特征，如图5-396所示。

图5-396 镜像特征

07 单击【曲面】选项卡【编辑曲面】组中的【扩大】按钮 ，扩大两个对称的曲面，如图5-397所示。至此完成药盒模型，如图5-398所示。

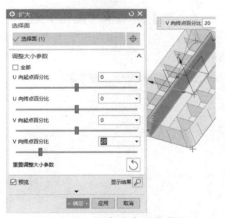

图5-397 扩大两个对称曲面

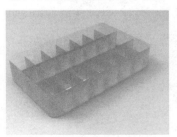

图5-398 完成药盒模型

UG NX 12 完全实训手册

228

绘制销轴

01 单击【主页】选项卡【直接草图】组中的【圆】按钮 ○，绘制直径20的圆形，如图5-399所示。

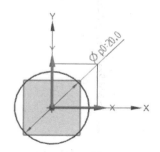

图5-399　绘制直径20的圆形

02 单击【曲面】选项卡【曲面】组中的【拉伸】按钮 ，创建拉伸曲面，距离为100，如图5-400所示。

图5-400　拉伸草图

03 单击【主页】选项卡【直接草图】组中的【艺术样条】按钮 ，绘制样条曲线，如图5-401所示。

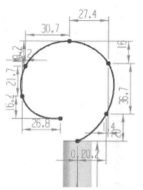

图5-401　绘制样条曲线

04 单击【曲面】选项卡【曲面】组中的【沿引导线扫掠】按钮 ，创建扫掠曲面，如图5-402所示。

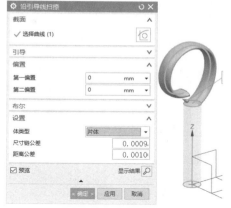

图5-402　创建沿引导线扫掠的曲面

05 单击【曲面】选项卡【曲面】组中的【有界平面】按钮 ，创建有界平面，如图5-403所示。

图5-403　创建有界平面

06 绘制直径10的圆形，如图5-404所示。

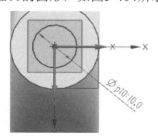

图5-404　绘制直径10的圆形

07 创建拉伸曲面，距离为10，如图5-405所示。

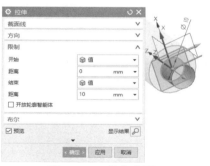

图5-405　拉伸草图

08 单击【曲面】选项卡【曲面】组中的【规律延伸】按钮 ⬟ ，创建规律延伸曲面，如图5-406所示。

图5-406　创建规律延伸曲面

09 创建拉伸曲面，距离为20，拔模角度为-10°，如图5-407所示。至此完成销轴模型，如图5-408所示。

图5-407　创建有拔模角度的拉伸曲面

图5-408　完成销轴模型

第6章 装配设计

控件装配

01 单击【装配】选项卡【组件】组中的【添加】按钮，打开【添加组件】对话框，选择组件1，设置装配位置进行添加，如图6-1所示。

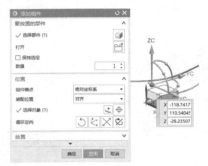

图6-1　添加组件1

02 继续打开【添加组件】对话框，选择组件2，设置装配位置进行添加，如图6-2所示。

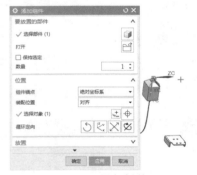

图6-2　添加组件2

03 单击【装配】选项卡【组件位置】组中的【移动组件】按钮，打开【移动组件】对话框，选择组件2，进行旋转，如图6-3所示。

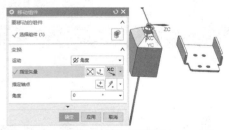

图6-3　旋转组件2

04 单击【装配】选项卡【组件位置】组中的【装配约束】按钮，打开【装配约束】对话框，选择组件的对应面，创建接触对齐约束，如图6-4所示。

图6-4　创建接触对齐约束

⊙提示·⊙

　　在装配中建立部件间的链接关系，就是通过配对条件在部件间建立约束关系，来确定部件在产品中的位置。

05 打开【装配约束】对话框，选择组件的对应面，创建另一对面的接触约束，如图6-5所示。

图6-5　创建另一对面的接触对齐约束

06 打开【装配约束】对话框，选择组件的对应面，创建距离约束，如图6-6所示。至此完成控件装配，如图6-7所示。

图6-6　创建距离约束

图6-7　完成控件装配

UG NX 12 完全实训手册

实例 149　● 案例源文件：ywj/06/149文件夹

螺栓组件装配

01 单击【装配】选项卡【组件】组中的【添加】按钮 ，打开【添加组件】对话框，选择组件1，设置装配位置进行添加，如图6-8所示。

图6-8　添加组件1

02 打开【添加组件】对话框，选择组件2，设置装配位置进行添加，如图6-9所示。

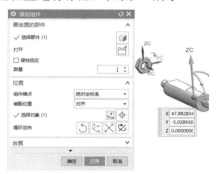

图6-9　添加组件2

> **提示·**
>
> 　在装配中，部件的几何体被装配引用，而不是复制到装配图中，不管如何对部件进行编辑以及在何处编辑，整个装配部件间都保持着关联性。

03 单击【装配】选项卡【组件位置】组中的【装配约束】按钮 ，打开【装配约束】对话框，选择组件的对应边线，创建同心约束，如图6-10所示。

04 再次打开【添加组件】对话框，选择组件3，设置装配位置进行添加，如图6-11所示。

05 打开【装配约束】对话框，选择组件的对应面，创建距离约束，如图6-12所示。

图6-10　创建同心约束

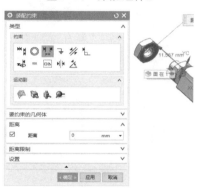

图6-11　添加组件3

图6-12　创建距离约束

06 打开【装配约束】对话框，选择组件的对应边线，创建同心约束，如图6-13所示。至此完成螺栓组件装配，如图6-14所示。

图6-13　创建同心约束

图6-14 完成螺栓组件装配

实例150　电机装配

◉案例源文件：ywj/06/150文件夹

01 单击【装配】选项卡【组件】组中的【添加】按钮，打开【添加组件】对话框，选择组件1，设置装配位置进行添加，如图6-15所示。

图6-15 添加组件1

02 再次打开【添加组件】对话框，选择组件2，设置装配位置进行添加，如图6-16所示。

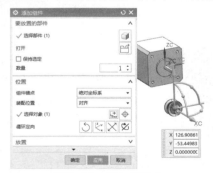

图6-16 添加组件2

◉提示·◎

　　组件是装配中由组件对象所指的部件文件，组件可以是单个部件也可以是一个子装配，组件是由装配部件引用而不是复制到装配部件中的。

03 单击【装配】选项卡【组件位置】组中的【装配约束】按钮，打开【装配约束】对话框，选择组件的对应面，创建距离约束，如图6-17所示。

图6-17 创建距离约束

04 打开【装配约束】对话框，选择组件的对应边线，创建同心约束，如图6-18所示。至此完成电机装配，如图6-19所示。

图6-18 创建同心约束

图6-19 完成电机装配

实例151　托架装配

◉案例源文件：ywj/06/151文件夹

01 单击【装配】选项卡【组件】组中的【添加】按钮，打开【添加组件】对话框，选

择组件1，设置装配位置进行添加，如图6-20
所示。

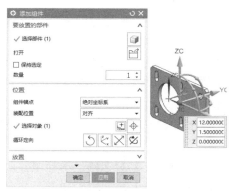

图6-20　添加组件1

02 再次打开【添加组件】对话框，选择组件
2，设置装配位置进行添加，如图6-21所示。

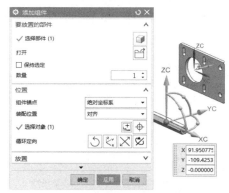

图6-21　添加组件2

03 单击【装配】选项卡【组件位置】组中的
【移动组件】按钮，打开【移动组件】对话
框，选择组件2，进行旋转，如图6-22所示。

图6-22　旋转组件2

04 单击【装配】选项卡【组件位置】组中的
【装配约束】按钮，打开【装配约束】对话
框，选择组件的对应边线，创建同心约束，如
图6-23所示。

05 打开【阵列组件】对话框，创建组件的线性

阵列，如图6-24所示。至此完成托架装配，如
图6-25所示。

图6-23　创建同心约束

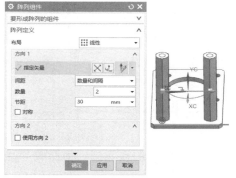

图6-24　创建阵列组件

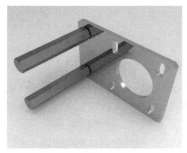

图6-25　完成托架装配

实例152　案例源文件：ywj/06/152文件夹
固定板装配

01 单击【装配】选项卡【组件】组中的【添
加】按钮，打开【添加组件】对话框，选
择组件1，设置装配位置进行添加，如图6-26
所示。

02 再次打开【添加组件】对话框，选择组件
2，设置装配位置进行添加，如图6-27所示。

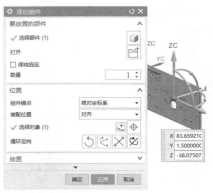

图6-26　添加组件1

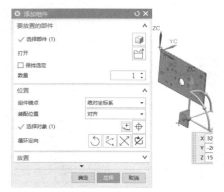

图6-27　添加组件2

◎提示·◎

　　自底向上装配设计操作是从组件添加开始的，在已存在的零部件中，选择要装配的零部件作为组件添加到装配文件中。

03 单击【装配】选项卡【组件位置】组中的【装配约束】按钮，打开【装配约束】对话框，选择组件的对应边线，创建同心约束，如图6-28所示。

图6-28　创建同心约束

04 再次打开【添加组件】对话框，选择组件3，设置装配位置进行添加，如图6-29所示。

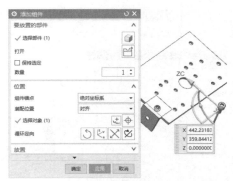

图6-29　添加组件3

05 打开【装配约束】对话框，选择组件的对应边线，创建同心约束，如图6-30所示。至此完成固定板装配，如图6-31所示。

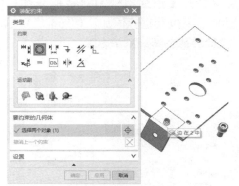

图6-30　创建同心约束

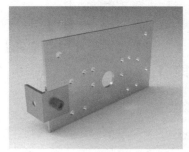

图6-31　完成固定板装配

实例 153 ◎案例源文件：ywj/06/153文件夹

刚性联轴器装配

01 单击【装配】选项卡【组件】组中的【添加】按钮，打开【添加组件】对话框，选择组件1，设置装配位置进行添加，如图6-32所示。

02 继续打开【添加组件】对话框，选择组件2，设置装配位置进行添加，如图6-33所示。

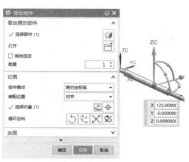

图6-32　添加组件1

图6-33　添加组件2

03 单击【装配】选项卡【组件位置】组中的
【移动组件】按钮，打开【移动组件】对话
框，选择组件2，进行旋转，如图6-34所示。

图6-34　旋转组件2

04 单击【装配】选项卡【组件位置】组中的
【装配约束】按钮，打开【装配约束】对话
框，选择组件的对应边线，创建同心约束，如
图6-35所示。至此完成刚性联轴器装配，如图
6-36所示。

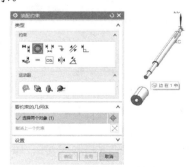

图6-35　创建同心约束

图6-36　完成刚性联轴器装配

实例154 电机座装配

案例源文件：ywj/06/154文件夹

01 单击【装配】选项卡【组件】组中的【添
加】按钮，打开【添加组件】对话框，选
择组件1，设置装配位置进行添加，如图6-37
所示。

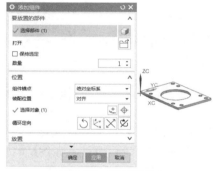

图6-37　添加组件1

02 继续打开【添加组件】对话框，选择组件
2，设置装配位置进行添加，如图6-38所示。

图6-38　添加组件2

03 单击【装配】选项卡【组件位置】组中的
【移动组件】按钮，打开【移动组件】对话
框，选择组件2，进行旋转，如图6-39所示。

04 单击【装配】选项卡【组件位置】组中的
【装配约束】按钮，打开【装配约束】对话

框，选择组件的对应边线，创建同心约束，如图6-40所示。

图6-39　移动组件2

图6-40　创建同心约束

05 打开【装配约束】对话框，选择组件的对应边线，创建另一对同心约束，如图6-41所示。至此完成电机座装配，如图6-42所示。

图6-41　创建另一对同心约束

◎提示·◦

　　约束条件是一个部件已经存在的一组约束，在装配中的一个部件只能有一个约束条件，但一个部件可能与多个部件有约束关系。

图6-42　完成电机座装配

实例155　　案例源文件：ywj/06/155文件夹

导向块装配

01 单击【装配】选项卡【组件】组中的【添加】按钮，打开【添加组件】对话框，选择组件1，设置装配位置进行添加，如图6-43所示。

图6-43　添加组件1

02 再次打开【添加组件】对话框，选择组件2，设置装配位置进行添加，如图6-44所示。

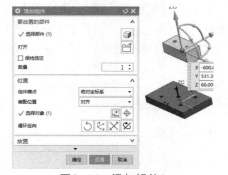

图6-44　添加组件2

03 单击【装配】选项卡【组件位置】组中的【装配约束】按钮，打开【装配约束】对话框，选择组件的对应面，创建对齐/锁定约束，如图6-45所示。

图6-45 创建对齐/锁定约束

04 打开【装配约束】对话框,选择组件的对应面,创建距离约束,如图6-46所示。至此完成导向块装配,如图6-47所示。

图6-46 创建距离约束

图6-47 完成导向块装配

实例 156 ● 案例源文件:ywj/06/156文件夹
挡料机构装配

01 单击【装配】选项卡【组件】组中的【添加】按钮 🔩,打开【添加组件】对话框,选择组件1,设置装配位置进行添加,如图6-48所示。

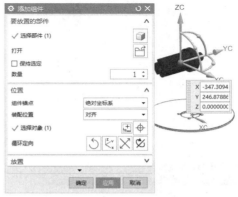
图6-48 添加组件1

02 再次打开【添加组件】对话框,选择组件2,设置装配位置进行添加,如图6-49所示。

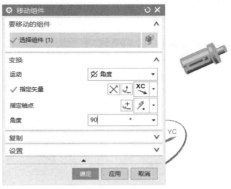
图6-49 添加组件2

03 单击【装配】选项卡【组件位置】组中的【移动组件】按钮 🔩,打开【移动组件】对话框,选择组件2,进行旋转,如图6-50所示。

图6-50 旋转组件2

04 单击【装配】选项卡【组件位置】组中的【装配约束】按钮 🔩,打开【装配约束】对话框,选择组件的对应边线,创建同心约束,如图6-51所示。至此完成挡料机构装配,如图6-52所示。

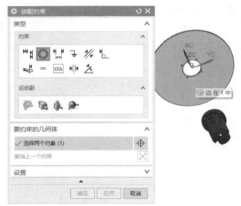

图6-51　创建同心约束

图6-52　完成挡料机构装配

实例157

案例源文件：ywj/06/157文件夹

连接板装配

01 单击【装配】选项卡【组件】组中的【添加】按钮，打开【添加组件】对话框，选择组件1，设置装配位置进行添加，如图6-53所示。

图6-53　添加组件1

02 继续打开【添加组件】对话框，选择组件2，设置装配位置进行添加，如图6-54所示。

03 单击【装配】选项卡【组件位置】组中的

【装配约束】按钮，打开【装配约束】对话框，选择组件的对应边线，创建同心约束，如图6-55所示。

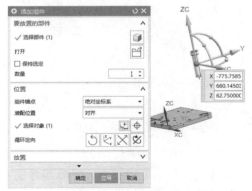

图6-54　添加组件2

图6-55　创建同心约束

04 添加组件2，创建同心约束，如图6-56所示。

图6-56　添加组件2并约束

05 再次添加组件2，创建同心约束，如图6-57所示。

06 选择组件3，设置装配位置进行添加，如图6-58所示。

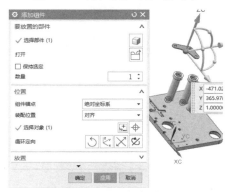

图6-57 再次添加组件2并约束

图6-58 添加组件3

07 打开【装配约束】对话框，选择组件的对应边线，创建同心约束，如图6-59所示。至此完成连接板装配，如图6-60所示。

图6-59 创建同心约束

图6-60 完成连接板装配

机械调节器装配

01 单击【装配】选项卡【组件】组中的【添加】按钮，打开【添加组件】对话框，选择组件1，设置装配位置进行添加，如图6-61所示。

图6-61 添加组件1

02 继续打开【添加组件】对话框，选择组件2，设置装配位置进行添加，如图6-62所示。

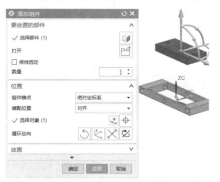

图6-62 添加组件2

03 打开【装配约束】对话框，选择组件的对应边线，创建同心约束，如图6-63所示。

图6-63 创建同心约束

04 打开【装配约束】对话框，选择组件的对应边线，创建另一对同心约束，如图6-64所示。
至此完成机械调节器装配，如图6-65所示。

图6-64　创建另一对同心约束

图6-65　完成机械调节器装配

实例 159　◎案例源文件：ywj/06/159文件夹
混合制动器装配

01 单击【装配】选项卡【组件】组中的【添加】按钮，打开【添加组件】对话框，选择组件1，设置装配位置进行添加，如图6-66所示。

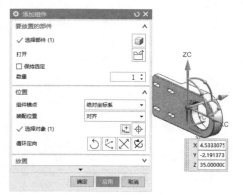

图6-66　添加组件1

02 再次打开【添加组件】对话框，选择组件2，设置装配位置进行添加，如图6-67所示。

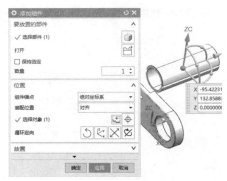

图6-67　添加组件2

03 打开【装配约束】对话框，选择组件的对应边线，创建同心约束，如图6-68所示。至此完成混合制动器装配，如图6-69所示。

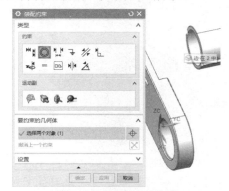

图6-68　创建同心约束

图6-69　完成混合制动器装配

实例 160　◎案例源文件：ywj/06/160文件夹
机械臂装配

01 单击【装配】选项卡【组件】组中的【添加】按钮，打开【添加组件】对话框，选择组件1，设置装配位置进行添加，如图6-70所示。

02 打开【添加组件】对话框，选择组件2，设置装配位置进行添加，如图6-71所示。

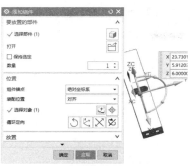

图6-70 添加组件1

图6-71 添加组件2

03 打开【装配约束】对话框，选择组件的对应边线，创建同心约束，如图6-72所示。

图6-72 创建同心约束

04 单击【装配】选项卡【组件】组中的【镜像装配】按钮，打开【镜像装配向导】对话框，创建组件的镜像，单击【下一步】按钮，如图6-73所示。

图6-73 创建镜像特征

05 在弹出的【镜像装配向导】对话框中，选择镜像组件，单击【下一步】按钮，如图6-74所示。

图6-74 选择镜像组件

06 在绘图区中，选择镜像平面，单击【确定】按钮，如图6-75所示。

图6-75 选择镜像平面

07 在弹出的【镜像装配向导】对话框中，设置镜像类型，单击【下一步】按钮，如图6-76所示。

图6-76 设置镜像类型

08 在弹出的【镜像装配向导】对话框中，完成镜像设置，单击【完成】按钮，如图6-77所示。至此完成机械臂装配，如图6-78所示。

图6-77 完成镜像特征

图6-78 完成机械臂装配

实例 161 ◉案例源文件：ywj/06/161文件夹

夹紧机构装配

01 单击【装配】选项卡【组件】组中的【添加】按钮 ，打开【添加组件】对话框，选择组件1，设置装配位置进行添加，如图6-79所示。

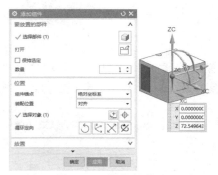

图6-79 添加组件1

02 继续打开【添加组件】对话框，选择组件2，设置装配位置进行添加，如图6-80所示。

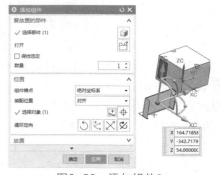

图6-80 添加组件2

03 打开【装配约束】对话框，选择组件的对应面，创建距离约束，如图6-81所示。

04 继续打开【装配约束】对话框，选择组件的对应面，创建另一对距离约束，如图6-82所示。

图6-81 创建距离约束

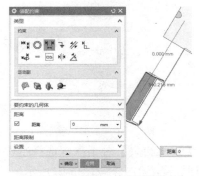

图6-82 创建另一对距离约束

05 再次打开【添加组件】对话框，选择组件3，设置装配位置进行添加，如图6-83所示。

图6-83 添加组件3

06 再次打开【装配约束】对话框，选择组件的对应面，创建平行约束，如图6-84所示。

图6-84 创建平行约束

07 打开【装配约束】对话框，选择组件的对应面，创建距离约束，如图6-85所示。

图6-85　创建距离约束

08 打开【装配约束】对话框，选择组件的对应面，创建另一对距离约束，如图6-86所示。至此完成夹紧机构装配，如图6-87所示。

图6-86　创建另一对距离约束

图6-87　完成夹紧机构装配

实例 162
🔘 案例源文件：ywj/06/162文件夹

链轮装配

01 单击【装配】选项卡【组件】组中的【添加】按钮 🔧，打开【添加组件】对话框，选择组件1，设置装配位置进行添加，如图6-88所示。

图6-88　添加组件1

02 继续打开【添加组件】对话框，选择组件2，设置装配位置进行添加，如图6-89所示。

图6-89　添加组件2

03 打开【装配约束】对话框，选择组件的对应边线，创建同心约束，如图6-90所示。

图6-90　创建同心约束

04 单击【装配】选项卡【组件】组中的【阵列组件】按钮 🔧，打开【阵列组件】对话框，创建组件的线性阵列，如图6-91所示。至此完成链轮装配，如图6-92所示。

图6-91　阵列组件

图6-92　完成链轮装配

实例 163

顶紧器装配

案例源文件：ywj/06/163文件夹

01 单击【装配】选项卡【组件】组中的【添加】按钮，打开【添加组件】对话框，选择组件1，设置装配位置进行添加，如图6-93所示。

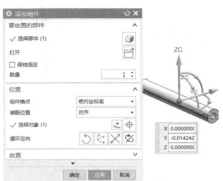

图6-93　添加组件1

02 继续打开【添加组件】对话框，选择组件2，设置装配位置进行添加，如图6-94所示。

03 打开【装配约束】对话框，选择组件的对应面，创建距离约束，如图6-95所示。

图6-94　添加组件2

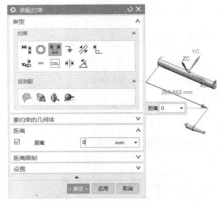

图6-95　创建距离约束

04 再次打开【装配约束】对话框，选择组件的对应边线，创建同心约束，如图6-96所示。至此完成顶紧器装配，如图6-97所示。

图6-96　创建同心约束

图6-97　完成顶紧器装配

实例 164

⊕ 案例源文件: ywj/06/164文件夹

底座装配

01 单击【装配】选项卡【组件】组中的【添加】按钮 ，打开【添加组件】对话框，选择组件1，设置装配位置进行添加，如图6-98所示。

图6-98　添加组件1

02 继续打开【添加组件】对话框，选择组件2，设置装配位置进行添加，如图6-99所示。

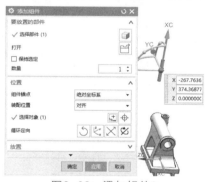

图6-99　添加组件2

03 打开【装配约束】对话框，选择组件的对应边线，创建同心约束，如图6-100所示。

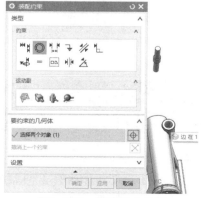

图6-100　创建同心约束

04 再次打开【添加组件】对话框，选择组件3，设置装配位置进行添加，如图6-101所示。

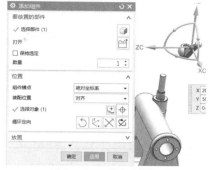

图6-101　添加组件3

05 打开【装配约束】对话框，选择组件的对应边线，创建同心约束，如图6-102所示。至此完成底座装配，如图6-103所示。

图6-102　创建同心约束

图6-103　完成底座装配

实例 165

⊕ 案例源文件: ywj/06/165文件夹

法兰装配

01 单击【装配】选项卡【组件】组中的【添加】按钮 ，打开【添加组件】对话框，选择组件1，设置装配位置进行添加，如图6-104所示。

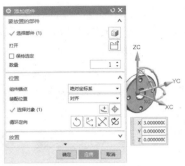

图6-104　添加组件1

02 继续打开【添加组件】对话框，选择组件2，设置装配位置进行添加，如图6-105所示。

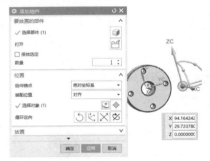

图6-105　添加组件2

03 打开【装配约束】对话框，选择组件的对应边线，创建同心约束，如图6-106所示。

图6-106　创建同心约束

04 再次打开【添加组件】对话框，选择组件3，设置装配位置进行添加，如图6-107所示。

图6-107　添加组件3

05 打开【装配约束】对话框，选择组件的对应边线，创建同心约束，如图6-108所示。

图6-108　创建同心约束

06 单击【装配】选项卡【组件】组中的【阵列组件】按钮，打开【阵列组件】对话框，创建组件的圆形阵列，如图6-109所示。至此完成法兰装配，如图6-110所示。

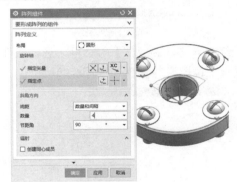

图6-109　阵列组件

图6-110　完成法兰装配

实例 166　　案例源文件：ywj/06/166文件夹

传动机构装配

01 单击【装配】选项卡【组件】组中的【添加】按钮，打开【添加组件】对话框，选择组件1，设置装配位置进行添加，如图6-111

所示。

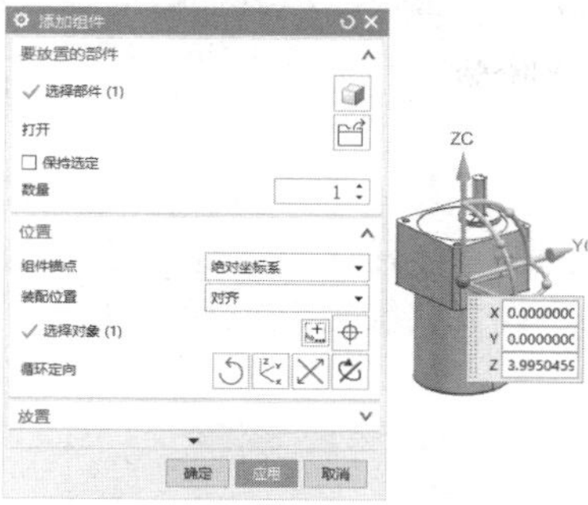

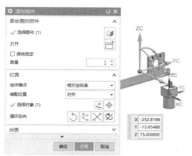

图6–111　添加组件1

02 继续打开【添加组件】对话框，选择组件2，设置装配位置进行添加，如图6-112所示。

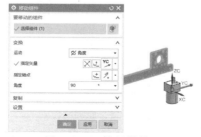

图6–112　添加组件2

03 打开【移动组件】对话框，选择组件2，进行旋转，如图6-113所示。

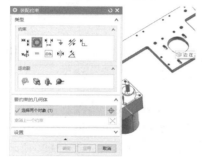

图6–113　旋转组件2

04 打开【装配约束】对话框，选择组件的对应边线，创建同心约束，如图6-114所示。至此完成传动机构装配，如图6-115所示。

图6–114　创建同心约束

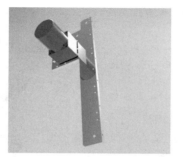

图6–115　完成传动机构装配

实例 167　推进座装配

案例源文件：ywj/06/167文件夹

01 单击【装配】选项卡【组件】组中的【添加】按钮，打开【添加组件】对话框，选择组件1，设置装配位置进行添加，如图6-116所示。

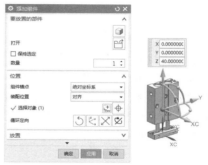

图6–116　添加组件1

02 继续打开【添加组件】对话框，选择组件2，设置装配位置进行添加，如图6-117所示。

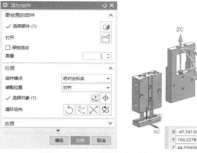

图6–117　添加组件2

03 打开【装配约束】对话框，选择组件的对应面，创建距离约束，如图6-118所示。

04 再次打开【装配约束】对话框，选择组件的对应面，创建另一对距离约束，如图6-119所示。

图6-118　创建距离约束

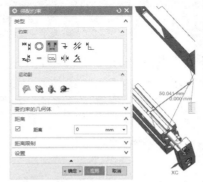

图6-119　创建另一对距离约束

05 打开【装配约束】对话框，选择组件的对应面，创建第三对距离约束，如图6-120所示。至此完成推进座装配，如图6-121所示。

图6-120　创建第三对距离约束

图6-121　完成推进座装配

实例 168　　◎ 案例源文件：ywj/06/168.prt

滑动座装配

01 单击【装配】选项卡【组件】组中的【添加】按钮 ，打开【添加组件】对话框，选择组件1，设置装配位置进行添加，如图6-122所示。

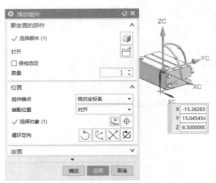

图6-122　添加组件1

02 继续打开【添加组件】对话框，选择组件2，设置装配位置进行添加，如图6-123所示。

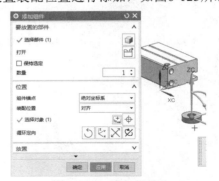

图6-123　添加组件2

03 打开【移动组件】对话框，选择组件2，进行旋转，如图6-124所示。

图6-124　旋转组件2

04 打开【装配约束】对话框，选择组件的对应边线，创建同心约束，如图6-125所示。至此完成滑动座装配，如图6-126所示。

图6-125　创建同心约束

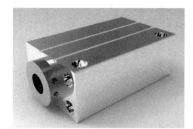

图6-126　完成滑动座装配

实例 169

案例源文件：ywj/06/169文件夹

支座装配

01 单击【装配】选项卡【组件】组中的【添加】按钮，打开【添加组件】对话框，选择组件1，设置装配位置进行添加，如图6-127所示。

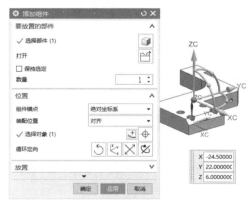

图6-127　添加组件1

02 继续打开【添加组件】对话框，选择组件2，设置装配位置进行添加，如图6-128所示。

03 打开【装配约束】对话框，选择组件的对应边线，创建同心约束，如图6-129所示。

图6-128　添加组件2

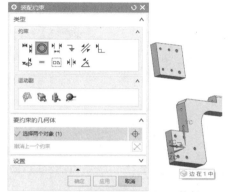

图6-129　创建同心约束

04 再次打开【装配约束】对话框，选择组件的对应边线，创建另一对同心约束，如图6-130所示。至此完成支座装配，如图6-131所示。

图6-130　创建另一对同心约束

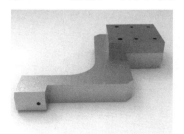

图6-131　完成支座装配

实例 170

🌐 案例源文件：ywj/06/170文件夹

皮带轮装配

01 单击【装配】选项卡【组件】组中的【添加】按钮，打开【添加组件】对话框，选择组件1，设置装配位置进行添加，如图6-132所示。

图6-132　添加组件1

02 继续打开【添加组件】对话框，选择组件2，设置装配位置进行添加，如图6-133所示。

图6-133　添加组件2

03 打开【装配约束】对话框，选择组件的对应边线，创建同心约束，如图6-134所示。

图6-134　创建同心约束

04 单击【装配】选项卡【组件】组中的【阵列

组件】按钮，打开【阵列组件】对话框，创建组件的线性阵列，如图6-135所示。至此完成皮带轮装配，如图6-136所示。

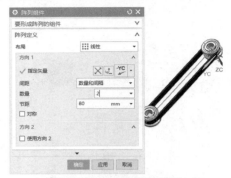

图6-135　创建组件阵列

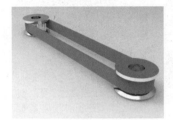

图6-136　完成皮带轮装配

实例 171

🌐 案例源文件：ywj/06/171文件夹

挂架装配

01 单击【装配】选项卡【组件】组中的【添加】按钮，打开【添加组件】对话框，选择组件1，设置装配位置进行添加，如图6-137所示。

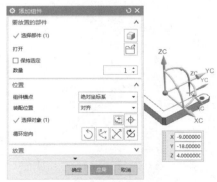

图6-137　添加组件1

02 继续打开【添加组件】对话框，选择组件2，设置装配位置进行添加，如图6-138所示。

03 打开【装配约束】对话框，选择组件的对应边线，创建同心约束，如图6-139所示。

UG NX 12 完全实训手册

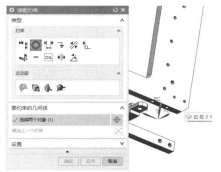

图6-138 添加组件2

图6-139 创建同心约束

04 单击【装配】选项卡【组件】组中的【阵列组件】按钮，打开【阵列组件】对话框，创建组件的线性阵列，如图6-140所示。至此完成挂架装配，如图6-141所示。

图6-140 创建组件阵列

图6-141 完成挂架装配

实例 172 案例源文件：ywj/06/172文件夹

机械固定装配

01 单击【装配】选项卡【组件】组中的【添加】按钮，打开【添加组件】对话框，选择组件1，设置装配位置进行添加，如图6-142所示。

图6-142 添加组件1

02 继续打开【添加组件】对话框，选择组件2，设置装配位置进行添加，如图6-143所示。

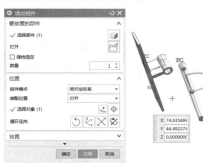

图6-143 添加组件2

03 打开【装配约束】对话框，选择组件的对应边线，创建同心约束，如图6-144所示。

图6-144 创建同心约束

04 单击【装配】选项卡【组件】组中的【阵列组件】按钮，打开【阵列组件】对话框，创建组件的线性阵列，如图6-145所示。至此完成机械固定装配，如图6-146所示。

图6-145　阵列组件

图6-146　完成机械固定装配

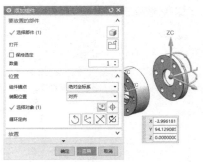

图6-148　添加组件2

图6-149　创建同心约束

实例 173　◉ 案例源文件：ywj/06/173文件夹

传动轴装配

01 单击【装配】选项卡【组件】组中的【添加】按钮，打开【添加组件】对话框，选择组件1，设置装配位置进行添加，如图6-147所示。

图6-147　添加组件1

02 继续打开【添加组件】对话框，选择组件2，设置装配位置进行添加，如图6-148所示。

03 打开【装配约束】对话框，选择组件的对应边线，创建同心约束，如图6-149所示。

04 再次打开【添加组件】对话框，选择组件3，设置装配位置进行添加，如图6-150所示。

图6-150　添加组件3

05 打开【装配约束】对话框，选择组件的对应边线，创建同心约束，如图6-151所示。

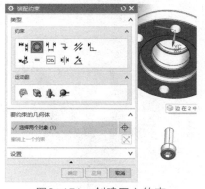

图6-151　创建同心约束

06 单击【装配】选项卡【组件】组中的【阵列组件】按钮，打开【阵列组件】对话框，创建组件的圆形阵列，如图6-152所示。至此完成传动轴装配，如图6-153所示。

图6-152 创建组件阵列

图6-153 完成传动轴装配

实例174
⊛案例源文件：ywj/06/174文件夹

卡盘装配

01 单击【装配】选项卡【组件】组中的【添加】按钮，打开【添加组件】对话框，选择组件1，设置装配位置进行添加，如图6-154所示。

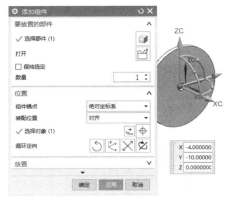

图6-154 添加组件1

02 继续打开【添加组件】对话框，选择组件2，设置装配位置进行添加，如图6-155所示。

图6-155 添加组件2

03 打开【移动组件】对话框，选择组件2，进行旋转，如图6-156所示。

图6-156 旋转组件2

04 打开【装配约束】对话框，选择组件的对应边线，创建同心约束，如图6-157所示。至此完成卡盘装配，如图6-158所示。

图6-157 创建同心约束

图6-158 完成卡盘装配

实例 175

🌐 案例源文件：ywj/06/175文件夹

泵组底座装配

01 单击【装配】选项卡【组件】组中的【添加】按钮，打开【添加组件】对话框，选择组件1，设置装配位置进行添加，如图6-159所示。

图6-159　添加组件1

02 继续打开【添加组件】对话框，选择组件2，设置装配位置进行添加，如图6-160所示。

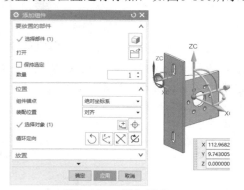

图6-160　添加组件2

03 打开【移动组件】对话框，选择组件2，进行旋转，如图6-161所示。

图6-161　旋转组件2

04 打开【装配约束】对话框，选择组件的对应边线，创建同心约束，如图6-162所示。至此完成泵组底座装配，如图6-163所示。

图6-162　创建同心约束

图6-163　完成泵组底座装配

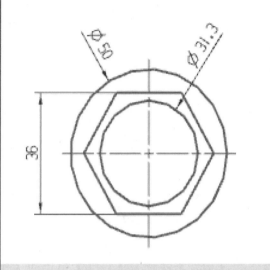

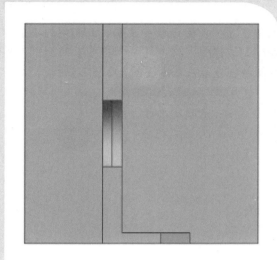

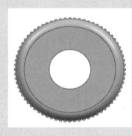

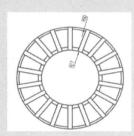

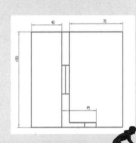

第 **7** 章　工程图设计

实例 176

绘制旋钮工程图

案例源文件：ywj/07/176.prt

01 单击【主页】选项卡【视图】组中的【基本视图】按钮，弹出【基本视图】对话框，在绘图区创建零件基本视图，如图7-1所示。

图7-1　创建基本视图

◉提示·◦

NX的制图功能包括图纸页的管理、各种视图的管理、尺寸和注释标注管理以及表格和零件明细表的管理等。这里首先要创建图纸。

02 单击【主页】选项卡【视图】组中的【投影视图】按钮，弹出【投影视图】对话框，在绘图区创建零件投影视图，如图7-2所示。

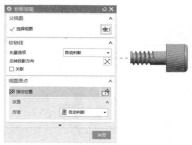

图7-2　创建投影视图

03 单击【主页】选项卡【视图】组中的【局部放大图】按钮，弹出【局部放大图】对话框，在绘图区创建零件的局部放大视图，如图7-3所示。

图7-3　创建局部放大视图

◉提示·◦

如果设置的边界类型为圆形边界，则需定义圆形局部放大图的边界点；如果设置的边界类型为矩形边界，则用户需定义局部放大图的拐角点。

04 单击【主页】选项卡【尺寸】组中的【快速】按钮，标注主视图的尺寸，如图7-4所示。

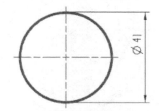

图7-4　标注主视图

05 单击【主页】选项卡【尺寸】组中的【快速】按钮，标注侧视图的尺寸，如图7-5所示。

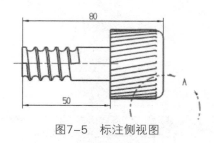

图7-5　标注侧视图

06 接着标注局部放大视图的尺寸，如图7-6所示。

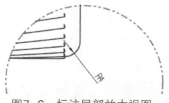

图7-6　标注局部放大视图

07 按Ctrl+L组合键，修改图层显示，填写标题栏，如图7-7所示。至此完成旋钮工程图，如图7-8所示。

图7-7　填写标题栏

UG NX 12 完全实训手册

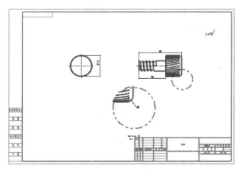

图7-8　完成旋钮工程图

实例 177 ⬤ 案例源文件：ywj/07/177.prt

绘制螺栓工程图

01 单击【主页】选项卡【视图】组中的【基本视图】按钮，弹出【基本视图】对话框，在绘图区创建螺栓零件基本视图，如图7-9所示。

图7-9　创建基本视图

02 打开【投影视图】对话框，在绘图区创建螺栓零件投影视图，如图7-10所示。

图7-10　创建投影视图

◉提示·◦

　　二维工程图与三维视图模型完全关联，实体模型的尺寸、形状、位置的任何改变都会引起二维工程图发生相应的变化。

03 单击【主页】选项卡【尺寸】组中的【快速】按钮，标注主视图的尺寸，如图7-11所示。

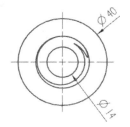

图7-11　标注主视图

04 标注侧视图的尺寸，如图7-12所示。

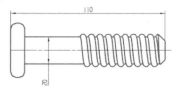

图7-12　标注侧视图

05 按Ctrl+L组合键，修改图层显示，填写标题栏，如图7-13所示。至此完成螺栓工程图，如图7-14所示。

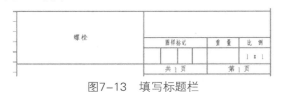

图7-13　填写标题栏

图7-14　完成螺栓工程图

实例 178 ⬤ 案例源文件：ywj/07/178.prt

绘制连接座工程图

01 单击【主页】选项卡【视图】组中的【基本视图】按钮，弹出【基本视图】对话框，在绘图区创建连接座零件基本视图，如图7-15所示。

图7-15　创建基本视图

◎提示·◦

　　基本视图包括俯视图、前视图、右视图、后视图、仰视图、左视图、正等测视图和正三轴测图等。

02 打开【投影视图】对话框，在绘图区创建零件投影视图，如图7-16所示。

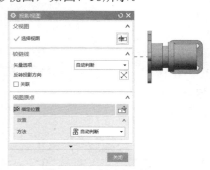

图7-16　创建投影视图

03 单击【主页】选项卡【视图】组中的【剖视图】按钮，打开【剖视图】对话框，在绘图区选择视图剖面线，创建连接座零件的剖视图，如图7-17所示。

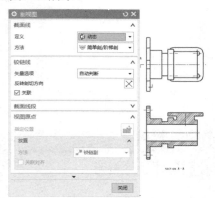

图7-17　创建剖视图

04 单击【主页】选项卡【尺寸】组中的【快速】按钮，标注主视图的尺寸，如图7-18所示。

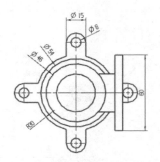

图7-18　标注主视图

05 标注侧视图的尺寸，如图7-19所示。

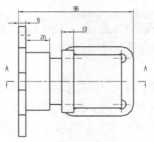

图7-19　标注侧视图

06 标注剖视图的尺寸，如图7-20所示。

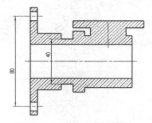

图7-20　标注剖视图

07 按Ctrl+L组合键，修改图层显示，填写标题栏，如图7-21所示。至此完成连接座工程图，如图7-22所示。

图7-21　填写标题栏

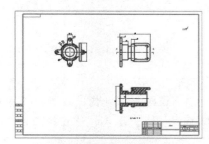

图7-22　完成连接座工程图

左侧竖排：UG NX 12 完全实训手册

实例179 绘制空心连接器工程图

案例源文件: ywj/07/179.prt

01 打开【基本视图】对话框，在绘图区创建空心连接器零件基本视图，如图7-23所示。

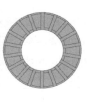

图7-23 创建基本视图

02 打开【投影视图】对话框，在绘图区创建零件投影视图，如图7-24所示。

图7-24 创建投影视图

◎提示·◎

投影视图可以生成各种方位的部件视图。该命令一般在生成基本视图后使用。

03 标注主视图的尺寸，如图7-25所示。

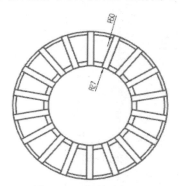

图7-25 标注主视图

04 标注侧视图的尺寸，如图7-26所示。

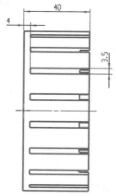

图7-26 标注侧视图

05 按Ctrl+L组合键，修改图层显示，填写标题栏，如图7-27所示。至此完成空心连接器工程图，如图7-28所示。

图7-27 填写标题栏

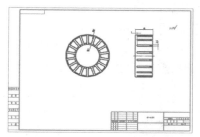

图7-28 完成空心连接器工程图

实例180 绘制异形底座工程图

案例源文件: ywj/07/180.prt

01 打开【基本视图】对话框，在绘图区创建异形底座零件基本视图，如图7-29所示。

图7-29 创建基本视图

02 打开【投影视图】对话框，在绘图区创建零件投影视图，如图7-30所示。

图7-30 创建投影视图

03 继续打开【投影视图】对话框，在绘图区创建零件俯视投影视图，如图7-31所示。

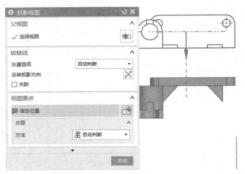

图7-31 创建俯视投影视图

04 标注主视图的尺寸，如图7-32所示。

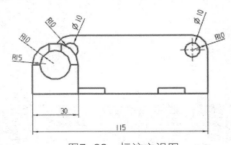

图7-32 标注主视图

05 标注侧视图的尺寸，如图7-33所示。

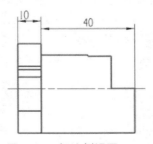

图7-33 标注侧视图

06 标注俯视图的尺寸，如图7-34所示。

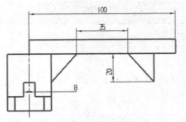

图7-34 标注俯视图

07 按Ctrl+L组合键，修改图层显示，填写标题栏，如图7-35所示。至此完成异形底座工程图，如图7-36所示。

图7-35 填写标题栏

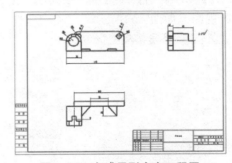

图7-36 完成异形底座工程图

实例181 ⊙案例源文件：ywj/07/181.prt

绘制偏心轮工程图

01 在绘图区创建偏心轮零件的基本视图，如图7-37所示。

图7-37 创建基本视图

02 打开【投影视图】对话框，在绘图区创建零件投影视图，如图7-38所示。

03 打开【剖视图】对话框，在绘图区选择视图剖面线，创建零件剖视图，如图7-39所示。

图7-38 创建投影视图

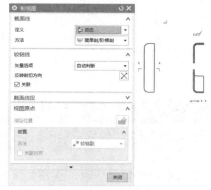

图7-39 创建剖视图

04 标注主视图的尺寸，如图7-40所示。

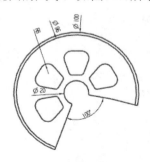

图7-40 标注主视图

05 标注侧视图的尺寸，如图7-41所示。

06 标注剖视图的尺寸，如图7-42所示。

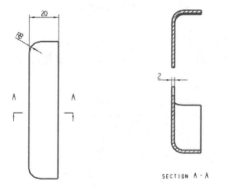

图7-41 标注侧视图   图7-42 标注剖视图

07 按Ctrl+L组合键，修改图层显示，填写标题栏，如图7-43所示。至此完成偏心轮工程图，如图7-44所示。

图7-43 填写标题栏

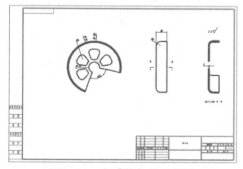

图7-44 完成偏心轮工程图

实例182 🔘 案例源文件：ywj/07/182.prt

绘制塑料盒工程图

01 打开【基本视图】对话框，在绘图区创建零件基本视图，如图7-45所示。

图7-45 创建基本视图

02 打开【投影视图】对话框，在绘图区创建零件投影视图，如图7-46所示。

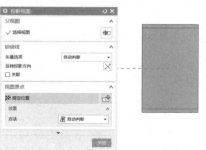

图7-46 创建投影视图

03 继续打开【投影视图】对话框，在绘图区创建零件俯视投影视图，如图7-47所示。

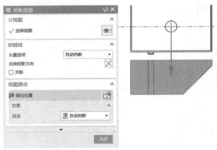

图7-47 创建俯视投影视图

04 标注主视图的尺寸，如图7-48所示。

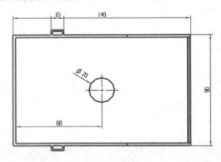

图7-48 标注主视图

05 标注侧视图的尺寸，如图7-49所示。

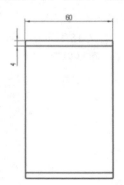

图7-49 标注侧视图

06 标注俯视图的尺寸，如图7-50所示。

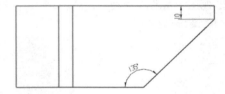

图7-50 标注俯视图

07 按Ctrl+L组合键，修改图层显示，填写标题栏，如图7-51所示。至此完成塑料盒工程图，如图7-52所示。

图7-51 填写标题栏

图7-52 完成塑料盒工程图

实例 183 ⊕案例源文件：ywj/07/183.prt
绘制堵头工程图

01 打开【基本视图】对话框，在绘图区创建零件基本视图，如图7-53所示。

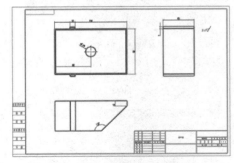

图7-53 创建基本视图

02 打开【投影视图】对话框，在绘图区创建零件投影视图，如图7-54所示。

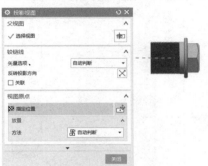

图7-54 创建投影视图

03 标注主视图的尺寸，如图7-55所示。

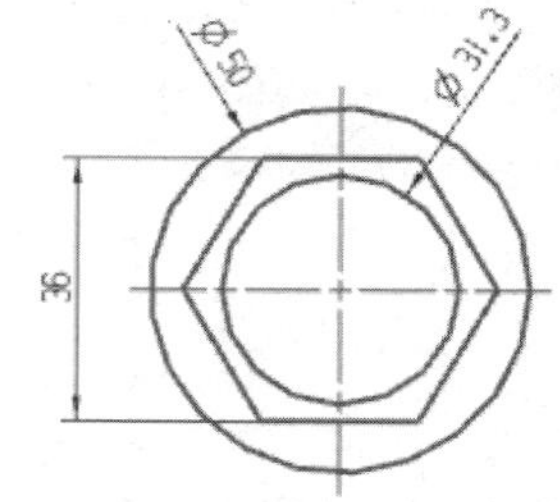

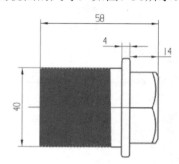

图7-55　标注主视图

04 标注侧视图的尺寸，如图7-56所示。

图7-56　标注侧视图

05 按Ctrl+L组合键，修改图层显示，填写标题栏，如图7-57所示。至此完成堵头工程图，如图7-58所示。

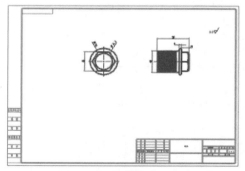

图7-57　填写标题栏

图7-58　完成堵头工程图

实例 184　⊙ 案例源文件：ywj/07/184.prt

绘制螺纹铣刀工程图

01 首先打开【基本视图】对话框，在绘图区创建零件基本视图，如图7-59所示。

图7-59　创建基本视图

02 打开【投影视图】对话框，在绘图区创建零件投影视图，如图7-60所示。

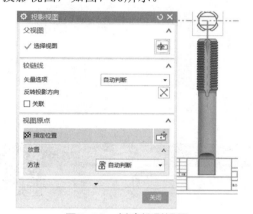

图7-60　创建投影视图

03 标注主视图的尺寸，如图7-61所示。

04 标注侧视图的尺寸，如图7-62所示。

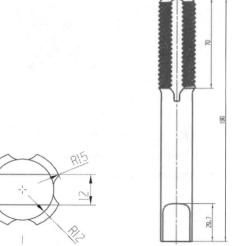

图7-61　标注主视图　　　图7-62　标注侧视图

05 按Ctrl+L组合键，修改图层显示，填写标题栏，如图7-63所示。至此完成螺纹铣刀工程图，如图7-64所示。

图7-63 填写标题栏

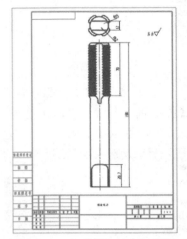

图7-64 完成螺纹铣刀工程图

实例185 🔘 案例源文件：ywj/07/185.prt

绘制支架工程图

01 打开【基本视图】对话框，在绘图区创建支架零件基本视图，如图7-65所示。

图7-65 创建基本视图

02 打开【投影视图】对话框，在绘图区创建支架零件投影视图，如图7-66所示。

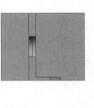

图7-66 创建投影视图

03 打开【投影视图】对话框，在绘图区创建支架零件俯视投影视图，如图7-67所示。

图7-67 创建俯视投影视图

04 标注基本视图的尺寸，如图7-68所示。

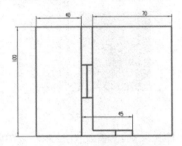

图7-68 标注主视图

05 标注侧视图的尺寸，如图7-69所示。

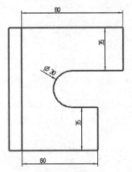

图7-69 标注侧视图

06 标注俯视图的尺寸，如图7-70所示。

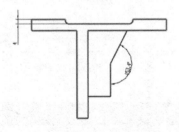

图7-70 标注俯视图

07 按Ctrl+L组合键，修改图层显示，填写标题栏，如图7-71所示。至此完成支架工程图，如图7-72所示。

图7-71 填写标题栏

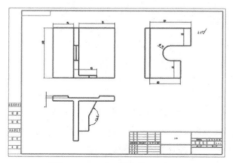

图7-72 完成支架工程图

实例 186 绘制三通工程图

案例源文件：ywj/07/186.prt

01 打开【基本视图】对话框，在绘图区创建三通零件基本视图，如图7-73所示。

图7-73 创建基本视图

02 打开【投影视图】对话框，在绘图区创建零件投影视图，如图7-74所示。

图7-74 创建投影视图

03 打开【投影视图】对话框，在绘图区创建零件俯视投影视图，如图7-75所示。

图7-75 创建俯视投影视图

04 打开【剖视图】对话框，在绘图区选择视图剖面线，创建零件剖视图，如图7-76所示。

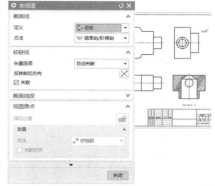

图7-76 创建剖视图

05 标注主视图的尺寸，如图7-77所示。

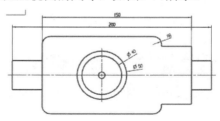

图7-77 标注主视图

06 标注侧视图的尺寸，如图7-78所示。

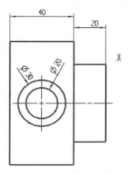

图7-78 标注侧视图

07 标注剖视图的尺寸，如图7-79所示。

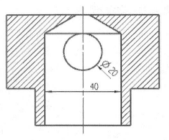

图7-79　标注剖视图

08 按Ctrl+L组合键，修改图层显示，填写标题栏，如图7-80所示。至此完成三通工程图，如图7-81所示。

图7-80　填写标题栏

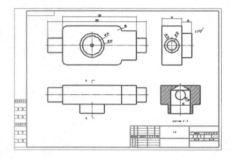

图7-81　完成三通工程图

实例 187　案例源文件：ywj/07/187.prt

绘制波纹轮工程图

01 打开【基本视图】对话框，在绘图区创建波纹轮零件基本视图，如图7-82所示。

图7-82　创建基本视图

02 打开【投影视图】对话框，在绘图区创建零件投影视图，如图7-83所示。

图7-83　创建投影视图

03 打开【剖视图】对话框，在绘图区选择视图剖面线，创建零件剖视图，如图7-84所示。

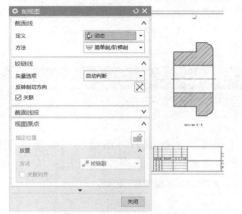

图7-84　创建剖视图

04 标注主视图的尺寸，如图7-85所示。

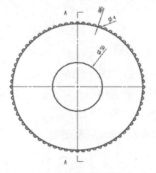

图7-85　标注主视图

05 标注俯视图的尺寸，如图7-86所示。

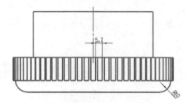

图7-86　标注俯视图

06 标注剖视图的尺寸，如图7-87所示。

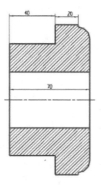

图7-87 标注剖视图

07 按Ctrl+L组合键，修改图层显示，填写标题栏，如图7-88所示。至此完成波纹轮工程图，如图7-89所示。

图7-88 填写标题栏

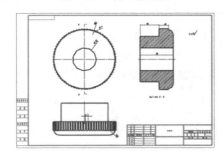

图7-89 完成波纹轮工程图

实例 188
案例源文件：ywj/07/188.prt

绘制听筒工程图

01 打开【基本视图】对话框，在绘图区创建听筒零件基本视图，如图7-90所示。

图7-90 创建基本视图

02 打开【投影视图】对话框，在绘图区创建零件投影视图，如图7-91所示。

图7-91 创建投影视图

03 标注主视图的尺寸，如图7-92所示。

04 标注侧视图的尺寸，如图7-93所示。

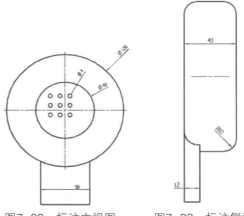

图7-92 标注主视图   图7-93 标注侧视图

05 按Ctrl+L组合键，修改图层显示，填写标题栏，如图7-94所示。至此完成听筒工程图，如图7-95所示。

图7-94 填写标题栏

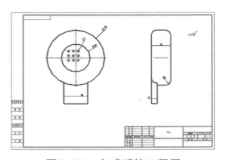

图7-95 完成听筒工程图

实例 189

案例源文件：ywj/07/189.prt

绘制传动外壳工程图

01 在绘图区创建传动外壳零件的基本视图，如图7-96所示。

图7-96　创建基本视图

02 打开【投影视图】对话框，在绘图区创建零件投影视图，如图7-97所示。

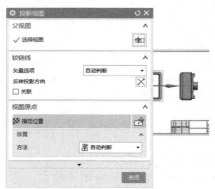

图7-97　创建投影视图

03 标注主视图的尺寸，如图7-98所示。
04 标注侧视图的尺寸，如图7-99所示。

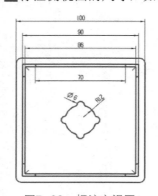

图7-98　标注主视图

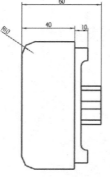

图7-99　标注侧视图

05 按Ctrl+L组合键，修改图层显示，填写标题栏，如图7-100所示。至此完成传动外壳工程

图，如图7-101所示。

图7-100　填写标题栏

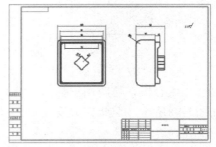

图7-101　完成传动外壳工程图

实例 190

案例源文件：ywj/07/190.prt

绘制法兰罩工程图

01 打开【基本视图】对话框，在绘图区创建法兰罩零件基本视图，如图7-102所示。

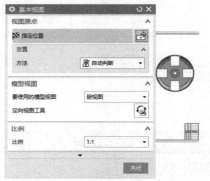

图7-102　创建基本视图

02 打开【投影视图】对话框，在绘图区创建法兰罩零件投影视图，如图7-103所示。

图7-103　创建投影视图

03 打开【剖视图】对话框，在绘图区选择视图剖面线，创建零件剖视图，如图7-104所示。

图7-104　创建剖视图

04 标注视图的尺寸，如图7-105所示。

05 标注剖视图的尺寸，如图7-106所示。

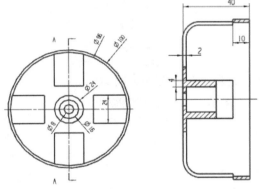

图7-105　标注主视图　　图7-106　标注剖视图

06 填写标题栏，如图7-107所示。至此完成法兰罩工程图，如图7-108所示。

图7-107　填写标题栏

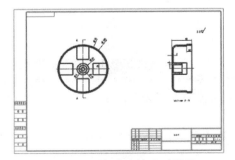

图7-108　完成法兰罩工程图

实例 191　　案例源文件：ywj/07/191.prt

绘制空心轴工程图

01 打开【基本视图】对话框，在绘图区创建空心轴零件基本视图，如图7-109所示。

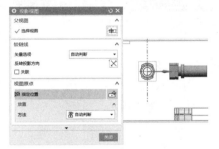

图7-109　创建基本视图

02 打开【投影视图】对话框，在绘图区创建空心轴零件投影视图，如图7-110所示。

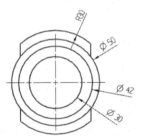

图7-110　创建投影视图

03 标注主视图的尺寸，如图7-111所示。

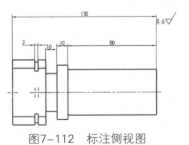

图7-111　标注主视图

04 标注侧视图的尺寸，如图7-112所示。

图7-112　标注侧视图

05 填写标题栏，如图7-113所示。至此完成空心轴工程图，如图7-114所示。

图7-113 填写标题栏

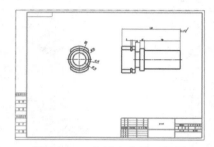

图7-114 完成空心轴工程图

实例192

绘制台虎钳工程图

案例源文件：ywj/07/192.prt

01 打开【基本视图】对话框，在绘图区创建台虎钳零件基本视图，如图7-115所示。

图7-115 创建基本视图

02 打开【投影视图】对话框，在绘图区创建台虎钳零件左投影视图，如图7-116所示。

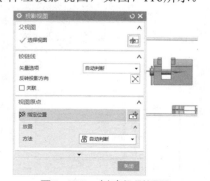

图7-116 创建投影视图

03 标注主视图的尺寸，如图7-117所示。

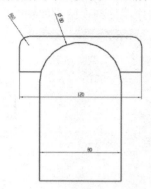

图7-117 标注主视图

04 标注侧视图的尺寸，如图7-118所示。

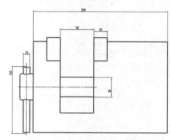

图7-118 标注侧视图

05 填写标题栏，如图7-119所示。至此完成台虎钳工程图，如图7-120所示。

图7-119 填写标题栏

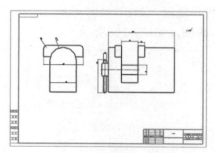

图7-120 完成台虎钳工程图

实例193

绘制合页工程图

案例源文件：ywj/07/193.prt

01 打开【基本视图】对话框，在绘图区创建合页零件基本视图，如图7-121所示。

图7-121 创建基本视图

02 打开【投影视图】对话框，在绘图区创建合页零件投影视图，如图7-122所示。

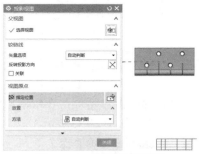

图7-122 创建投影视图

03 再次打开【投影视图】对话框，在绘图区创建合页零件立体投影视图，这是一个三维视图效果，如图7-123所示。

图7-123 创建立体投影视图

04 标注主视图的尺寸，如图7-124所示。

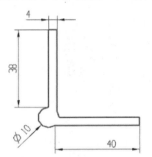

图7-124 标注主视图

05 标注侧视图的尺寸，如图7-125所示。

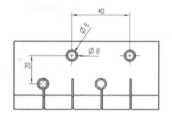

图7-125 标注侧视图

06 填写标题栏，如图7-126所示。至此完成合页工程图，如图7-127所示。

图7-126 填写标题栏

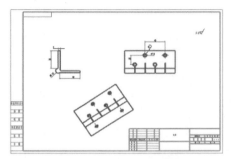

图7-127 完成合页工程图

实例194 绘制刹车盘工程图

案例源文件：ywj/07/194.prt

01 打开【基本视图】对话框，在绘图区创建刹车盘零件基本视图，如图7-128所示。

图7-128 创建基本视图

02 打开【投影视图】对话框，在绘图区创建刹车盘零件投影视图，如图7-129所示。

图7-129　创建投影视图

03 标注主视图的尺寸，如图7-130所示。

04 标注侧视图的尺寸，如图7-131所示。

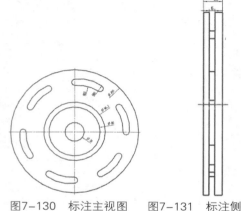

图7-130　标注主视图　　图7-131　标注侧视图

05 填写标题栏，如图7-132所示。至此完成刹车盘工程图，如图7-133所示。

图7-132　填写标题栏

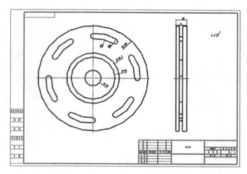

图7-133　完成刹车盘工程图

绘制轮毂工程图

01 打开【基本视图】对话框，在绘图区创建轮毂零件基本视图，如图7-134所示。

图7-134　创建基本视图

02 打开【投影视图】对话框，在绘图区创建轮毂零件投影视图，如图7-135所示。

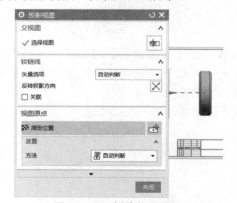

图7-135　创建投影视图

03 标注主视图的尺寸，如图7-136所示。

04 标注侧视图的尺寸，如图7-137所示。

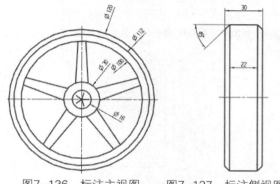

图7-136　标注主视图　　图7-137　标注侧视图

05 填写标题栏，如图7-138所示。至此完成轮毂工程图，如图7-139所示。

图7-138 填写标题栏

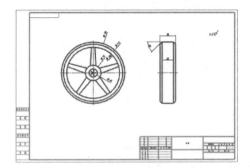

图7-139 完成轮毂工程图

实例196
案例源文件：ywj/07/196.prt

绘制控件装配工程图

01 打开【基本视图】对话框，选择控件装配件，在绘图区创建基本视图，如图7-140所示。

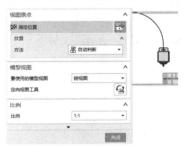

图7-140 创建基本视图

02 打开【投影视图】对话框，在绘图区创建装配件的投影视图，如图7-141所示。

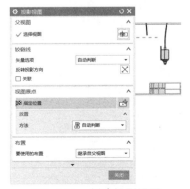

图7-141 创建投影视图

03 再次打开【投影视图】对话框，在绘图区创建零件俯视投影视图，如图7-142所示。

图7-142 创建俯视投影视图

04 标注主视图的尺寸，如图7-143所示。

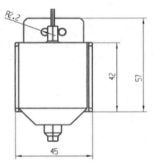

图7-143 标注主视图

05 标注侧视图的尺寸，如图7-144所示。

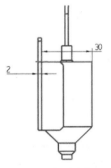

图7-144 标注侧视图

06 标注俯视图的尺寸，如图7-145所示。

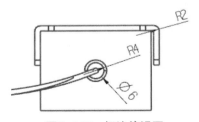

图7-145 标注俯视图

07 填写标题栏，如图7-146所示。至此完成控件装配工程图，如图7-147所示。

控件装配		图样标记	重 量	比 例
				1：1
		共 1 页	第 1 页	

图7-146 填写标题栏

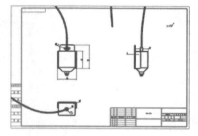

图7-147 完成控件装配工程图

实例 197

绘制螺栓组件装配工程图

● 案例源文件：ywj/07/197.prt

01 打开【基本视图】对话框，选择螺栓组件，在绘图区创建基本视图，如图7-148所示。

图7-148 创建基本视图

02 打开【投影视图】对话框，在绘图区创建螺栓组件的左投影视图，如图7-149所示。

图7-149 创建投影视图

03 再次打开【投影视图】对话框，在绘图区创建螺栓组件的立体投影视图，如图7-150所示。

图7-150 创建立体投影视图

04 标注主视图的尺寸，如图7-151所示。

05 标注侧视图的尺寸，如图7-152所示。

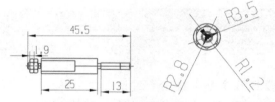

图7-151 标注主视图　　图7-152 标注侧视图

06 填写标题栏，如图7-153所示。至此完成螺栓组件装配工程图，如图7-154所示。

螺栓组件装配		图样标记	重 量	比 例
				1：1
		共 1 页	第 1 页	

图7-153 填写标题栏

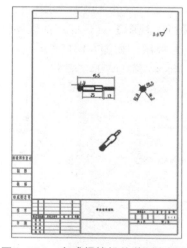

图7-154 完成螺栓组件装配工程图

实例 198
⊙ 案例源文件: ywj/07/198.prt

绘制电机装配工程图

01 打开【基本视图】对话框，选择电机装配件，在绘图区创建基本视图，如图7-155所示。

图7-155　创建基本视图

02 打开【投影视图】对话框，在绘图区创建电机装配件投影视图，如图7-156所示。

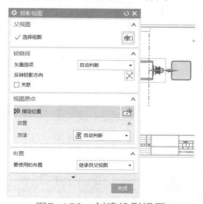

图7-156　创建投影视图

03 打开【剖视图】对话框，在绘图区选择视图剖面线，创建电机装配件剖视图，如图7-157所示。

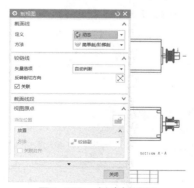

图7-157　创建剖视图

04 标注主视图的尺寸，如图7-158所示。

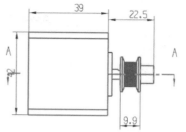

图7-158　标注主视图

05 标注侧视图的尺寸，如图7-159所示。

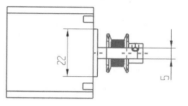

图7-159　标注侧视图

06 填写标题栏，如图7-160所示。至此完成电机装配工程图，如图7-161所示。

图7-160　填写标题栏

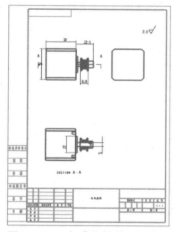

图7-161　完成电机装配工程图

实例 199
⊙ 案例源文件: ywj/07/199.prt

绘制托架装配工程图

01 打开【基本视图】对话框，选择托架装配件，在绘图区创建基本视图，如图7-162所示。

01
02
03
04
05
06
07
第7章　工程图设计
08
09
10
11

图7-162 创建基本视图

02 打开【投影视图】对话框，在绘图区创建托架装配件投影视图，如图7-163所示。

图7-163 创建投影视图

03 再次打开【投影视图】对话框，在绘图区创建托架装配件立体投影视图，如图7-164所示。

图7-164 创建立体投影视图

04 标注主视图的尺寸，如图7-165所示。

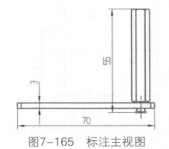

图7-165 标注主视图

05 标注侧视图的尺寸，如图7-166所示。

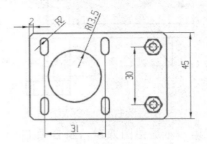

图7-166 标注侧视图

06 修改图层显示，填写标题栏，如图7-167所示。至此完成托架装配工程图，如图7-168所示。

图7-167 填写标题栏

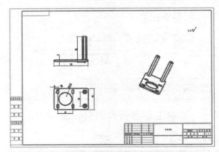

图7-168 完成托架装配工程图

实例200 绘制固定板装配工程图

案例源文件: ywj/07/200.prt

01 打开【基本视图】对话框，在绘图区创建固定板装配件基本视图，如图7-169所示。

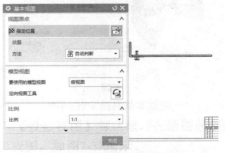

图7-169 创建基本视图

02 打开【投影视图】对话框，在绘图区创建固定板装配件俯视投影视图，如图7-170所示。

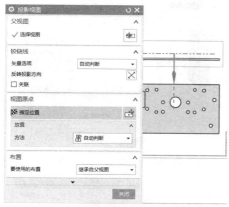

图7-170　创建俯视投影视图

03 再次打开【投影视图】对话框，在绘图区创建固定板装配件投影视图，如图7-171所示。

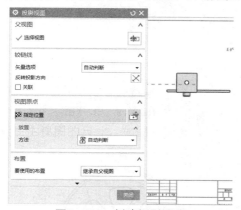

图7-171　创建投影视图

04 标注主视图的尺寸，如图7-172所示。

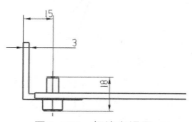

图7-172　标注主视图

05 标注侧视图的尺寸，如图7-173所示。

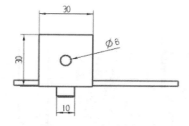

图7-173　标注侧视图

06 标注俯视视图的尺寸，如图7-174所示。

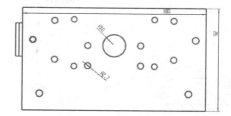

图7-174　标注俯视图

07 单击【主页】选项卡【表】组中的【零件明细表】按钮，托架装配图的明细表，并进行填写，如图7-175所示。

图7-175　创建零件明细表

08 填写标题栏，如图7-176所示。至此完成固定板装配工程图，如图7-177所示。

图7-176　填写标题栏

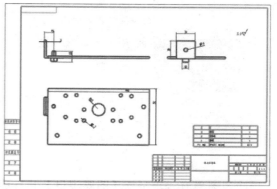

图7-177　完成固定板装配工程图

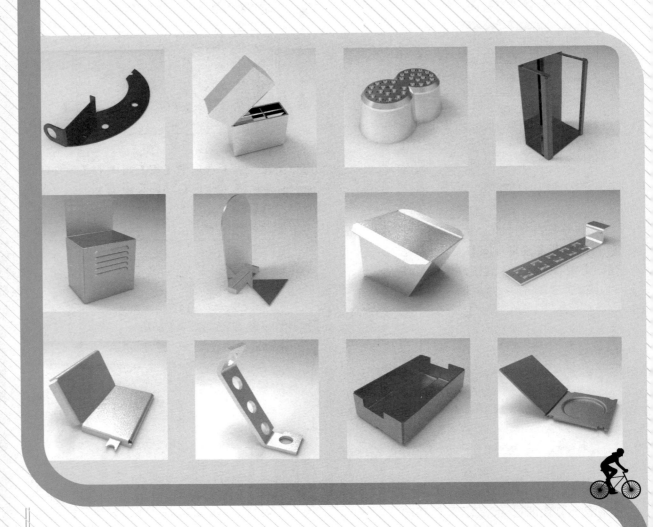

第 **8** 章　钣金设计

实例 201

绘制玩具车钣金件

案例源文件：ywj/08/201.prt

01 单击【主页】选项卡【直接草图】组中的【矩形】按钮 ☐，绘制120×200的矩形，如图8-1所示。

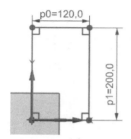

图8-1 绘制120×200的矩形

02 单击【主页】选项卡【基本】组中的【突出块】按钮 ◇，创建钣金基体突出块，如图8-2所示。

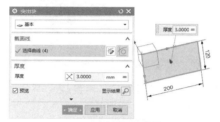

图8-2 创建突出块

◎提示·

在NX钣金设计模块中，钣金零件模型是基于实体和特征的方法进行定义的。在钣金模块中，钣金基体可以是基体，也可以是轮廓弯边和放样弯边。

03 绘制圆弧草图，如图8-3所示。

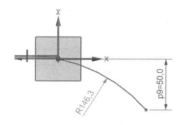

图8-3 绘制圆弧草图

04 单击【主页】选项卡【折弯】组中的【轮廓弯边】按钮 ▥，创建钣金轮廓弯边，形成挡风部分，如图8-4所示。

图8-4 创建轮廓弯边

05 单击【主页】选项卡【折弯】组中的【弯边】按钮 ◈，创建3个钣金弯边，形成挡板，长度为80，如图8-5所示。

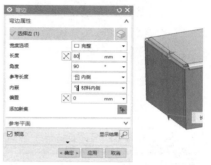

图8-5 创建3个长度80的弯边

06 单击【主页】选项卡【拐角】组中的【封闭拐角】按钮 ◈，设置钣金的拐角形式，创建两个封闭拐角，得到钣金车身，如图8-6所示。

图8-6 创建两个封闭拐角

07 绘制直径50的两个圆形，如图8-7所示。

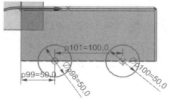

图8-7 绘制直径50的两个圆形

08 单击【主页】选项卡【特征】组中的【法向开孔】按钮 ◈，创建钣金法向开孔特征，形成车轮槽，如图8-8所示。至此完成玩具车钣金件，如图8-9所示。

图8-8　创建法向开孔

图8-9　完成玩具车钣金件

实例 202　绘制减速器上盖钣金件

📱案例源文件：ywj/08/202.prt

01 单击【主页】选项卡【直接草图】组中的【矩形】按钮 □，绘制200×200的矩形，如图8-10所示。

图8-10　绘制200×200的矩形

02 创建钣金基体突出块，如图8-11所示。

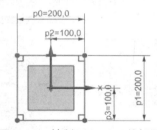

图8-11　创建突出块

03 单击【主页】选项卡【折弯】组中的【弯边】按钮 ✎，创建4个钣金弯边，长度为120，形成挡板，如图8-12所示。

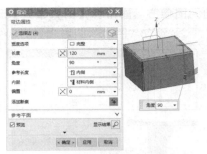

图8-12　创建4面长度120的弯边

04 单击【主页】选项卡【拐角】组中的【封闭拐角】按钮 ⬡，设置钣金的拐角形式，创建4个封闭拐角，如图8-13所示。

图8-13　创建4个封闭拐角

05 单击【主页】选项卡【折弯】组中的【弯边】按钮 ✎，创建两个钣金弯边，长度为40，形成固定板，如图8-14所示。

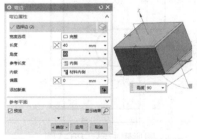

图8-14　创建两个长度40的弯边

06 绘制直径40的圆形，如图8-15所示。

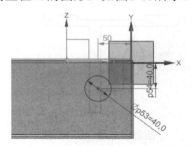

图8-15　绘制直径40的圆形

07 单击【主页】选项卡【特征】组中的【法向开孔】按钮 ✎，创建钣金法向开孔特征，如图

8-16所示。

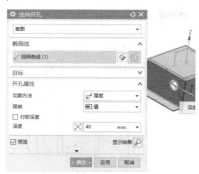

图8-16　创建法向开孔

08 绘制直径60的圆形，如图8-17所示。

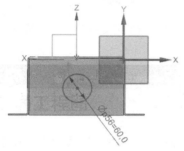

图8-17　绘制直径60的圆形

09 创建钣金的冲压开孔特征，如图8-18所示。

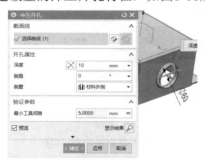

图8-18　创建冲压开孔

10 绘制直径60的圆形，如图8-19所示。

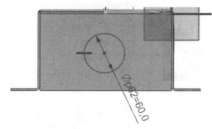

图8-19　绘制直径60的圆形

11 单击【主页】选项卡【冲孔】组中的【冲压开孔】按钮◆，创建对称的钣金冲压开孔特征，如图8-20所示。至此完成加速器上盖钣金件，如图8-21所示。

图8-20　创建对称的冲压开孔

图8-21　完成加速器上盖钣金件

实例 203 绘制摇臂钣金件

案例源文件：ywj/08/203.prt

01 绘制直线和圆弧的草图，如图8-22所示。

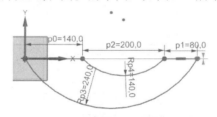

图8-22　绘制直线和圆弧草图

02 创建钣金基体突出块，如图8-23所示。

图8-23　创建突出块

03 绘制长度50的直线，如图8-24所示。

04 单击【主页】选项卡【折弯】组中的【轮廓弯边】按钮，创建钣金轮廓弯边，如图8-25所示。

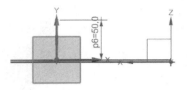

图8-24　绘制长度50的直线

图8-25　创建轮廓弯边

05 创建钣金弯边，长度为140，形成固定架，如图8-26所示。

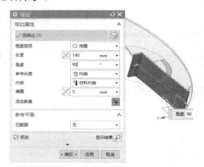

图8-26　创建长度140的弯边

06 继续创建钣金弯边，角度为90，如图8-27所示。

图8-27　创建角度90的弯边

◎提示◎

钣金件折弯是指在材料厚度相同的实体上，沿着指定的一条直线进行折弯成形。钣金件折弯后，还可以进行折弯展开或者重折弯。

07 绘制圆形并修剪，如图8-28所示。

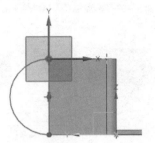

图8-28　绘制半圆形

08 创建钣金基体突出块，如图8-29所示。

图8-29　创建突出块

09 创建孔特征，直径为30，如图8-30所示。

图8-30　创建直径30的孔特征

10 单击【主页】选项卡【直接草图】组中的【点】按钮＋，绘制3个点，如图8-31所示。

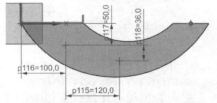

图8-31　绘制点草图

11 创建孔特征，直径为20，如图8-32所示。至此完成摇臂钣金件，如图8-33所示。

UG NX 12 完全实训手册

图8-32　创建直径20的孔特征

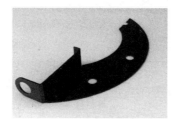

图8-33　完成摇臂钣金件

实例204
案例源文件：ywwj/08/204.prt

绘制剃须刀盖钣金件

01 绘制直径30的两个圆形并修剪，如图8-34所示。

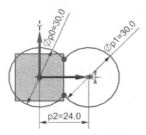

图8-34　绘制直径30的两个圆形并修剪

02 创建钣金基体突出块，如图8-35所示。

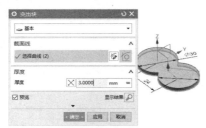

图8-35　创建突出块

03 单击【主页】选项卡【特征】组中的【拉伸】按钮，拉伸距离为16，创建拉伸特征，

如图8-36所示。

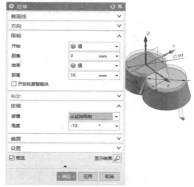

图8-36　创建长度16的拉伸特征

04 单击【主页】选项卡【拐角】组中的【倒斜角】按钮，创建钣金的倒斜角，如图8-37所示。

图8-37　创建倒斜角特征

05 绘制直径4的圆形，并进行阵列，如图8-38所示。

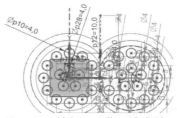

图8-38　绘制圆形草图并阵列

06 单击【主页】选项卡【特征】组中的【法向开孔】按钮，创建钣金法向开孔特征，形成胡须孔，如图8-39所示。至此完成剃须刀盖钣金件，如图8-40所示。

图8-39　创建法向开孔

图8-40 完成剃须刀盖钣金件

实例 205 ⊕ 案例源文件：ywj/08/205.prt

绘制卡笋钣金件

01 单击【主页】选项卡【直接草图】组中的【矩形】按钮 ▢，绘制100×120的矩形，如图8-41所示。

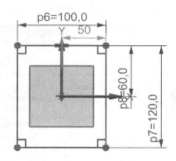

图8-41 绘制100×120的矩形

02 创建钣金基体突出块，如图8-42所示。

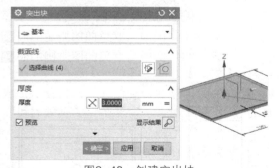

图8-42 创建突出块

03 单击【主页】选项卡【折弯】组中的【弯边】按钮 ◈，创建钣金弯边，长度为20，如图8-43所示。

04 单击【主页】选项卡【拐角】组中的【倒斜角】按钮 ◈，创建钣金的倒斜角，如图8-44所示。

图8-43 创建长度20的弯边

图8-44 创建倒斜角特征

05 绘制10×40的矩形，如图8-45所示。

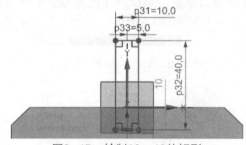

图8-45 绘制10×40的矩形

06 单击【主页】选项卡【特征】组中的【拉伸】按钮 ◈，拉伸距离为10，创建拉伸特征，如图8-46所示。

图8-46 创建拉伸特征

07 单击【主页】选项卡【冲孔】组中的【实体

冲压】按钮 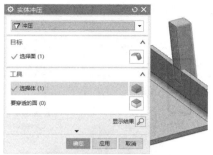，创建钣金的实体冲压特征，如图8-47所示。

图8-47　创建实体冲压特征

08 绘制矩形和圆形草图，如图8-48所示。

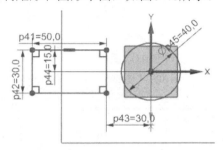

图8-48　绘制矩形和圆形草图

09 单击【主页】选项卡【特征】组中的【法向开孔】按钮 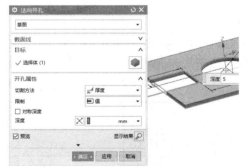，创建钣金法向开孔特征，如图8-49所示。至此完成卡笋钣金件，如图8-50所示。

图8-49　创建法向开孔

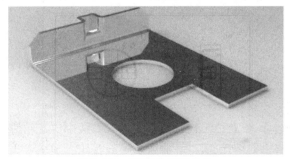

图8-50　完成卡笋钣金件

01 单击【主页】选项卡【直接草图】组中的【矩形】按钮 □，绘制80×120的矩形，如图8-51所示。

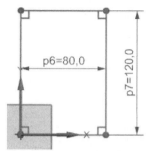

图8-51　绘制80×120的矩形

02 创建钣金基体突出块，如图8-52所示。

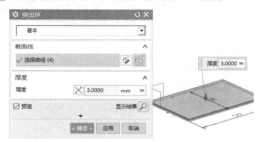

图8-52　创建突出块

03 再绘制5个矩形草图，如图8-53所示。

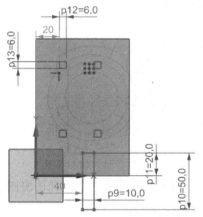

图8-53　绘制5个矩形草图

04 创建钣金法向开孔特征，如图8-54所示。

05 创建钣金弯边，长度为4，形成固定边，如图8-55所示。

06 再创建钣金弯边，长度为6，形成另一端的固定边，如图8-56所示。

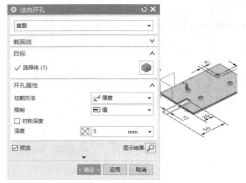

图8-54　创建法向开孔

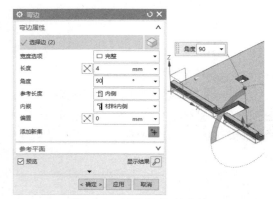

图8-55　创建长度4的弯边

图8-56　创建长度6的弯边

> ◎提示·◦
>
> 　　在进行钣金件折弯时，需要指定折弯的基本面和应用曲线，应用曲线可以是折弯的轮廓线、折弯中心线、折弯轴、折弯相切线和模具线。

07 单击【主页】选项卡【拐角】组中的【倒角】按钮◇，创建钣金的倒圆角，半径为2，如图8-57所示。至此完成手机显示面板钣金件，如图8-58所示。

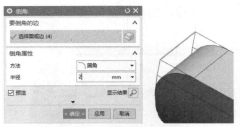

图8-57　创建倒角特征

图8-58　完成手机显示面板钣金件

实例207　绘制CD盒钣金件

案例源文件：ywj/08/207.prt

01 单击【主页】选项卡【直接草图】组中的【矩形】按钮▢，绘制100×100的矩形，如图8-59所示。

图8-59　绘制100×100的矩形

02 创建钣金基体突出块，如图8-60所示。

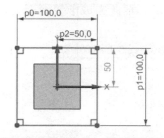

图8-60　创建突出块

03 绘制长度为100的斜线，如图8-61所示。

04 单击【主页】选项卡【折弯】组中的【轮廓弯边】按钮▥，创建钣金轮廓弯边，形成盒盖部分，如图8-62所示。

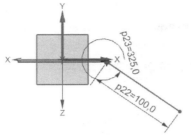

图8-61　绘制斜线草图

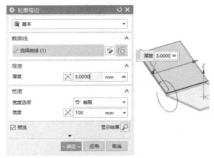

图8-62　创建轮廓弯边

05 绘制直径70的圆形，如图8-63所示。

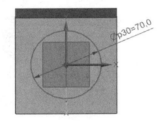

图8-63　绘制直径70的圆形

06 单击【主页】选项卡【冲孔】组中的【凹坑】按钮 ，创建钣金的凹坑特征，如图8-64所示。

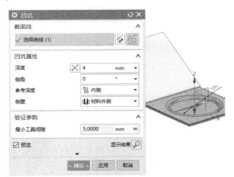

图8-64　创建凹坑特征

07 绘制直径10的4个圆形，如图8-65所示。

08 单击【主页】选项卡【特征】组中的【法向开孔】按钮 ，创建钣金法向开孔特征，如图8-66所示。至此完成CD盒钣金件，如图8-67所示。

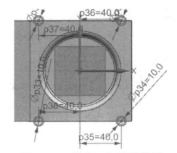

图8-65　绘制4个圆形草图

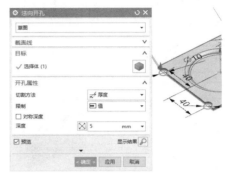

图8-66　创建法向开孔

图8-67　完成CD盒钣金件

实例 208　案例源文件：ywj/08/208.prt

绘制打火机壳钣金件

01 单击【主页】选项卡【直接草图】组中的【矩形】按钮 ，绘制100×40的矩形，如图8-68所示。

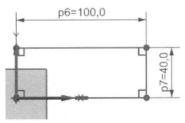

图8-68　绘制100×40的矩形

02 创建钣金基体突出块，如图8-69所示。

图8-69　创建突出块

03 单击【主页】选项卡【折弯】组中的【弯边】按钮█，创建4个钣金弯边，长度为80，形成壳体，如图8-70所示。

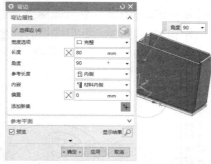
图8-70　创建长度80的弯边

04 单击【主页】选项卡【拐角】组中的【封闭拐角】按钮█，设置钣金的拐角形式，创建4个封闭拐角，如图8-71所示。

图8-71　创建4个封闭拐角

05 绘制长度为100的直线，如图8-72所示。

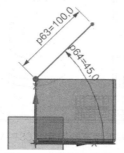
图8-72　绘制直线草图

06 单击【主页】选项卡【折弯】组中的【轮廓弯边】按钮█，创建钣金轮廓弯边，形成铰链部分，如图8-73所示。

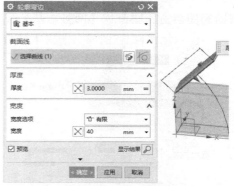
图8-73　创建轮廓弯边

07 创建4个钣金弯边，长度为50，形成盖体，如图8-74所示。

图8-74　创建长度50的4条弯边

08 单击【主页】选项卡【拐角】组中的【封闭拐角】按钮█，设置钣金的拐角形式，创建4个封闭拐角，如图8-75所示。

图8-75　创建4个封闭拐角

09 创建钣金弯边，长度为95，封闭盖体，如图8-76所示。至此完成打火机壳钣金件，如图8-77所示。

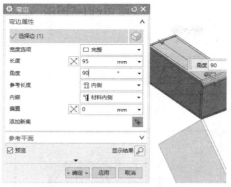

图8-76 创建长度95的弯边

图8-77 完成打火机壳钣金件

实例 209
案例源文件: ywj/08/209.prt

绘制机箱前盖钣金件

01 绘制200×100的矩形草图，如图8-78所示。

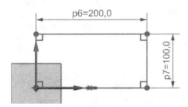

图8-78 绘制200×100的矩形

02 创建钣金基体突出块，如图8-79所示。

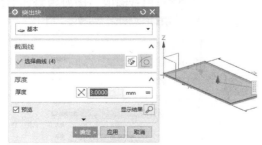

图8-79 创建突出块

03 创建钣金弯边，长度为10，形成安装卡口，如图8-80所示。

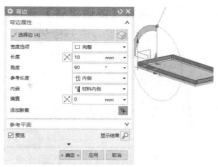

图8-80 创建长度10的弯边

04 单击【主页】选项卡【拐角】组中的【封闭拐角】按钮，设置钣金的拐角形式，创建4个封闭拐角，如图8-81所示。

图8-81 创建4个封闭拐角

05 绘制60×90的矩形，如图8-82所示。

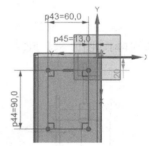

图8-82 绘制60×90的矩形

06 单击【主页】选项卡【冲孔】组中的【凹坑】按钮，创建钣金的凹坑特征，如图8-83所示。

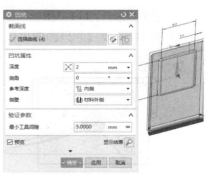

图8-83 创建凹坑特征

07 绘制长度40的直线，如图8-84所示。

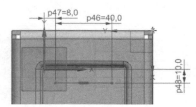

图8-84 绘制长度40的直线

08 单击【主页】选项卡【冲孔】组中的【百叶窗】按钮 ，创建钣金百叶窗特征，如图8-85所示。

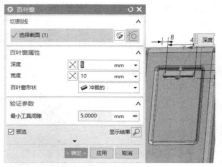

图8-85 创建百叶窗

09 单击【主页】选项卡【特征】组中的【阵列面】按钮 ，创建钣金线性阵列面特征，如图8-86所示。至此完成机箱前盖钣金件，如图8-87所示。

图8-86 创建线性阵列特征

图8-87 完成机箱前盖钣金件

绘制箱体钣金件

01 绘制200×120的矩形，如图8-88所示。

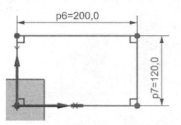

图8-88 绘制200×120的矩形

02 创建钣金基体突出块，如图8-89所示。

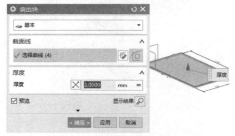

图8-89 创建突出块

03 创建钣金弯边，长度为300，如图8-90所示。

图8-90 创建长度300的弯边

04 绘制长度300的水平直线，如图8-91所示。

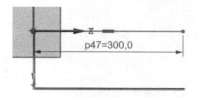

图8-91 绘制长度300的直线

05 单击【主页】选项卡【折弯】组中的【轮廓弯边】按钮 ，创建钣金轮廓弯边，如图8-92所示。

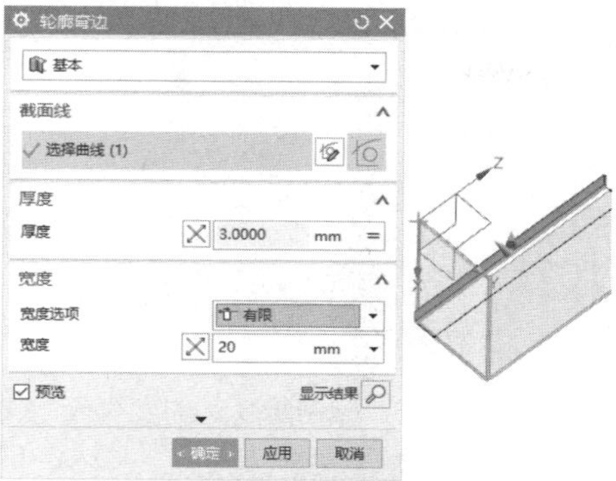

图8-92 创建轮廓弯边

図8-95 创建两个长度20的弯边

06 绘制长度300的竖直直线，如图8-93所示。

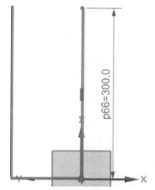

p66=300.0

图8-93 绘制长度300的直线

07 创建另一侧的钣金轮廓弯边，如图8-94所示。

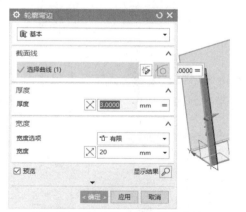

图8-94 创建另一侧的轮廓弯边

08 创建两个钣金弯边，长度为20，形成支撑腿，如图8-95所示。

09 再创建两个钣金弯边，长度为115，形成支撑柱，如图8-96所示。

10 单击【主页】选项卡中的【基准平面】按钮 ◆，创建基准平面，如图8-97所示。

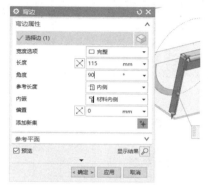

图8-96 创建两个长度115的弯边

图8-97 创建基准平面

11 单击【主页】选项卡【冲孔】组中的【加固板】按钮 ，创建钣金的加固板特征，如图8-98所示。至此完成箱体钣金件，如图8-99所示。

图8-98 创建加固板特征

图8-99 完成箱体钣金件

实例 211
◉ 案例源文件：ywj/08/211.prt

绘制机箱后盖钣金件

01 首先绘制200×100的矩形，如图8-100所示。

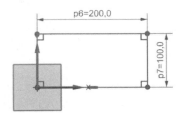

图8-100 绘制200×100的矩形

02 创建钣金基体突出块，如图8-101所示。

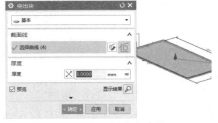

图8-101 创建突出块

03 单击【主页】选项卡中的【基准平面】按钮◆，创建基准平面，如图8-102所示。

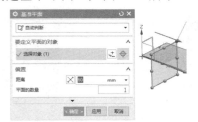

图8-102 创建基准平面

04 在基准平面上绘制长度20的竖直直线，如图8-103所示。

05 单击【主页】选项卡【折弯】组中的【轮廓弯边】按钮，创建钣金轮廓弯边，形成固定

扣，如图8-104所示。

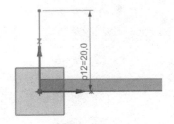

图8-103 绘制长度20的直线

图8-104 创建轮廓弯边

06 创建钣金的倒圆角，半径为5，如图8-105所示。

图8-105 创建倒角特征

07 单击【主页】选项卡【特征】组中的【孔】按钮，创建孔特征，直径为10，如图8-106所示。

图8-106 创建直径10的孔特征

08 再次创建基准平面，如图8-107所示。

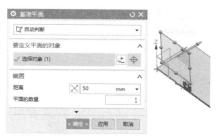

图8-107 创建基准平面

09 单击【主页】选项卡【特征】组中的【镜像体】按钮 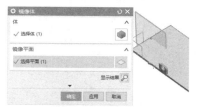，创建钣金镜像特征，如图8-108所示。

图8-108 创建镜像体

10 绘制4×4的矩形，如图8-109所示。

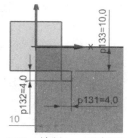

图8-109 绘制4×4的矩形

11 单击【主页】选项卡【直接草图】组中的【阵列曲线】按钮，对矩形进行线性阵列，如图8-110所示。

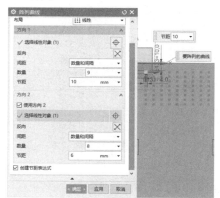

图8-110 创建阵列曲线

12 单击【主页】选项卡【特征】组中的【法向开孔】按钮，创建钣金法向开孔特征，形成散热孔，如图8-111所示。

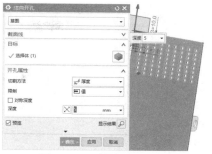

图8-111 创建法向开孔

13 再次绘制两个矩形草图，如图8-112所示。

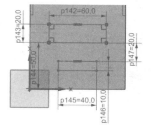

图8-112 绘制两个矩形草图

14 创建钣金法向开孔特征，如图8-113所示。

图8-113 创建法向开孔

15 单击【主页】选项卡【拐角】组中的【倒斜角】按钮，创建钣金的倒斜角，如图8-114所示。至此完成机箱后盖钣金件，如图8-115所示。

图8-114 创建倒斜角特征

图8-115 完成机箱后盖钣金件

实例 212

案例源文件：ywj/08/212.prt
绘制工作台钣金件

01 单击【主页】选项卡【直接草图】组中的【矩形】按钮 ▭，绘制300×220的矩形，如图8-116所示。

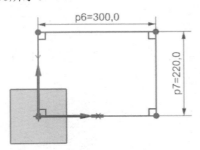

图8-116　绘制300×220的矩形

02 创建钣金基体突出块，如图8-117所示。

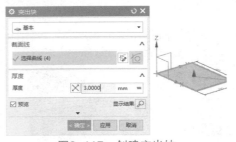

图8-117　创建突出块

03 单击【主页】选项卡【折弯】组中的【弯边】按钮 ◈，创建3个钣金弯边，长度为300，形成台板，如图8-118所示。

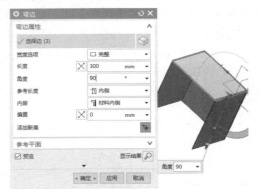

图8-118　创建3个长度300的弯边

04 单击【主页】选项卡【拐角】组中的【封闭拐角】按钮 ⬡，设置钣金的拐角形式，创建3个封闭拐角，如图8-119所示。

05 创建钣金弯边，长度为200，形成工作挂板，如图8-120所示。

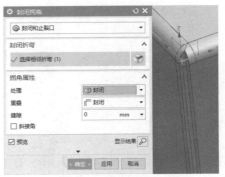

图8-119　创建3个封闭拐角

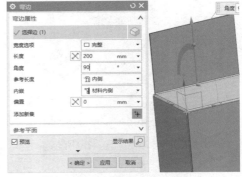

图8-120　创建长度200的弯边

06 绘制长度200的水平直线，如图8-121所示。

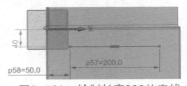

图8-121　绘制长度200的直线

07 单击【主页】选项卡【冲孔】组中的【百叶窗】按钮 ◈，创建钣金百叶窗特征，如图8-122所示。

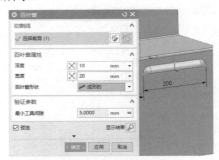

图8-122　创建百叶窗

08 单击【主页】选项卡【特征】组中的【阵列面】按钮 ⊞，创建钣金线性阵列面特征，如图8-123所示。

09 绘制直径20的圆形，并进行阵列，如图8-124所示。

UG NX 12 完全实训手册

图8-123　创建阵列面特征

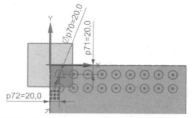

图8-124　绘制圆形草图并阵列

10 单击【主页】选项卡【特征】组中的【法向开孔】按钮 ，创建钣金法向开孔特征，形成工具孔，如图8-125所示。至此完成工作台钣金件，如图8-126所示。

图8-125　创建法向开孔

图8-126　完成工作台钣金件

01 绘制200×180的矩形，如图8-127所示。

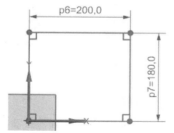

图8-127　绘制200×180的矩形

02 创建钣金基体突出块，如图8-128所示。

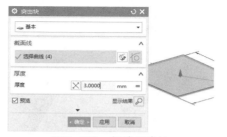

图8-128　创建突出块

03 绘制直线草图，如图8-129所示。

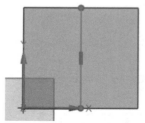

图8-129　绘制直线草图

04 单击【主页】选项卡【折弯】组中的【折弯】按钮 ，创建钣金折弯特征，如图8-130所示。

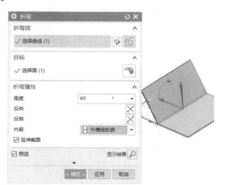

图8-130　创建折弯特征

05 创建3个钣金弯边，长度为20，如图8-131所示。

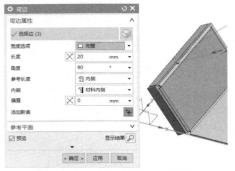

图8-131 创建长度20的弯边

06 单击【主页】选项卡【拐角】组中的【折弯拔锥】按钮 ，创建两个钣金折弯拔锥特征，如图8-132所示。

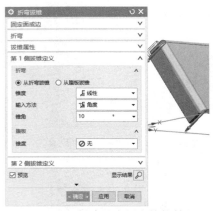

图8-132 创建两个折弯拔锥特征

07 创建3个钣金弯边，长度为10，如图8-133所示。

图8-133 创建长度10的弯边

08 单击【主页】选项卡中的【基准平面】按钮 ，创建基准平面，如图8-134所示。

09 在基准平面上绘制长度20的直线，如图8-135所示。

图8-134 创建基准平面

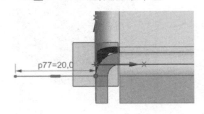

图8-135 绘制长度20的直线

10 单击【主页】选项卡【折弯】组中的【轮廓弯边】按钮 ，创建钣金轮廓弯边，形成对称的固定扣，如图8-136所示。

图8-136 创建轮廓弯边

11 单击【主页】选项卡【特征】组中的【孔】按钮 ，创建孔特征，直径为14，如图8-137所示。至此完成固定面板钣金件，如图8-138所示。

图8-137 创建直径14的孔

图8-138　完成固定面板钣金件

实例214

🖲 案例源文件：ywj/08/214.prt

绘制冲压件钣金件

01 单击【主页】选项卡【直接草图】组中的
【矩形】按钮▢，绘制200×40的矩形，如图
8-139所示。

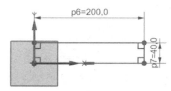

图8-139　绘制200×40的矩形

02 创建钣金基体突出块，如图8-140所示。

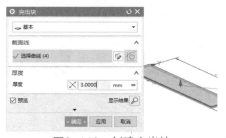

图8-140　创建突出块

03 再绘制矩形和圆形草图，并进行修剪，如图
8-141所示。

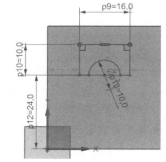

图8-141　绘制矩形和圆形草图

04 单击【主页】选项卡【特征】组中的【法向

开孔】按钮◢，创建钣金法向开孔特征，如图
8-142所示。

图8-142　创建法向开孔

05 创建基准平面，如图8-143所示。

图8-143　创建基准平面

06 单击【主页】选项卡【特征】组中的【镜
像特征】按钮◢，创建镜像特征，如图8-144
所示。

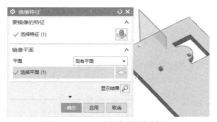

图8-144　创建镜像特征

07 单击【主页】选项卡【特征】组中的【法向
开孔】按钮◢，创建钣金法向开孔特征，如图
8-145所示。

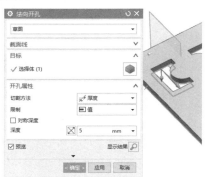

图8-145　创建法向开孔

08 单击【主页】选项卡【特征】组中的【阵列面】按钮 ，创建钣金线性阵列面特征，如图8-146所示。

图8-146　创建阵列面特征

09 绘制直线草图，如图8-147所示。

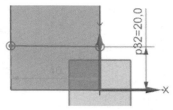

图8-147　绘制直线草图

10 单击【主页】选项卡【折弯】组中的【二次折弯】按钮 ，创建钣金二次折弯，如图8-148所示。至此完成冲压件钣金件，如图8-149所示。

图8-148　创建二次折弯

图8-149　完成冲压件钣金件

实例 215
◉ 案例源文件：ywj/08/215.prt

绘制料斗钣金件

01 绘制200×200的矩形，如图8-150所示。

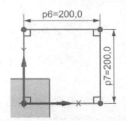

图8-150　绘制200×200的矩形

02 创建钣金基体突出块，如图8-151所示。

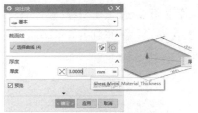

图8-151　创建突出块

03 单击【主页】选项卡【折弯】组中的【弯边】按钮 ，创建钣金弯边，长度为180，形成料斗壁，如图8-152所示。

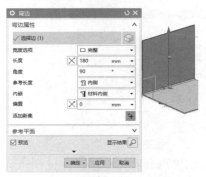

图8-152　创建长度180的弯边

04 再创建钣金弯边，长度为150，角度为60°，如图8-153所示。

图8-153　创建角度60°的弯边

05 绘制直线草图，如图8-154所示。

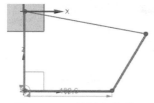

图8-154　绘制直线草图

06 创建钣金基体突出块，形成围挡，如图8-155所示。

图8-155　创建突出块

07 创建基准平面，如图8-156所示。

图8-156　创建基准平面

08 单击【主页】选项卡【特征】组中的【镜像体】按钮，创建钣金镜像特征，如图8-157所示。

图8-157　创建镜像体

09 创建两个钣金弯边，长度为50，如图8-158所示。

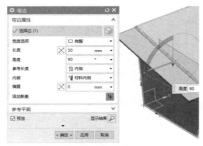

图8-158　创建长度50的弯边

10 单击【主页】选项卡【拐角】组中的【倒斜角】按钮，创建钣金的倒斜角，如图8-159所示。至此完成料斗钣金件，如图8-160所示。

图8-159　创建倒斜角特征

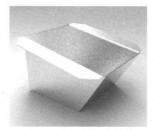

图8-160　完成料斗钣金件

实例216　绘制挂板钣金件

案例源文件：ywj/08/216.prt

01 单击【主页】选项卡【直接草图】组中的【矩形】按钮，绘制100×100的矩形，如图8-161所示。

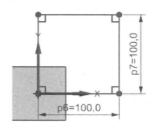

图8-161　绘制100×100的矩形

02 创建钣金基体突出块，如图8-162所示。

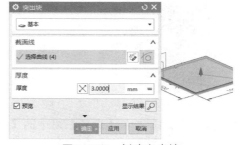

图8-162　创建突出块

03 创建钣金弯边，长度为200，如图8-163所示。

图8-163 创建长度200的弯边

04 绘制长度10的直线，如图8-164所示。

图8-164 绘制长度10的直线

05 单击【主页】选项卡【折弯】组中的【轮廓弯边】按钮 ，创建钣金轮廓弯边，如图8-165所示。

图8-165 创建轮廓弯边

06 绘制长度10的竖直直线，如图8-166所示。

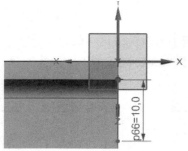

图8-166 绘制长度10的直线

07 单击【主页】选项卡【折弯】组中的【轮廓弯边】按钮 ，创建对称的钣金轮廓弯边，如

图8-167所示。

图8-167 创建轮廓弯边

08 单击【主页】选项卡【拐角】组中的【倒角】按钮 ，创建钣金的倒圆角，半径为50，如图8-168所示。

图8-168 创建倒角特征

09 绘制两个三角形草图，如图8-169所示。

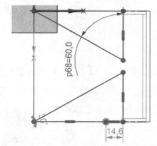

图8-169 绘制两个三角形草图

10 单击【主页】选项卡【特征】组中的【法向开孔】按钮 ，创建钣金法向开孔特征，如图8-170所示。至此完成挂板钣金件，如图8-171所示。

图8-170 创建法向开孔

图8-171　完成挂板钣金件

实例217
绘制抽屉钣金件

案例源文件：ywj/08/217.prt

01 单击【主页】选项卡【直接草图】组中的【矩形】按钮 ▭，绘制200×120的矩形，如图8-172所示。

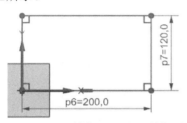

图8-172　绘制200×120的矩形

02 创建钣金基体突出块，如图8-173所示。

图8-173　创建突出块

03 创建4个钣金弯边，长度为40，形成抽屉壁，如图8-174所示。

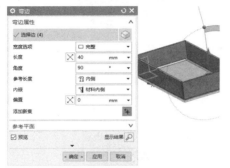

图8-174　创建4个长度40的弯边

04 单击【主页】选项卡【拐角】组中的【封闭拐角】按钮 ⬡，设置钣金的拐角形式，创建4个封闭拐角，如图8-175所示。

图8-175　创建4个封闭拐角

05 绘制50×20的矩形，如图8-176所示。

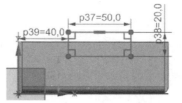

图8-176　绘制50×20的矩形

06 单击【主页】选项卡【特征】组中的【法向开孔】按钮 ◈，创建钣金法向开孔特征，形成拉手，如图8-177所示。

图8-177　创建法向开孔

07 绘制长度120的直线，如图8-178所示。

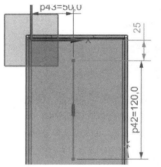

图8-178　绘制长度120的直线

08 单击【主页】选项卡【冲孔】组中的【凹坑】按钮◈，创建钣金的两个凹坑特征，如图8-179所示。这样就完成了抽屉钣金件，如图8-180所示。

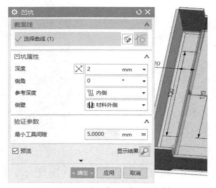

图8-179 创建两个凹坑特征

图8-180 完成抽屉钣金件

实例 218

🔗 案例源文件：ywj/08/218.prt

绘制钣金紧固件

01 绘制100×20的矩形，如图8-181所示。

图8-181 绘制100×20的矩形

02 创建钣金基体突出块，如图8-182所示。

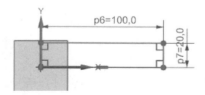

图8-182 创建突出块

03 绘制直径10的5个圆形，如图8-183所示。

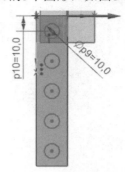

图8-183 绘制圆形草图

04 单击【主页】选项卡【特征】组中的【法向开孔】按钮🔲，创建钣金法向开孔特征，如图8-184所示。

图8-184 创建法向开孔

05 绘制直线草图，如图8-185所示。

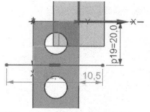

图8-185 绘制直线草图

06 单击【主页】选项卡【折弯】组中的【折弯】按钮🔩，创建钣金折弯特征，如图8-186所示。

图8-186 创建折弯特征

07 绘制直线草图，如图8-187所示。

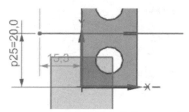

图8-187 绘制直线草图

08 创建钣金折弯特征，如图8-188所示。

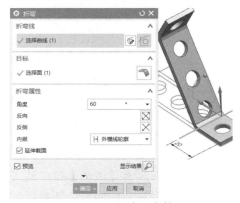

图8-188 创建折弯特征

09 单击【主页】选项卡【成形】组中的【伸直】按钮 ，将钣金的折弯特征进行伸直，如图8-189所示。

图8-189 创建伸直特征

10 绘制8×10的矩形，如图8-190所示。

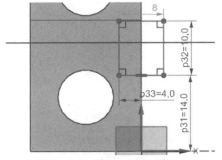

图8-190 绘制8×10的矩形

11 单击【主页】选项卡【特征】组中的【法向开孔】按钮 ，创建钣金法向开孔特征，如图8-191所示。

图8-191 创建法向开孔

12 单击【主页】选项卡【成形】组中的【重新折弯】按钮 ，将钣金的伸直特征重新折弯，如图8-192所示。至此完成钣金紧固件，如图8-193所示。

图8-192 创建重新折弯

图8-193 完成钣金紧固件

实例219 绘制包角钣金件

案例源文件：ywj/08/219.prt

01 单击【主页】选项卡【直接草图】组中的【矩形】按钮 □，绘制100×100的矩形，如图8-194所示。

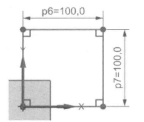

图8-194 绘制100×100的矩形

02 创建钣金基体突出块，如图8-195所示。

图8-195　创建突出块

03 创建两个钣金弯边，长度为100，如图8-196所示。

图8-196　创建两个长度100的弯边

04 单击【主页】选项卡【拐角】组中的【封闭拐角】按钮，设置钣金的拐角形式，创建封闭拐角，如图8-197所示。

图8-197　创建封闭拐角

05 单击【主页】选项卡【成形】组中的【伸直】按钮，将钣金的折弯特征进行伸直，如图8-198所示。

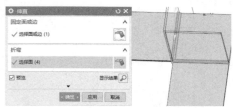

图8-198　创建伸直特征

06 绘制直径50的圆形，如图8-199所示。

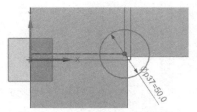

图8-199　绘制直径50的圆形

07 创建钣金法向开孔特征，如图8-200所示。

图8-200　创建法向开孔

08 单击【主页】选项卡【成形】组中的【重新折弯】按钮，将钣金的伸直特征重新折弯，如图8-201所示。

图8-201　创建重新折弯

09 单击【主页】选项卡【拐角】组中的【倒角】按钮，创建钣金的倒圆角，半径为50，如图8-202所示。至此完成包角钣金件，如图8-203所示。

图8-202　创建倒角特征

图8-203　完成包角钣金件

实例 220

🔘 案例源文件：ywj/08/220.prt

绘制机壳钣金件

01 绘制120×100的矩形，如图8-204所示。

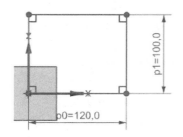

图8-204　绘制120×100的矩形

02 创建钣金基体突出块，如图8-205所示。

图8-205　创建突出块

03 创建两个钣金弯边，长度为100，形成壳体，如图8-206所示。

图8-206　创建两个长度100的弯边

04 再次创建钣金弯边，长度为117，封闭壳体，如图8-207所示。

图8-207　创建长度117的弯边

05 创建钣金折边弯边，长度为20，如图8-208所示。

图8-208　创建折边特征

06 继续创建两个钣金弯边，长度为20，如图8-209所示。

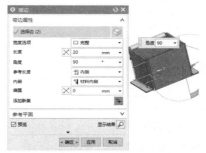

图8-209　创建长度20的弯边

07 绘制直径60的圆形，如图8-210所示。

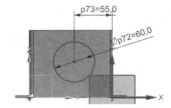

图8-210　绘制直径60的圆形

08 单击【主页】选项卡【特征】组中的【法向开孔】按钮，创建钣金法向开孔特征，如图8-211所示。至此完成机壳钣金件，如图8-212所示。

图8-211　创建法向开孔

图8-212 完成机壳钣金件

实例 221 ⊕案例源文件：ywj/08/221.prt
绘制扣件展开钣金件

01 单击【主页】选项卡【直接草图】组中的
【矩形】按钮 ☐，绘制120×20的矩形，如图
8-213所示。

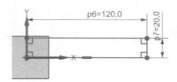

图8-213 绘制120×20的矩形

02 创建钣金基体突出块，如图8-214所示。

图8-214 创建突出块

03 单击【主页】选项卡【拐角】组中的【倒
角】按钮 ◇，创建钣金的倒圆角，半径为4，
如图8-215所示。

图8-215 创建倒角特征

04 绘制矩形和圆形，并进行修剪，形成槽，如
图8-216所示。

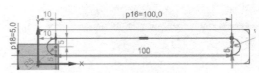

图8-216 绘制槽图形

05 单击【主页】选项卡【特征】组中的【法向
开孔】按钮 ✎，创建钣金法向开孔特征，如图
8-217所示。

图8-217 创建法向开孔

06 创建钣金弯边，长度为20，如图8-218
所示。

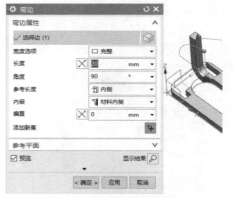

图8-218 创建长度20的弯边

07 绘制直线草图，如图8-219所示。

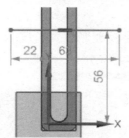

图8-219 绘制直线草图

08 单击【主页】选项卡【折弯】组中的【折
弯】按钮 ✚，创建钣金折弯特征，如图8-220
所示。

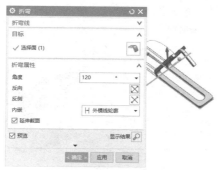

图8-220　创建折弯特征

09 单击【主页】选项卡【成形】组中的【调整折弯半径大小】按钮 ，调整折弯半径的大小如图8-221所示。至此完成扣件展开钣金件，如图8-222所示。

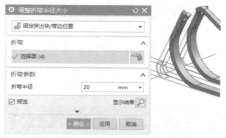

图8-221　调整折弯半径大小

图8-222　完成扣件展开钣金件

实例 222

案例源文件：ywj/08/222.prt

绘制背板钣金件

01 绘制100×40的矩形，如图8-223所示。

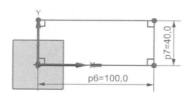

图8-223　绘制100×40的矩形

02 创建钣金基体突出块，如图8-224所示。

图8-224　创建突出块

03 绘制30×10的矩形，如图8-225所示。

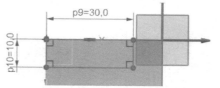

图8-225　绘制30×10的矩形

04 单击【主页】选项卡【特征】组中的【法向开孔】按钮 ，创建钣金法向开孔特征，如图8-226所示。

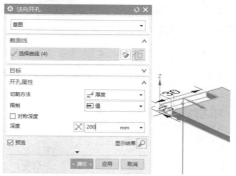

图8-226　创建法向开孔

05 创建钣金弯边，长度为10，如图8-227所示。

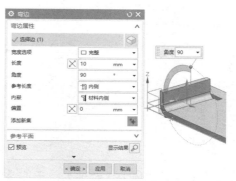

图8-227　创建长度10的弯边

06 继续创建钣金弯边，长度为40，如图8-228所示。

图8-228　创建长度40的弯边

07 创建钣金折边弯边，长度为6，如图8-229所示。

图8-229　创建折边特征

08 单击【主页】选项卡【拐角】组中的【倒角】按钮 ◯，创建钣金的倒圆角，半径为10，如图8-230所示。

图8-230　创建倒角特征

09 绘制4个矩形草图，如图8-231所示。

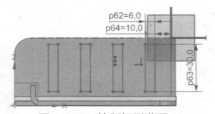

图8-231　绘制矩形草图

10 单击【主页】选项卡【特征】组中的【法向开孔】按钮 ◯，创建钣金法向开孔特征，如图8-232所示。至此完成背板钣金件，如图8-233所示。

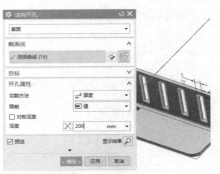

图8-232　创建法向开孔

图8-233　创建背板钣金件

实例 223 ● 案例源文件：ywj/08/223.prt

绘制排风箱体钣金件

01 单击【主页】选项卡【直接草图】组中的【生产线】按钮 ╱，绘制梯形草图，如图8-234所示。

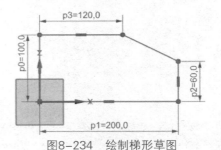

图8-234　绘制梯形草图

02 创建钣金基体突出块，如图8-235所示。

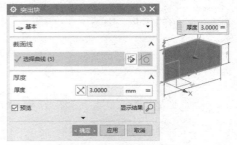

图8-235　创建突出块

03 创建钣金弯边，长度为200，形成壳体部分，如图8-236所示。

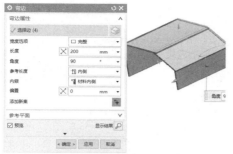

图8-236　创建长度200的弯边

04 单击【主页】选项卡【拐角】组中的【封闭拐角】按钮，设置钣金的拐角形式，创建3个封闭拐角，如图8-237所示。

图8-237　创建3个封闭拐角

05 绘制直径60的圆形，如图8-238所示。

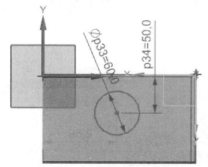

图8-238　绘制直径60的圆形

06 单击【主页】选项卡【冲孔】组中的【冲压开孔】按钮，创建钣金的冲压开孔特征，如图8-239所示。

07 绘制140×40的矩形，如图8-240所示。

图8-239　创建冲压开孔

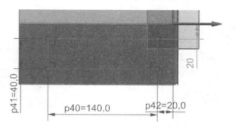

图8-240　绘制140×40的矩形

08 单击【主页】选项卡【特征】组中的【法向开孔】按钮，创建钣金法向开孔特征，如图8-241所示。至此完成排风箱体钣金件，如图8-242所示。

图8-241　创建法向开孔

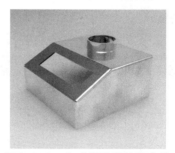

图8-242　完成排风箱体钣金件

第 9 章

模具设计

01 单击【注塑模向导】选项卡中的【初始化项目】按钮 ，创建零件注塑模项目，如图9-1所示。

图9-1 初始化项目模型

◎提示·○

NX提供了塑料注塑模具、级进模具、电极设计模具等设计模块，本书主要介绍塑料注塑模具设计模块。

02 单击【注塑模向导】选项卡【主要】组中的【工件】按钮，创建模具工件，设置开始距离为-25mm，结束距离为75mm，如图9-2所示。

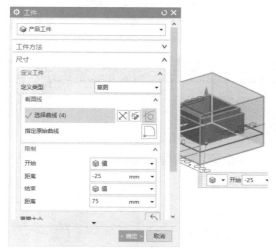

图9-2 创建工件

03 单击【注塑模向导】选项卡【分型工具】组中的【检查区域】按钮，分析模具的型芯型腔，如图9-3所示。

04 在【检查区域】对话框中，选择【型芯区域】选项，选择零件上的面作为型芯区域，如图9-4所示。

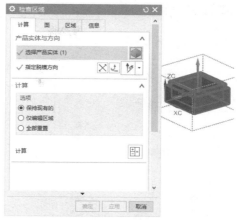

图9-3 检查区域

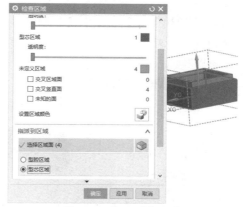

图9-4 设置型芯区域

05 单击【注塑模向导】选项卡【分型工具】组中的【定义区域】按钮，创建分型线和模具区域，如图9-5所示。

图9-5 创建定义区域

06 单击【注塑模向导】选项卡【分型工具】组中的【分型面】按钮，创建模具分型面，如图9-6所示。

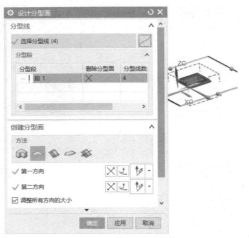

图9-6 设计分型面

图9-9 定义型芯区域

07 单击【注塑模向导】选项卡【分型工具】组中的【定义型腔和型芯】按钮 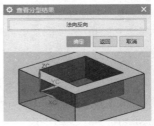，定义模具型腔，如图9-7所示。

10 在弹出的【查看分型结果】对话框中，设置模具型芯方向，单击【确定】按钮，如图9-10所示。至此完成方盒模具设计，如图9-11所示。

图9-7 定义型腔区域

图9-10 定义型芯方向　图9-11 完成方盒模具

08 在弹出的【查看分型结果】对话框中，定义模具型腔方向，单击【确定】按钮，如图9-8所示。

实例 225
📁 案例源文件：ywj/09/225.prt及模具组件

饮料瓶模具设计

01 初始化零件注塑模项目，如图9-12所示。

图9-8 定义型腔方向

图9-12 初始化项目模型

09 单击【注塑模向导】选项卡【分型工具】组中的【定义型腔和型芯】按钮 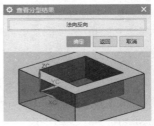，定义模具型芯，如图9-9所示。

02 创建模具工件，设置开始距离为-25，结束距离为75，如图9-13所示。

03 单击【注塑模向导】选项卡【分型工具】组中的【检查区域】按钮，分析模具的型芯型腔，如图9-14所示。

图9-13　创建工件

图9-14　检查区域

04 在【检查区域】对话框中，选择【型腔区域】选项，选择零件上的面作为型腔区域，如图9-15所示。

图9-15　设置型腔区域

05 单击【注塑模向导】选项卡【分型工具】组中的【定义区域】按钮，创建分型线和模具区域，如图9-16所示。

06 单击【注塑模向导】选项卡【分型工具】组中的【分型面】按钮，创建模具分型面，如

图9-17所示。

图9-16　创建定义区域

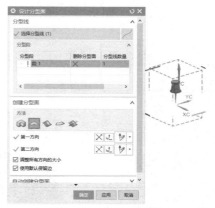

图9-17　设计分型面

◎提示·◎

　　分型面是模具上用以取出塑件和浇注系统凝料的可分离的接触表面，也叫合模面。模具设计中，完成型腔和型芯设计的工作，也就完成了创建模具的大部分工作。

07 单击【注塑模向导】选项卡【分型工具】组中的【定义型腔和型芯】按钮，定义模具型腔，如图9-18所示。

图9-18　定义型腔区域

08 在弹出的【查看分型结果】对话框中，定义模具型腔方向，单击【确定】按钮，如图9-19所示。

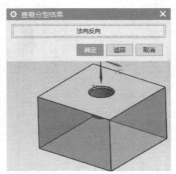

图9-19　定义型腔方向

09 单击【注塑模向导】选项卡【分型工具】组中的【定义型腔和型芯】按钮，定义模具型芯区域，如图9-20所示。

图9-20　定义型芯区域

10 在弹出的【查看分型结果】对话框中，定义模具型芯方向，如图9-21所示。至此完成饮料瓶模具设计，如图9-22所示。

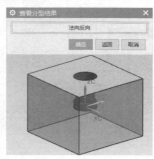

图9-21　定义型芯方向

图9-22　完成饮料瓶模具

01 创建连接轴零件注塑模具项目，如图9-23所示。

图9-23　初始化项目模型

◉提示

　　初始化项目用来载入需要进行模具设计的产品零件，载入零件后，系统将生成用于存放布局、型腔、型芯等的一系列文件。

02 创建模具工件，设置开始距离为-25mm，结束距离为315mm，如图9-24所示。

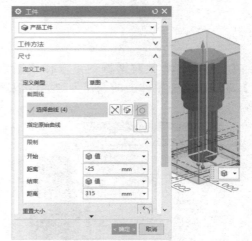

图9-24　创建工件

03 单击【注塑模向导】选项卡【分型工具】组中的【检查区域】按钮，分析模具的型芯型腔，如图9-25所示。

04 在【检查区域】对话框中，选择【型芯区域】选项，选择零件上的18个面作为型芯区域，如图9-26所示。

05 单击【注塑模向导】选项卡【分型工具】组中的【定义区域】按钮，创建分型线和模具区域，如图9-27所示。

UG NX 12 完全实训手册

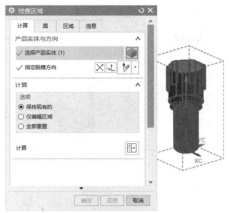

图9-25　检查区域

图9-26　设置型芯区域

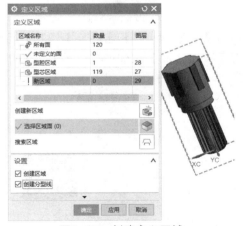

图9-27　创建定义区域

06 单击【注塑模向导】选项卡【分型工具】组中的【分型面】按钮，创建模具分型面，如图9-28所示。

07 单击【注塑模向导】选项卡【分型工具】组中的【定义型腔和型芯】按钮，定义模具型腔区域，如图9-29所示。

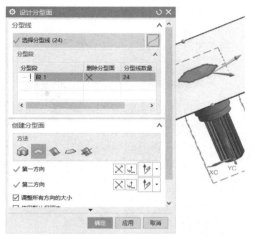

图9-28　设计分型面

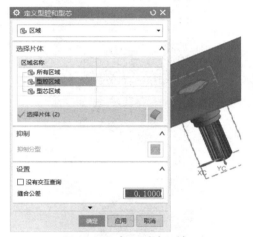

图9-29　定义型腔区域

08 打开【查看分型结果】对话框，定义模具型腔方向，如图9-30所示。

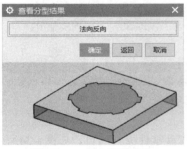

图9-30　定义型腔方向

09 单击【注塑模向导】选项卡【分型工具】组中的【定义型腔和型芯】按钮，定义模具型芯区域，如图9-31所示。

10 打开【查看分型结果】对话框中，定义模具型芯方向，如图9-32所示。至此完成连接轴模具设计，如图9-33所示。

图9-31　定义型芯区域

图9-32　定义型芯方向

图9-33　完成连接轴模具

实例 227

飞盘模具设计

案例源文件：ywj/09/227.prt及
模具组件

01 创建飞盘零件模具项目，如图9-34所示。

图9-34　初始化项目模型

02 创建模具工件，设置开始距离为-25mm，结束距离为30mm，如图9-35所示。

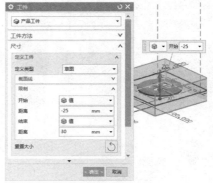

图9-35　创建工件

03 单击【注塑模向导】选项卡【分型工具】组中的【曲面补片】按钮，创建零件上的空洞补片，如图9-36所示。

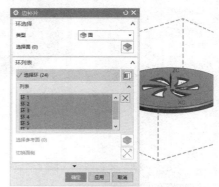

图9-36　创建边补片

04 单击【注塑模向导】选项卡【分型工具】组中的【检查区域】按钮，分析模具的型芯型腔，如图9-37所示。

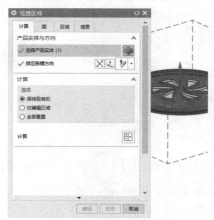

图9-37　检查区域

05 在【检查区域】对话框中，选择【型芯区域】选项，选择零件上25个面作为型芯区域，如图9-38所示。

图9-38　设置型芯区域

06 创建分型线和模具区域，如图9-39所示。

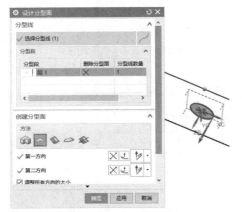

图9-39　创建定义区域

07 创建模具分型面，如图9-40所示。

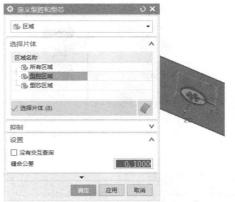

图9-41　定义型腔区域

图9-42　定义型腔方向

08 定义模具型腔区域，如图9-41所示。

09 打开【查看分型结果】对话框，定义模具型腔方向，如图9-42所示。

10 定义模具型芯区域，如图9-43所示。

图9-43　定义型芯区域

11 打开【查看分型结果】对话框，定义模具型芯方向，如图9-44所示。至此完成飞盘模具设计，如图9-45所示。

图9-44　定义型芯方向

图9-40　设计分型面

图9-45 完成飞盘模具

实例 228

滑轮模具设计

⊙案例源文件：ywj/09/228.prt及模具组件

01 单击【注塑模向导】选项卡中的【初始化项目】按钮，创建滑轮零件注塑模项目，如图9-46所示。

图9-46 初始化项目模型

02 创建模具工件，设置开始距离为-25，结束距离为85，如图9-47所示。

图9-47 创建工件

⊙提示·⊙

注塑模向导自动识别产品外形尺寸并预定义模坯的外形尺寸，其默认值在模具坐标系统六个方向上比产品外形尺寸大25mm。

03 单击【注塑模向导】选项卡【分型工具】组中的【检查区域】按钮，分析模具的型芯型腔，如图9-48所示。

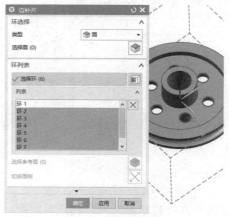

图9-48 创建边补片

04 继续分析模具的型芯型腔，如图9-49所示。

图9-49 检查区域

05 在【检查区域】对话框中，选择【型芯区域】选项，选择零件上的面作为型芯区域，如图9-50所示。

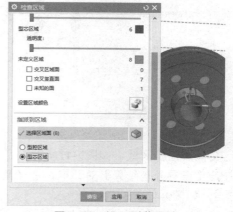

图9-50 设置型芯区域

06 创建分型线和模具区域,如图9-51所示。

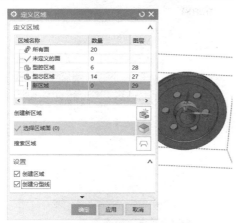

图9-51 创建定义区域

07 创建模具分型面,如图9-52所示。

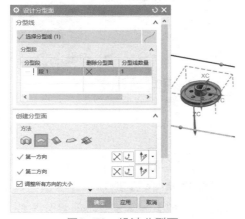

图9-52 设计分型面

08 进行分型后定义模具型腔区域,如图9-53所示。

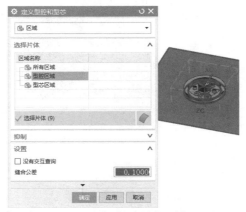

图9-53 定义型腔区域

09 定义模具型腔方向,如图9-54所示。

10 单击【注塑模向导】选项卡【分型工具】组中的【定义型腔和型芯】按钮 ⌐,定义模具型芯区域,如图9-55所示。

图9-54 定义型腔方向

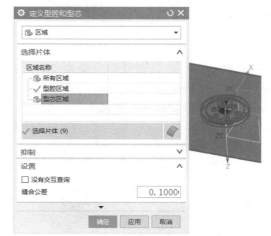

图9-55 定义型芯区域

11 定义模具型芯方向,如图9-56所示。至此完成滑轮模具设计,如图9-57所示。

图9-56 定义型芯方向

图9-57 完成滑轮模具

实例 229 ⓔ 案例源文件：ywj/09/229.prt及模具组件

法兰模具设计

01 首先初始化法兰零件项目，如图9-58所示。

图9-58 初始化项目模型

02 创建模具工件，设置开始距离为-25，结束距离为75，如图9-59所示。

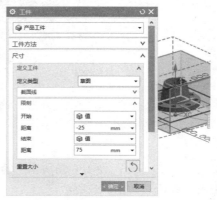

图9-59 创建工件

03 单击【注塑模向导】选项卡【分型工具】组中的【曲面补片】按钮，创建零件上的空洞补片，如图9-60所示。

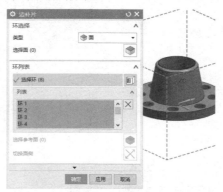

图9-60 创建边补片

04 分析模具的型芯型腔，如图9-61所示。

05 在【检查区域】对话框中，选择【型芯区域】选项，选择零件上的面作为型芯区域，如图9-62所示。

图9-61 检查区域

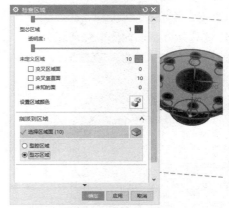

图9-62 设置型芯区域

06 单击【注塑模向导】选项卡【分型工具】组中的【定义区域】按钮，创建分型线和模具区域，如图9-63所示。

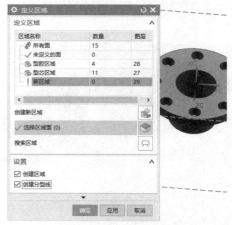

图9-63 创建定义区域

07 单击【注塑模向导】选项卡【分型工具】组中的【分型面】按钮，创建模具分型面，如图9-64所示。

08 定义模具型腔区域，如图9-65所示。

图9-64 设计分型面

图9-65 定义型腔区域

09 定义模具型腔方向，如图9-66所示。

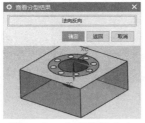

图9-66 定义型腔方向

10 定义模具型芯区域，如图9-67所示。

图9-67 定义型芯区域

11 定义模具型芯方向，如图9-68所示。至此完成法兰模具设计，如图9-69所示。

图9-68 定义型芯方向

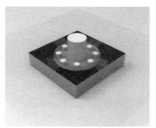

图9-69 完成法兰模具

实例 230

手柄模具设计
案例源文件：yywj/09/230.prt及模具组件

01 创建手柄零件注塑模项目，如图9-70所示。

图9-70 初始化项目模型

02 创建模具工件，设置开始距离为-25，结束距离为50，如图9-71所示。

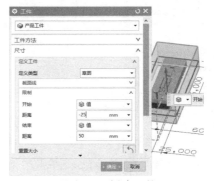

图9-71 创建工件

03 分析模具的型芯型腔，如图9-72所示。

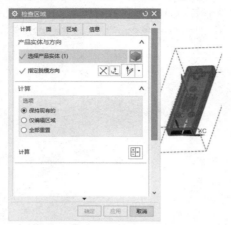

图9-72　检查区域

04 在【检查区域】对话框中，选择零件上的面作为型芯区域，如图9-73所示。

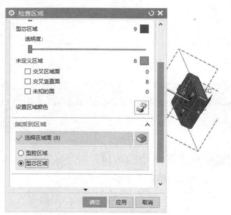

图9-73　设置型芯区域

05 创建模具的分型线和模具区域，如图9-74所示。

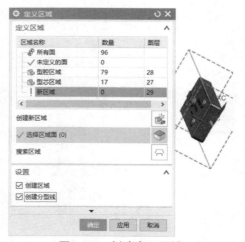

图9-74　创建定义区域

◉提示·◦

　　这里创建的分型线，是被定义在分型面和产品几何体的相交处的相交线，它与脱模方向相关。

06 创建模具分型面，如图9-75所示。

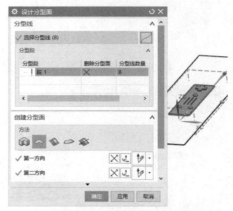

图9-75　设计分型面

07 单击【注塑模向导】选项卡【分型工具】组中的【定义型腔和型芯】按钮，定义模具型腔区域，如图9-76所示。

图9-76　定义型腔区域

08 定义模具型腔方向，如图9-77所示。

图9-77　定义型腔方向

09 定义模具型芯区域，如图9-78所示。

图9-78　定义型芯区域

🔟 定义模具型芯方向，如图9-79所示。至此完成手柄模具设计，如图9-80所示。

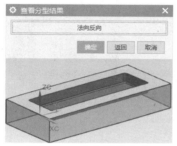

图9-79　定义型芯方向

图9-80　完成手柄模具

插座头模具设计

01 创建零件注塑模项目并创建模具工件，如图9-81和图9-82所示。

图9-81　初始化项目模型

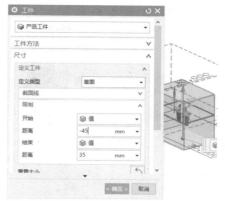

图9-82　创建工件

02 单击【注塑模向导】选项卡【分型工具】组中的【检查区域】按钮，分析模具的型芯型腔，如图9-83所示。

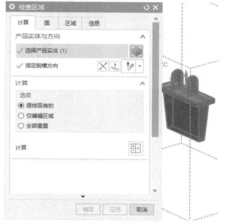

图9-83　检查区域

03 继续分析模具的型芯型腔，如图9-84所示。

图9-84　检查区域2

04 单击【注塑模向导】选项卡【分型工具】组中的【定义区域】按钮，创建分型线和模具区域，如图9-85所示。

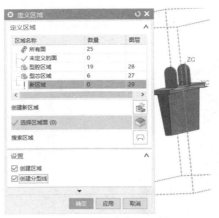

图9-85　创建定义区域

05 创建模具分型面，如图9-86所示。

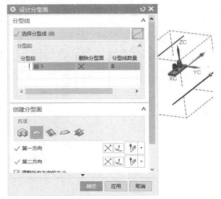

图9-86　设计分型面

◎提示·◎

　　分型面的创建是指将分型线延伸到工件的外沿生成一个片体，该片体与其他修补片体一起将工件分为型腔和型芯两部分。

06 单击【注塑模向导】选项卡【分型工具】组中的【定义型腔和型芯】按钮 ⌂，定义模具型腔区域，如图9-87所示。

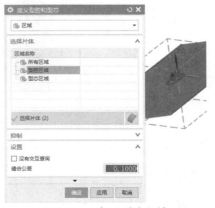

图9-87　定义型腔区域

07 定义模具型腔方向，如图9-88所示。

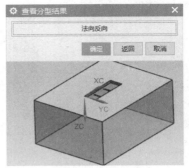

图9-88　定义型腔方向

08 定义模具型芯区域，如图9-89所示。

图9-89　定义型芯区域

09 定义模具型芯方向，如图9-90所示。至此完成插座头模具设计，如图9-91所示。

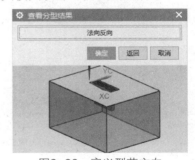

图9-90　定义型芯方向

图9-91　完成插座头模具

01 创建外壳零件注塑模项目，如图9-92所示。

图9-92 初始化项目模型

02 创建模具工件，设置开始距离为-25，结束距离为55，如图9-93所示。

图9-93 创建工件

03 该零件需要补片，因此创建零件上的空洞补片，如图9-94所示。

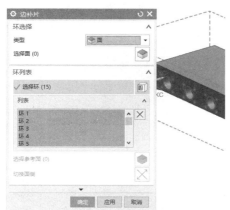

图9-94 创建边补片

04 补片后分析模具的型芯型腔，如图9-95所示。

05 在【检查区域】对话框中，选择零件上的面作为型腔区域，如图9-96所示。

图9-95 检查区域

图9-96 设置型腔区域

06 选择零件上的其他面作为型芯区域，如图9-97所示。

图9-97 设置型芯区域

07 单击【注塑模向导】选项卡【分型工具】组中的【定义区域】按钮，创建分型线和模具区域，如图9-98所示。

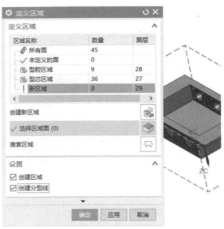

图9-98 创建定义区域

08 单击【注塑模向导】选项卡【分型工具】组中的【分型面】按钮，创建模具分型面，如图9-99所示。

图9-99 设计分型面

09 单击【注塑模向导】选项卡【分型工具】组中的【定义型腔和型芯】按钮，定义模具型腔区域，如图9-100所示。

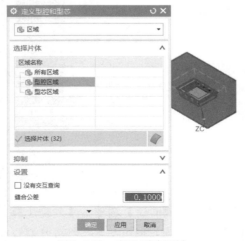

图9-100 定义型腔区域

10 定义模具型腔方向，如图9-101所示。

图9-101 定义型腔方向

11 定义模具型芯区域，如图9-102所示。

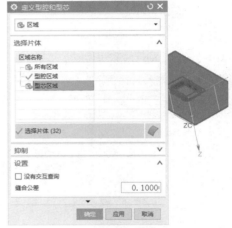

图9-102 定义型芯区域

12 定义模具型芯方向，如图9-103所示。至此完成设备外壳模具设计，如图9-104所示。

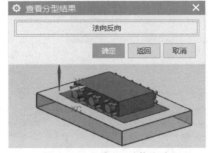

图9-103 定义型芯方向

图9-104 完成设备外壳模具

泵接头模具设计

01 创建泵接头零件注塑模项目，如图9-105所示。

图9-105　初始化项目模型

02 创建模具工件，设置开始距离为-25，结束距离为125，如图9-106所示。

图9-106　创建工件

03 单击【注塑模向导】选项卡【分型工具】组中的【曲面补片】按钮，创建零件上的空洞补片，如图9-107所示。

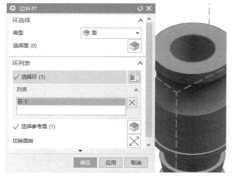

图9-107　创建边补片

04 单击【注塑模向导】选项卡【分型工具】组中的【检查区域】按钮，分析模具的型芯型腔，如图9-108所示。

图9-108　检查区域

05 在【检查区域】对话框中，选择零件上的面作为型芯区域，如图9-109所示。

图9-109　设置型芯区域

06 选择零件上的其他面作为型腔区域，如图9-110所示。

图9-110　设置型腔区域

07 单击【注塑模向导】选项卡【分型工具】组中的【定义区域】按钮，创建分型线和模具区域，如图9-111所示。

图9-111 创建定义区域

08 创建模具分型面,如图9-112所示。

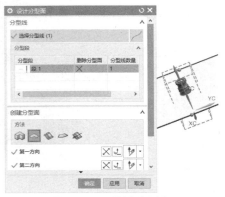

图9-112 设计分型面

09 单击【注塑模向导】选项卡【分型工具】组中的【定义型腔和型芯】按钮 ,定义模具型腔区域,如图9-113所示。

图9-113 定义型腔区域

10 定义模具型腔方向,如图9-114所示。
11 定义模具型芯区域,如图9-115所示。
12 定义模具型芯方向,如图9-116所示。至此完成泵接头模具设计,如图9-117所示。

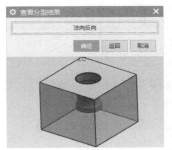

图9-114 定义型腔方向

图9-115 定义型芯区域

图9-116 定义型芯方向

图9-117 完成泵接头模具

实例 234
缸体模具设计
案例源文件:ywj/09/234.prt及模具组件

01 初始化缸体项目模型,如图9-118所示。

图9-118 初始化项目模型

UG NX 12 完全实训手册

02 创建模具工件，设置开始距离为-25，结束距离为75，如图9-119所示。

图9-119 创建工件

03 单击【注塑模向导】选项卡【分型工具】组中的【曲面补片】按钮，创建零件上的空洞补片，如图9-120所示。

图9-120 创建边补片

04 分析模具的型芯型腔，如图9-121所示。

图9-121 检查区域

05 在【检查区域】对话框中，选择零件上的面作为型腔区域，如图9-122所示。

06 创建分型线和模具区域，如图9-123所示。

07 创建模具分型面，如图9-124所示。

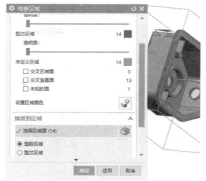

图9-122 设置型腔区域

图9-123 创建定义区域

图9-124 设计分型面

08 定义模具型腔区域，如图9-125所示。

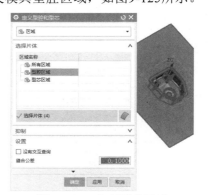

图9-125 定义型腔区域

09 定义模具型腔方向，如图9-126所示。

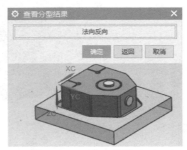

图9-126　定义型腔方向

10 定义模具型芯区域，如图9-127所示。

图9-127　定义型芯区域

11 定义模具型芯方向，如图9-128所示。至此完成缸体模具设计，如图9-129所示。

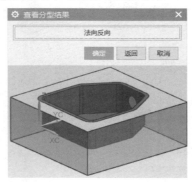

图9-128　定义型芯方向

图9-129　完成缸体模具

实例 235
散热盖模具设计

案例源文件：ywj/09/235.prt及模具组件

01 单击【注塑模向导】选项卡中的【初始化项目】按钮，创建散热盖零件注塑模项目，如图9-130所示。

图9-130　初始化项目模型

02 创建模具工件，设置开始距离为-25，结束距离为55，如图9-131所示。

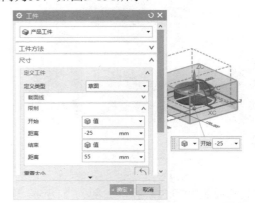

图9-131　创建工件

03 单击【注塑模向导】选项卡【分型工具】组中的【曲面补片】按钮，创建零件上的空洞补片，如图9-132所示。

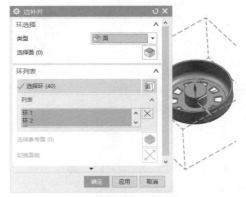

图9-132　创建边补片

04 分析模具的型芯型腔，如图9-133所示。

图9-133　检查区域

05 在【检查区域】对话框中，选择零件上的面作为型芯区域，如图9-134所示。

图9-134　设置型芯区域

06 创建分型线和模具区域，如图9-135所示。

图9-135　创建定义区域

07 创建模具分型面，如图9-136所示。

08 定义模具型腔区域，如图9-137所示。

09 定义模具型腔方向，如图9-138所示。

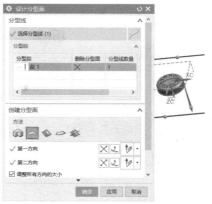

图9-136　设计分型面

图9-137　定义型腔区域

图9-138　定义型腔方向

10 定义模具型芯区域，如图9-139所示。

图9-139　定义型芯区域

11 定义模具型芯方向,如图9-140所示。至此完成散热盖模具设计,如图9-141所示。

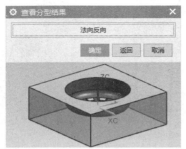

图9-140 定义型芯方向

图9-141 完成散热盖模具

实例 236

案例源文件:ywj/09/236.prt及模具组件

塑料盒模具设计

01 创建塑料盒零件注塑模具项目,如图9-142所示。

图9-142 初始化项目模型

02 创建模具工件,设置开始距离为-25,结束距离为85,如图9-143所示。

图9-143 创建工件

03 单击【注塑模向导】选项卡【分型工具】组中的【曲面补片】按钮,创建塑料盒零件上的空洞补片,如图9-144所示。

图9-144 创建边补片

04 分析模具的型芯型腔,如图9-145所示。

图9-145 检查区域

05 选择零件上的面作为型腔区域,如图9-146所示。

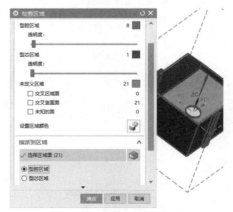

图9-146 设置型腔区域

06 创建分型线和模具区域,如图9-147所示。

07 按照两个方向创建模具分型面,如图9-148所示。

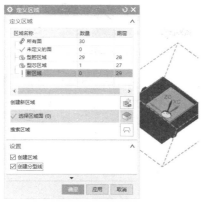

图9-147 创建定义区域

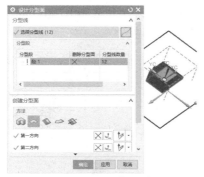

图9-148 设计分型面

08 定义模具型腔区域,如图9-149所示。

图9-149 定义型腔区域

09 定义模具型腔方向,如图9-150所示。

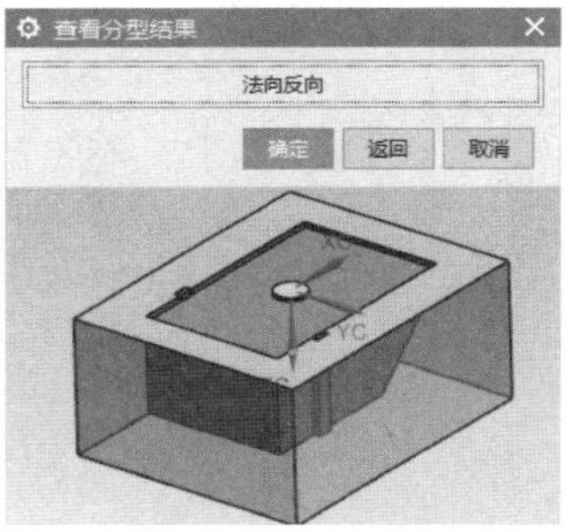

图9-150 定义型腔方向

10 定义模具型芯区域,如图9-151所示。

图9-151 定义型芯区域

11 定义模具型芯方向,如图9-152所示。至此完成塑料盒模具设计,如图9-153所示。

图9-152 定义型芯方向

图9-153 完成塑料盒模具

实例 237

⊙ 案例源文件: ywj/09/237.prt及模具组件

堵头模具设计

01 单击【注塑模向导】选项卡中的【初始化项目】按钮，创建堵头零件注塑模项目,设置收缩率为1,如图9-154所示。

图9-154 初始化项目模型

02 创建模具工件,设置开始距离为-25,结束距离为85,如图9-155所示。

03 分析模具的型芯型腔,如图9-156所示。

图9-155　创建工件

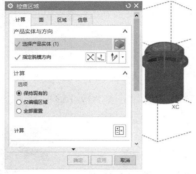

图9-156　检查区域

04 选择零件上的1个面作为型腔区域，如图9-157所示。

图9-157　设置型腔区域

05 创建分型线和模具区域，如图9-158所示。

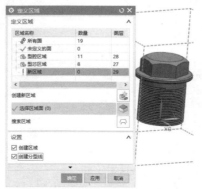

图9-158　创建定义区域

06 创建模具分型面，如图9-159所示。

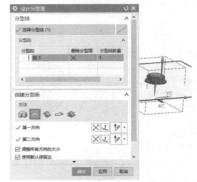

图9-159　设计分型面

07 定义模具型腔区域，如图9-160所示。

图9-160　定义型腔区域

08 定义模具型腔方向，如图9-161所示。

图9-161　定义型腔方向

09 定义模具型芯区域，如图9-162所示。

图9-162　定义型芯区域

10 定义模具型芯方向,如图9-163所示。至此完成堵头模具设计,如图9-164所示。

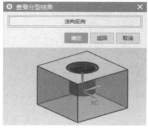

图9-163 定义型芯方向

图9-164 完成堵头模具

01 初始化支架项目模型,如图9-165所示。

图9-165 初始化项目模型

02 创建模具工件,设置开始距离为-25,结束距离为115,如图9-166所示。

图9-166 创建工件

03 分析模具的型芯型腔,如图9-167所示。

04 选择零件上的4个面作为型腔区域,如图9-168所示。

05 创建分型线和模具区域,如图9-169所示。

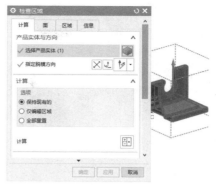

图9-167 检查区域

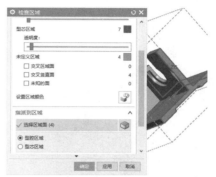

图9-168 设置型腔区域

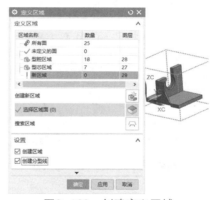

图9-169 创建定义区域

06 创建模具分型面,如图9-170所示。

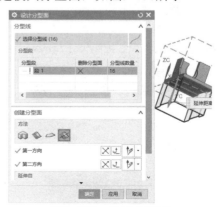

图9-170 设计分型面

07 定义模具型腔区域，如图9-171所示。

图9-171 定义型腔区域

08 定义模具型腔方向，如图9-172所示。

图9-172 定义型腔方向

09 定义模具型芯区域，如图9-173所示。

图9-173 定义型芯区域

10 定义模具型芯方向，如图9-174所示。至此完成传动外壳模具设计，如图9-175所示。

图9-174 定义型芯方向

图9-175 完成传动外壳模具

实例 **239**
🌐 案例源文件：ywj/09/239.prt及模具组件
传动外壳模具设计

01 单击【注塑模向导】选项卡中的【初始化项目】按钮，创建传动外壳零件注塑模具项目，设置收缩率为1.000，如图9-176所示。

图9-176 初始化项目模型

02 创建模具工件，设置开始距离为-25，结束距离为85，如图9-177所示。

图9-177 创建工件

03 分析模具的型芯型腔，如图9-178所示。

04 选择零件上的8个面作为型腔区域，如图9-179所示。

05 创建分型线和模具区域，如图9-180所示。

UG NX 12 完全实训手册

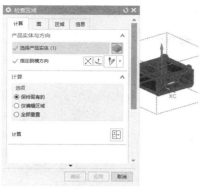

图9-178　检查区域

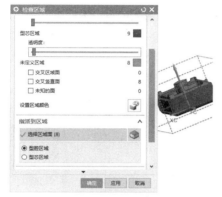

图9-179　设置型腔区域

图9-180　创建定义区域

06 创建模具分型面，如图9-181所示。

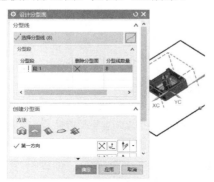

图9-181　设计分型面

07 单击【注塑模向导】选项卡【分型工具】组中的【定义型腔和型芯】按钮，定义模具型腔区域，如图9-182所示。

图9-182　定义型腔区域

08 定义模具型腔方向，如图9-183所示。

图9-183　定义型腔方向

09 定义模具型芯区域，如图9-184所示。

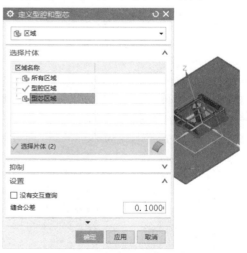

图9-184　定义型芯区域

10 定义模具型芯方向，如图9-185所示。至此完成传动外壳模具设计，如图9-186所示。

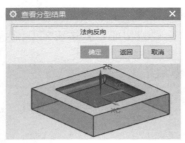

图9-185　定义型芯方向

图9-186　完成传动外壳模具

实例 240　法兰罩模具设计

⊕ 案例源文件：ywj/09/240.prt及模具组件

01 单击【注塑模向导】选项卡中的【初始化项目】按钮，创建法兰罩零件注塑模具项目，设置收缩率为1，如图9-187所示。

图9-187　初始化项目模型

02 创建模具工件，设置开始距离为-25，结束距离为65，如图9-188所示。

图9-188　创建工件

03 单击【注塑模向导】选项卡【分型工具】组中的【曲面补片】按钮，创建零件上的空洞补片，如图9-189所示。

图9-189　创建边补片

04 分析模具的型芯型腔，如图9-190所示。

图9-190　检查区域

05 选择零件上的两个面作为型腔区域，如图9-191所示。

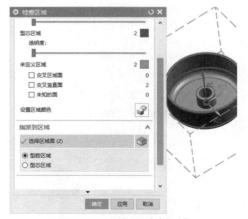

图9-191　设置型腔区域

06 单击【注塑模向导】选项卡【分型工具】组中的【定义区域】按钮，创建分型线和模具区域，如图9-192所示。

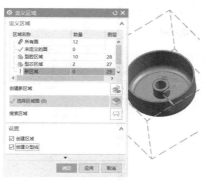

图9-192　创建定义区域

07 创建模具分型面，如图9-193所示。

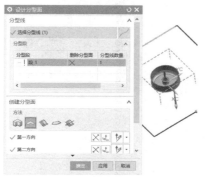

图9-193　设计分型面

08 定义模具型腔区域，如图9-194所示。

图9-194　定义型腔区域

09 定义模具型腔方向，如图9-195所示。

图9-195　定义型腔方向

10 定义模具型芯区域，如图9-196所示。

图9-196　定义型芯区域

11 定义模具型芯方向，如图9-197所示。至此完成法兰罩模具设计，如图9-198所示。

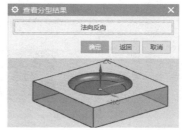

图9-197　定义型芯方向

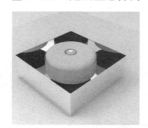

图9-198　完成法兰罩模具

实例 241 ⊕案例源文件：ywj/09/241.prt及模具组件

轮毂模具设计

01 创建轮毂零件注塑模项目，如图9-199所示。

图9-199　初始化项目模型

02 创建模具工件，设置开始距离为-25，结束距离为55，如图9-200所示。

图9-200　创建工件

03 在分型前先创建零件上的空洞补片，如图9-201所示。

图9-201　创建边补片

04 单击【注塑模向导】选项卡【分型工具】组中的【检查区域】按钮，分析模具的型芯型腔，如图9-202所示。

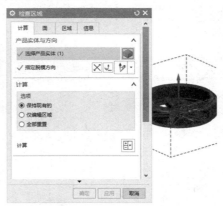

图9-202　检查区域

05 选择零件上的12个面作为型腔区域，如图9-203所示。

06 创建分型线和模具区域，如图9-204所示。

07 创建模具分型面，如图9-205所示。

图9-203　设置型腔区域

图9-204　创建定义区域

图9-205　设计分型面

08 定义模具型腔区域，如图9-206所示。

图9-206　定义型腔区域

09 定义模具型腔方向，如图9-207所示。

图9-207 定义型腔方向

10 定义模具型芯区域，如图9-208所示。

图9-208 定义型芯区域

11 定义模具型芯方向，如图9-209所示。至此完成轮毂模具设计，如图9-210所示。

图9-209 定义型芯方向

图9-210 完成轮毂模具

案例源文件：ywj/09/242.prt及模具组件

接头模具设计

01 创建接头零件注塑模项目初始化，如图9-211所示。

图9-211 初始化项目模型

02 创建模具工件，设置开始距离为-25，结束距离为125，如图9-212所示。

图9-212 创建工件

03 分析模具的型芯型腔，如图9-213所示。

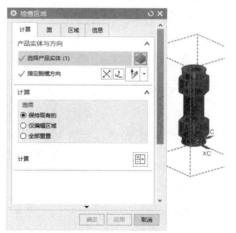

图9-213 检查区域

04 单击【注塑模向导】选项卡【分型工具】组中的【曲面补片】按钮，创建零件上的空洞补片，如图9-214所示。

图9-214　创建边补片

05 选择零件上的4个面作为型芯区域，如图9-215所示。

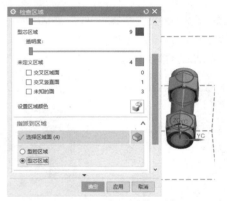

图9-215　设置型芯区域

06 单击【注塑模向导】选项卡【分型工具】组中的【定义区域】按钮，创建分型线和模具区域，如图9-216所示。

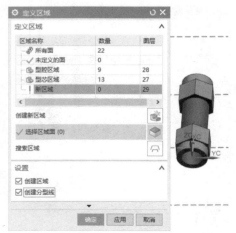

图9-216　创建定义区域

07 创建模具分型面，如图9-217所示。

08 定义模具型腔区域，如图9-218所示。

09 定义模具型腔方向，如图9-219所示。

图9-217　设计分型面

图9-218　定义型腔区域

图9-219　定义型腔方向

10 定义模具型芯区域，如图9-220所示。

图9-220　定义型芯区域

11 定义模具型芯方向，如图9-221所示。至此完成接头模具设计，如图9-222所示。

图9-221 定义型芯方向

图9-222 完成接头模具

实例 243 案例源文件：ywj/09/243.prt及模具组件
端口零件模具设计

01 单击【注塑模向导】选项卡中的【初始化项目】按钮，创建端口零件注塑模项目，如图9-223所示。

图9-223 初始化项目模型

02 创建模具工件，设置开始距离为-25，结束距离为65，如图9-224所示。

03 单击【注塑模向导】选项卡【分型工具】组中的【检查区域】按钮，分析模具的型芯型腔，如图9-225所示。

图9-224 创建工件

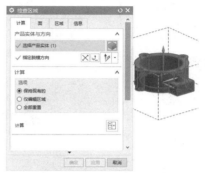

图9-225 检查区域

04 单击【注塑模向导】选项卡【分型工具】组中的【曲面补片】按钮，创建零件上的空洞补片，如图9-226所示。

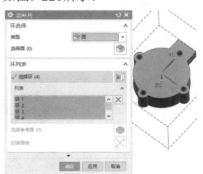

图9-226 创建边补片

05 分析模具的型芯型腔，如图9-227所示。

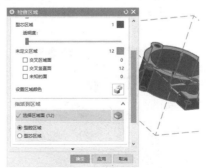

图9-227 检查区域

06 创建分型线和模具区域，如图9-228所示。

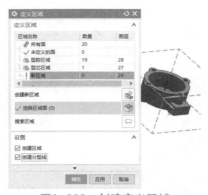

图9-228　创建定义区域

07 创建模具分型面，如图9-229所示。

图9-229　设计分型面

08 定义模具型腔区域，如图9-230所示。

图9-230　定义型腔区域

09 定义模具型腔方向，如图9-231所示。

图9-231　定义型腔方向

10 定义模具型芯区域，如图9-232所示。

图9-232　定义型芯区域

11 定义模具型芯方向，如图9-233所示。至此完成端口零件模具设计，如图9-234所示。

图9-233　定义型芯方向

图9-234　完成端口零件模具

实例 244

🎬 案例源文件：ywj/09/244.prt及模具组件

配饰模具设计

01 初始化配饰零件注塑模项目，如图9-235所示。

02 创建模具工件，设置开始距离为-25，结束距离为180，如图9-236所示。

03 分析模具的型芯型腔，如图9-237所示。

图9-235　初始化项目模型

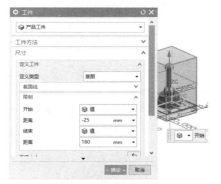

图9-236　创建工件

图9-237　检查区域

04 选择零件上的1个面作为型芯区域，如图9-238所示。

图9-238　设置型芯区域

05 创建分型线和模具区域，如图9-239所示。

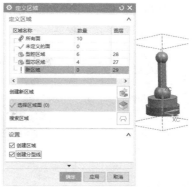

图9-239　创建定义区域

06 创建模具分型面，如图9-240所示。

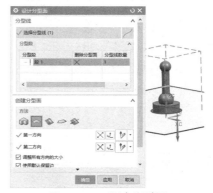

图9-240　设计分型面

07 定义模具型腔区域，如图9-241所示。

图9-241　定义型腔区域

08 定义模具型腔方向，如图9-242所示。

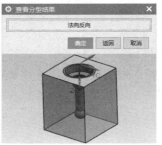

图9-242　定义型腔方向

09 定义模具型芯区域，如图9-243所示。

图9-243　定义型芯区域

10 定义模具型芯方向，如图9-244所示。至此完成配饰模具设计，如图9-245所示。

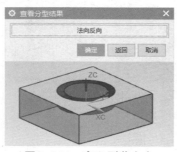

图9-244　定义型芯方向

图9-245　完成配饰模具

实例 245　● 案例源文件：ywj/09/245.prt及模具组件

烟灰缸模具设计

01 单击【注塑模向导】选项卡中的【初始化项目】按钮，创建烟灰缸零件注塑模项目，如图9-246所示。

02 创建模具工件，设置开始距离为-25，结束距离为65，如图9-247所示。

图9-246　初始化项目模型

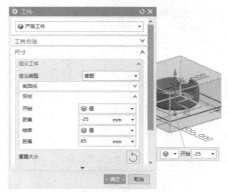

图9-247　创建工件

03 分析模具的型芯型腔，如图9-248所示。

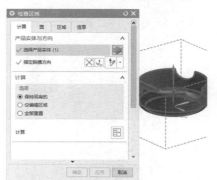

图9-248　检查区域

04 选择零件上的1个面作为型腔区域，如图9-249所示。

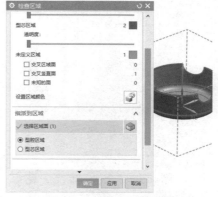

图9-249　设置型腔区域

05 创建分型线和模具区域，如图9-250所示。

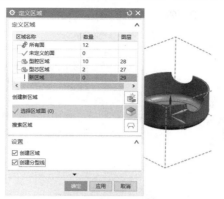

图9-250　创建定义区域

06 创建模具分型面，如图9-251所示。

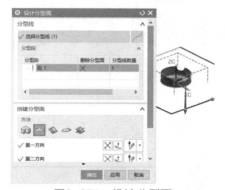

图9-251　设计分型面

07 定义模具型腔区域，如图9-252所示。

图9-252　定义型腔区域

08 定义模具型腔方向，如图9-253所示。

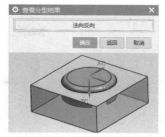

图9-253　定义型腔方向

09 定义模具型芯区域，如图9-254所示。

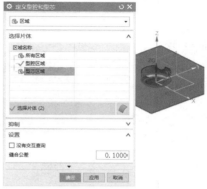

图9-254　定义型芯区域

10 定义模具型芯方向，如图9-255所示。至此完成烟灰缸模具设计，如图9-256所示。

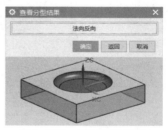

图9-255　定义型芯方向

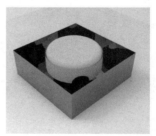

图9-256　完成烟灰缸模具

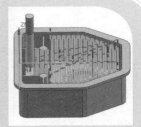

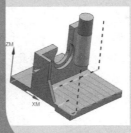

第 10 章　数控加工

01 单击【应用模块】选项卡【加工】组中的【加工】按钮 🛠️，打开【加工环境】对话框，设置参数，如图10-1所示，单击【确定】按钮。

图10-1 设置加工环境

02 单击【主页】选项卡【插入】组中的【创建刀具】按钮 🔧，打开【创建刀具】对话框，选择立铣刀刀具类型，如图10-2所示，单击【确定】按钮。

图10-2 创建刀具

03 在弹出的【铣刀-5参数】对话框中，设置刀具参数，如图10-3所示，单击【确定】按钮。

04 单击【主页】选项卡【插入】组中的【创建几何体】按钮 🔩，打开【创建几何体】对话框，选择几何体类型，如图10-4所示，单击【确定】按钮。

05 在弹出的MCS对话框中，设置坐标系参数，如图10-5所示，单击【确定】按钮。

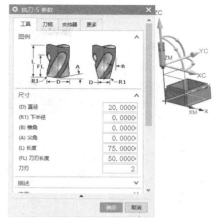

图10-3 设置刀具参数

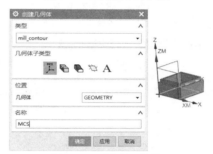

图10-4 创建几何体

图10-5 设置机床坐标系

06 单击【主页】选项卡【插入】组中的【创建工序】按钮 🛠️，打开【创建工序】对话框，设置型腔铣工序参数，如图10-6所示，单击【确定】按钮。

07 在弹出的【型腔铣】对话框中，单击【选择或编辑部件几何体】按钮 🔲，弹出【部件几何体】对话框，选择加工部件，如图10-7所示，单击【确定】按钮。

08 在弹出的【型腔铣】对话框中，单击【选择或编辑切削区域】按钮 🔲，弹出【切削区域】对话框，选择零件加工面，如图10-8所示，单击【确定】按钮。

图10-6 创建加工工序

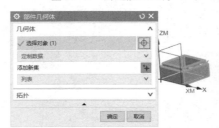

图10-7 选择加工部件

图10-8 设置切削区域

09 在弹出的【型腔铣】对话框【刀轨设置】组中，设置刀轨加工参数，如图10-9所示，单击【生成】按钮 ▶。至此完成方盒铣削加工，如图10-10所示。

图10-9 设置加工刀轨

图10-10 完成方盒铣削加工

实例 247 ⊙ 案例源文件：ywj/10/247.prt
飞盘铣削加工

01 打开【加工环境】对话框，设置铣削配置参数，如图10-11所示。

图10-11 设置加工环境

02 打开【创建刀具】对话框，选择面铣刀刀具类型，如图10-12所示。

图10-12 创建刀具

03 在弹出的【铣刀-T型刀】对话框中，设置刀具参数，如图10-13所示。

04 打开【创建工序】对话框，设置带边界面铣工序参数，如图10-14所示。

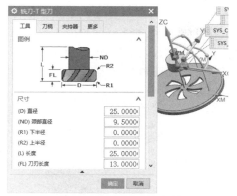

图10-13　设置刀具参数

图10-14　创建加工工序

◎提示·。

　　平面铣削加工创建的刀具路径可以在某个平面内切除材料。平面铣削加工经常用来在精加工之前对某个零件进行粗加工，需要指定毛坯材料。

05 在弹出的【面铣】对话框中，单击【选择或编辑部件几何体】按钮，打开【部件几何体】对话框，选择加工部件，如图10-15所示。

图10-15　选择加工部件

06 在弹出的【面铣】对话框中，单击【选择或编辑几何体】按钮，打开【毛坯边界】对话框，选择毛坯边界，如图10-16所示。

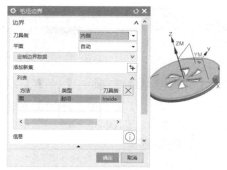

图10-16　设置毛坯边界

07 在弹出的【面铣】对话框中，单击【选择或编辑检查几何体】按钮，打开【检查几何体】对话框，选择几何体，如图10-17所示。

图10-17　设置检查几何体

08 在弹出的【面铣】对话框【刀轨设置】组中，设置刀轨加工参数，如图10-18所示，单击【生成】按钮。至此完成飞盘铣削加工，如图10-19所示。

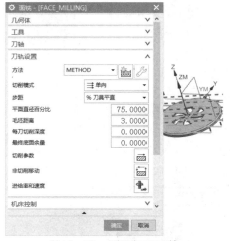

图10-18　设置加工刀轨

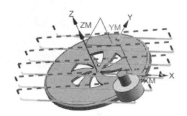

图10-19　完成飞盘铣削加工

实例 248 🔘 案例源文件：ywj/10/248.prt

滑轮铣削加工

01 单击【应用模块】选项卡【加工】组中的【加工】按钮，打开【加工环境】对话框，设置铣削配置参数，如图10-20所示。

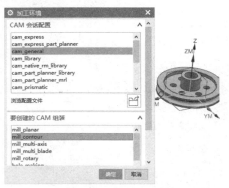

图10-20　设置加工环境

02 打开【创建刀具】对话框，选择立铣刀刀具类型，如图10-21所示。

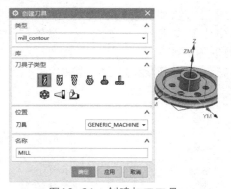

图10-21　创建加工刀具

03 在弹出的【铣刀-5参数】对话框中，设置刀具参数，如图10-22所示。

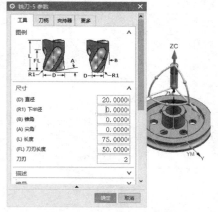

图10-22　设置刀具参数

04 单击【主页】选项卡【插入】组中的【创建工序】按钮，打开【创建工序】对话框，设置插铣削工序参数，如图10-23所示。

图10-23　创建加工工序

◎提示·◎

插铣削加工主要用来加工切削深度较大的零件，因此插铣削的加工刀具一般较长。插铣削加工可以较快地切除零件中的大量材料。

05 在弹出的【插铣】对话框中，单击【选择或编辑部件几何体】按钮，弹出【部件几何体】对话框，选择加工部件，如图10-24所示。

图10-24　选择加工部件

06 在弹出的【插铣】对话框中，单击【选择或编辑切削区域】按钮，弹出【切削区域】对话框，选择零件加工面，如图10-25所示。

图10-25　设置切削区域

07 在弹出的【插铣】对话框【刀轨设置】组中，设置刀轨加工参数，如图10-26所示，单击【生成】按钮 。至此完成滑轮铣削加工，如图10-27所示。

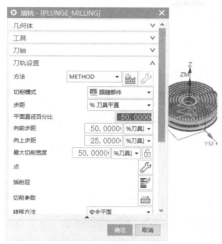

图10-26 设置加工刀轨

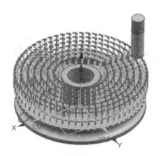

图10-27 完成滑轮铣削加工

实例 249
轴承座铣削加工　◉ 案例源文件：ywi/10/249.prt

01 打开【加工环境】对话框，设置孔加工配置参数，如图10-28所示。

图10-28 设置加工环境

02 单击【主页】选项卡【插入】组中的【创建

刀具】按钮 ，打开【创建刀具】对话框，选择钻头刀具类型，如图10-29所示。

图10-29 创建刀具

03 在弹出的【钻刀】对话框中，设置刀具参数，如图10-30所示。

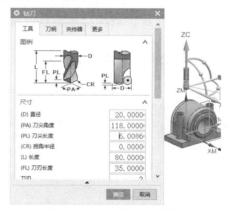

图10-30 设置刀具参数

04 单击【主页】选项卡【插入】组中的【创建工序】按钮 ，打开【创建工序】对话框，设置钻孔工序参数，如图10-31所示。

图10-31 创建加工工序

05 在弹出的【钻孔】对话框中，单击【选择或编辑特征几何体】按钮 ，弹出【特征几何体】对话框，选择加工孔，如图10-32所示。

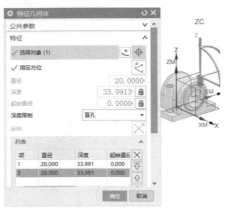

图10-32　设置特征几何体

06 在弹出的【钻孔】对话框【刀轨设置】组中，设置刀轨加工参数，如图10-33所示，单击【生成】按钮。至此完成轴承座铣削加工，如图10-34所示。

图10-33　设置加工刀轨

图10-34　完成轴承座铣削加工

实例 250　案例源文件：ywj/10/250.prt

法兰铣削加工

01 打开【加工环境】对话框，设置铣削配置参数，如图10-35所示。

图10-35　设置加工环境

02 单击【主页】选项卡【插入】组中的【创建刀具】按钮，打开【创建刀具】对话框，选择斜角铣刀刀具类型，如图10-36所示。

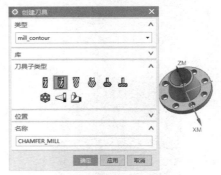

图10-36　创建刀具

03 在弹出的【倒斜铣刀】对话框中，设置刀具参数，如图10-37所示。

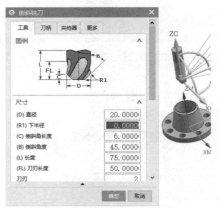

图10-37　设置刀具参数

04 单击【主页】选项卡【插入】组中的【创建工序】按钮，打开【创建工序】对话框，设置固定轮廓铣工序参数，如图10-38所示。

05 在弹出的【固定轮廓铣】对话框中，单击【选择或编辑部件几何体】按钮，弹出【部件几何体】对话框，选择加工部件，如图10-39所示。

图10-38 创建加工工序

图10-39 选择加工部件

06 在弹出的【固定轮廓铣】对话框中，单击【选择或编辑切削区域】按钮，弹出【切削区域】对话框，选择零件加工面，如图10-40所示。

图10-40 设置切削区域

07 在弹出的【固定轮廓铣】对话框【驱动方法】组中，选择曲面区域方法，弹出【曲面区域驱动方法】对话框，选择加工曲面，如图10-41所示。

图10-41 设置曲面区域驱动方法

08 在弹出的【固定轮廓铣】对话框【刀轨设置】组中，设置刀轨加工参数，如图10-42所示，单击【生成】按钮。至此完成法兰铣削加工，如图10-43所示。

图10-42 设置加工刀轨

图10-43 完成法兰铣削加工

实例 251

案例源文件：ywj/10/251.prt

十字轴铣削加工

01 打开【加工环境】对话框，设置铣削配置参数，如图10-44所示。

图10-44 设置加工环境

02 单击【主页】选项卡【插入】组中的【创建刀具】按钮，打开【创建刀具】对话框，选择立铣刀刀具类型，如图10-45所示。

图10-45　创建刀具

03 在弹出的【铣刀-5参数】对话框中，设置刀具参数，如图10-46所示。

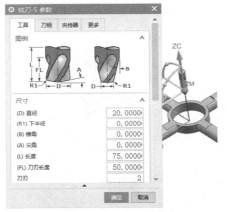

图10-46　设置刀具参数

04 单击【主页】选项卡【插入】组中的【创建工序】按钮，打开【创建工序】对话框，设置型腔铣工序参数，如图10-47所示。

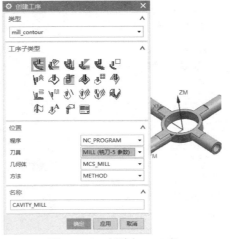

图10-47　创建加工工序

> ◎提示·◎
>
> 　　型腔铣削可以加工侧壁与底面不垂直的零件，也可以加工底面不是平面的零件。此外，型腔铣削还可以加工模具的型腔或者型芯。

05 在弹出的【型腔铣】对话框中，单击【选择或编辑部件几何体】按钮，弹出【部件几何体】对话框，选择加工部件，如图10-48所示。

图10-48　选择加工部件

06 在弹出的【型腔铣】对话框中，单击【选择或编辑切削区域】按钮，弹出【切削区域】对话框，选择零件加工面，如图10-49所示。

图10-49　设置切削区域

07 在弹出的【型腔铣】对话框【刀轨设置】组中，设置刀轨加工参数，如图10-50所示，单击【生成】按钮。至此完成十字轴铣削加工，如图10-51所示。

图10-50　设置加工刀轨

图10-51　完成十字轴铣削加工

实例 252

（图标）案例源文件：ywj/10/252.prt

设备外壳铣削加工

01 打开【加工环境】对话框，设置铣削配置参数，如图10-52所示。

图10-52　设置加工环境

02 单击【主页】选项卡【插入】组中的【创建刀具】按钮，打开【创建刀具】对话框，选择立铣刀刀具类型，如图10-53所示。

图10-53　创建刀具

03 在弹出的【铣刀-5参数】对话框中，设置刀具参数，如图10-54所示。

04 单击【主页】选项卡【插入】组中的【创建工序】按钮，打开【创建工序】对话框，设置带边界面铣工序参数，如图10-55所示。

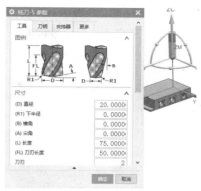

图10-54　设置刀具参数

图10-55　创建加工工序

05 在弹出的【面铣】对话框中，单击【选择或编辑部件几何体】按钮，弹出【部件几何体】对话框，选择加工部件，如图10-56所示。

图10-56　选择加工部件

06 在弹出的【面铣】对话框中，单击【选择或编辑几何体】按钮，弹出【毛坯边界】对话框，选择加工曲面，如图10-57所示。

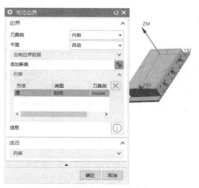

图10-57　设置毛坯边界

07 在弹出的【面铣】对话框【刀轨设置】组中，设置刀轨加工参数，如图10-58所示，单击【生成】按钮 ⚒。至此完成设备外壳铣削加工，如图10-59所示。

图10-58　设置加工刀轨

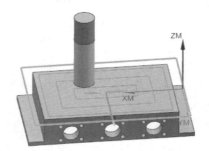

图10-59　完成设备外壳铣削加工

实例 253 　 ⊙ 案例源文件：ywj/10/253.prt
缸体铣削加工

01 打开【加工环境】对话框，设置铣削配置参数，如图10-60所示。

图10-60　设置加工环境

02 打开【创建刀具】对话框，选择立铣刀刀具类型，如图10-61所示。

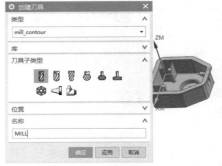

图10-61　创建加工刀具

03 在弹出的【铣刀-5参数】对话框中，设置刀具参数，如图10-62所示。

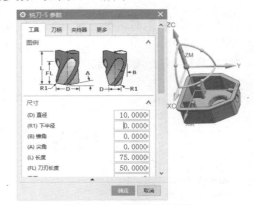

图10-62　设置刀具参数

04 打开【创建工序】对话框，设置型腔铣工序参数，如图10-63所示。

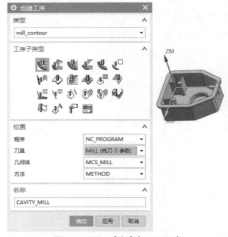

图10-63　创建加工工序

05 在弹出的【型腔铣】对话框中，单击【选择或编辑部件几何体】按钮 🗔，弹出【部件几何体】对话框，选择加工部件，如图10-64所示。

图10-64 选择加工部件

06 在弹出的【型腔铣】对话框中，单击【选择或编辑切削区域】按钮 🐚 ，弹出【切削区域】对话框，选择零件加工面，如图10-65所示。

图10-65 设置切削区域

07 在弹出的【型腔铣】对话框【刀轨设置】组中，设置刀轨加工参数，如图10-66所示，单击【生成】按钮 ▶ 。至此完成缸体铣削加工，如图10-67所示。

图10-66 设置加工刀轨

图10-67 完成缸体铣削加工

密封盖铣削加工

01 打开【加工环境】对话框，设置孔加工配置参数，如图10-68所示。

图10-68 设置加工环境

02 打开【创建刀具】对话框，选择钻头刀具类型，如图10-69所示。

图10-69 创建加工刀具

03 在弹出的【钻刀】对话框中，设置刀具参数，如图10-70所示。

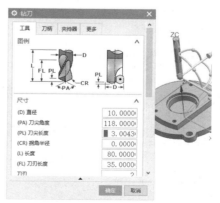

图10-70 设置刀具参数

04 单击【主页】选项卡【插入】组中的【创建

工序】按钮，打开【创建工序】对话框，设置定心钻工序参数，如图10-71所示。

图10-71 创建加工工序

05 在弹出的【定心钻】对话框中，单击【选择或编辑特征几何体】按钮，弹出【特征几何体】对话框，选择加工孔，如图10-72所示。

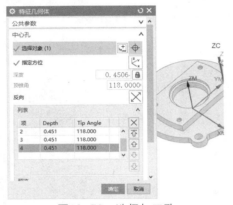

图10-72 选择加工孔

06 在弹出的【定心钻】对话框【刀轨设置】组中，设置刀轨加工参数，如图10-73所示，单击【生成】按钮。至此完成密封盖铣削加工，如图10-74所示。

图10-73 设置加工刀轨

图10-74 完成密封盖铣削加工

实例 255
异型缸体铣削加工
案例源文件：ywj/10/255.prt

01 打开【加工环境】对话框，设置铣削配置参数，如图10-75所示。

图10-75 设置加工环境

02 打开【创建刀具】对话框，选择立铣刀刀具类型，如图10-76所示。

图10-76 创建刀具

03 在弹出的【铣刀-5参数】对话框中，设置刀具参数，如图10-77所示。

04 单击【主页】选项卡【插入】组中的【创建工序】按钮，打开【创建工序】对话框，设置插铣工序参数，如图10-78所示。

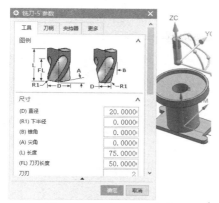

图10-77　设置刀具参数

图10-78　创建加工工序

05 在弹出的【插铣】对话框中，单击【选择或编辑部件几何体】按钮 ▧，弹出【部件几何体】对话框，选择加工部件，如图10-79所示。

图10-79　选择加工部件

06 在弹出的【插铣】对话框中，单击【选择或编辑切削区域】按钮 ▧，弹出【切削区域】对话框，选择零件加工面，如图10-80所示。

图10-80　设置切削区域

07 在弹出的【插铣】对话框【刀轨设置】组中，设置刀轨加工参数，如图10-81所示，单击【生成】按钮 ▶。至此完成异型缸体铣削加工，如图10-82所示。

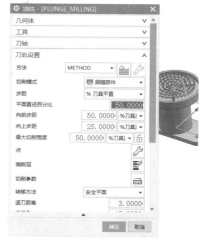

图10-81　设置加工刀轨

图10-82　完成异型缸体铣削加工

实例 256　◉ 案例源文件：ywj/10/256.prt

散热盖铣削加工

01 打开【加工环境】对话框，设置铣削配置参数，如图10-83所示，单击【确定】按钮。

图10-83　设置加工环境

02 打开【创建刀具】对话框，选择斜角铣刀刀具类型，如图10-84所示，单击【确定】按钮。

图10-84　创建加工刀具

03 在弹出的【倒斜铣刀】对话框中，设置刀具参数，如图10-85所示，单击【确定】按钮。

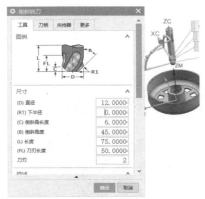

图10-85　设置刀具参数

04 单击【主页】选项卡【插入】组中的【创建工序】按钮，打开【创建工序】对话框，设置型腔铣工序参数，如图10-86所示。

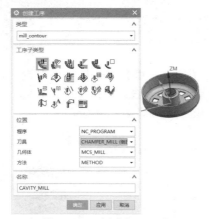

图10-86　创建加工工序

05 在弹出的【型腔铣】对话框中，单击【选择或编辑部件几何体】按钮，弹出【部件几何体】对话框，选择加工部件，如图10-87所示。

图10-87　设置部件几何体

06 在弹出的【型腔铣】对话框中，单击【选择或编辑切削区域】按钮，弹出【切削区域】对话框，选择零件加工面，如图10-88所示。

图10-88　设置切削区域

07 在弹出的【型腔铣】对话框【刀轨设置】组中，设置刀轨加工参数，如图10-89所示，单击【生成】按钮。至此完成散热盖铣削加工，如图10-90所示。

图10-89　设置加工刀轨

图10-90　完成散热盖铣削加工

01 打开【加工环境】对话框，设置平面铣削配置参数，如图10-91所示。

图10-91　设置加工环境

02 单击【主页】选项卡【插入】组中的【创建刀具】按钮，打开【创建刀具】对话框，选择立铣刀刀具类型，如图10-92所示。

图10-92　创建加工刀具

03 在弹出的【铣刀-5参数】对话框中，设置刀具参数，如图10-93所示。

图10-93　设置刀具参数

04 单击【主页】选项卡【插入】组中的【创建

工序】按钮，打开【创建工序】对话框，设置带边边界铣工序参数，如图10-94所示。

图10-94　创建加工工序

05 在弹出的【面铣】对话框中，单击【选择或编辑部件几何体】按钮，弹出【部件几何体】对话框，选择加工部件，如图10-95所示。

图10-95　设置部件几何体

06 在弹出的【面铣】对话框中，单击【选择或编辑几何体】按钮，弹出【毛坯边界】对话框，选择加工曲面，如图10-96所示。

图10-96　设置毛坯边界

07 在弹出的【面铣】对话框【刀轨设置】组中，设置刀轨加工参数，如图10-97所示，单击【生成】按钮。至此完成连接座铣削加工，如图10-98所示。

图10-97 设置加工刀轨

图10-98 完成连接座铣削加工

实例 258
◎ 案例源文件：ywyj/10/258.prt
异形底座铣削加工

01 打开【加工环境】对话框，设置铣削配置参数，如图10-99所示。

图10-99 设置加工环境

02 打开【创建刀具】对话框，选择立铣刀刀具类型，如图10-100所示。

03 在弹出的【铣刀-5参数】对话框中，设置刀具参数，如图10-101所示。

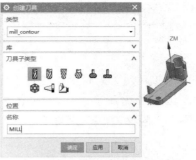

图10-100 创建刀具

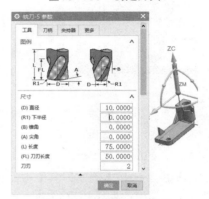

图10-101 设置刀具参数

04 单击【主页】选项卡【插入】组中的【创建工序】按钮，打开【创建工序】对话框，设置固定轮廓铣工序参数，如图10-102所示。

图10-102 创建加工工序

05 在弹出的【固定轮廓铣】对话框中，单击【选择或编辑部件几何体】按钮，弹出【部件几何体】对话框，选择加工部件，如图10-103所示。

06 在弹出的【固定轮廓铣】对话框中，单击【选择或编辑切削区域】按钮，弹出【切削区域】对话框，选择零件加工面，如图10-104

所示。

图10-103　选择加工部件

图10-104　设置切削区域

07 在弹出的【固定轮廓铣】对话框【驱动方法】组中，选择曲面区域方法，弹出【曲面区域驱动方法】对话框，选择加工曲面，如图10-105所示。

图10-105　设置曲面区域驱动方法

08 在弹出的【固定轮廓铣】对话框【刀轨设置】组中，设置刀轨加工参数，如图10-106所示，单击【生成】按钮 ▶。至此完成异形底座铣削加工，如图10-107所示。

图10-106　设置加工刀轨

图10-107　完成异形底座铣削加工

实例259　连接法兰铣削加工

案例源文件：ywj/10/259.prt

01 打开【加工环境】对话框，设置铣削配置参数，如图10-108所示。

图10-108　设置加工环境

02 打开【创建刀具】对话框，选择立铣刀刀具类型，单击【确定】按钮，如图10-109所示。

图10-109　创建刀具

03 在弹出的【铣刀-5参数】对话框中，设置刀具参数，单击【确定】按钮，如图10-110所示。

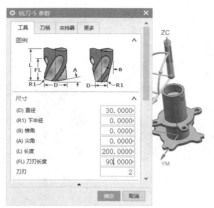

图10-110　设置刀具参数

04 单击【主页】选项卡【插入】组中的【创建工序】按钮，打开【创建工序】对话框，设置型腔铣工序参数，单击【确定】按钮，如图10-111所示。

图10-111　创建加工工序

05 在弹出的【型腔铣】对话框中，单击【选择或编辑部件几何体】按钮，弹出【部件几何体】对话框，选择加工部件，单击【确定】按钮，如图10-112所示。

图10-112　选择加工部件

06 在弹出的【型腔铣】对话框中，单击【选择或编辑切削区域】按钮，弹出【切削区域】对话框，选择零件加工面，单击【确定】按钮，如图10-113所示。

图10-113　设置切削区域

07 在弹出的【型腔铣】对话框【刀轨设置】组中，设置刀轨加工参数，如图10-114所示，单击【生成】按钮。至此完成连接法兰铣削加工，如图10-115所示。

图10-114　设置加工刀轨

图10-115　完成连接法兰铣削加工

实例 260　　　● 案例源文件：ywj/10/260.prt

偏心轮铣削加工

01 打开【加工环境】对话框，设置铣削配置参数，如图10-116所示，单击【确定】按钮。

02 打开【创建刀具】对话框，选择立铣刀刀具类型，如图10-117所示，单击【确定】按钮。

图10-116　设置加工环境

图10-117　创建刀具

03 在弹出的【铣刀-5参数】对话框中，设置刀具参数，如图10-118所示，单击【确定】按钮。

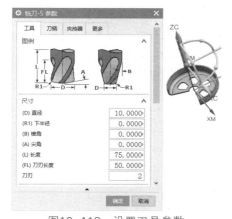

图10-118　设置刀具参数

04 单击【主页】选项卡【插入】组中的【创建工序】按钮，打开【创建工序】对话框，设置型腔铣工序参数，单击【确定】按钮，如图10-119所示。

05 在弹出的【型腔铣】对话框中，单击【选择或编辑部件几何体】按钮，弹出【部件几何体】对话框，选择加工部件，单击【确定】按钮，如图10-120所示。

图10-119　创建加工工序

图10-120　选择加工部件

06 在弹出的【型腔铣】对话框中，单击【选择或编辑切削区域】按钮，弹出【切削区域】对话框，选择零件加工面，如图10-121所示，单击【确定】按钮。

图10-121　设置切削区域

07 在弹出的【型腔铣】对话框【刀轨设置】组中，设置刀轨加工参数，如图10-122所示，单击【生成】按钮。至此完成偏心轮铣削加工，如图10-123所示。

图10-122　设置加工刀轨

图10-123　完成偏心轮铣削加工

实例261　　⊛ 案例源文件：ywj/10/261.prt

支架铣削加工

01 打开【加工环境】对话框，设置铣削配置参数，如图10-124所示。

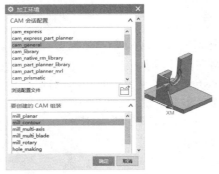

图10-124　设置加工环境

02 打开【创建刀具】对话框，选择立铣刀刀具类型，如图10-125所示，单击【确定】按钮。

图10-125　创建刀具

03 在弹出的【铣刀-5参数】对话框中，设置刀具参数，如图10-126所示，单击【确定】按钮。

04 打开【创建工序】对话框，设置固定轮廓铣工序参数，如图10-127所示，单击【确定】按钮。

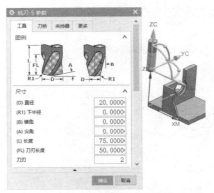

图10-126　设置刀具参数

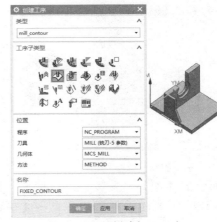

图10-127　创建加工工序

05 在弹出的【固定轮廓铣】对话框中，单击【选择或编辑部件几何体】按钮 ⏹，弹出【部件几何体】对话框，选择加工部件，如图10-128所示，单击【确定】按钮。

图10-128　选择加工部件

06 在弹出的【固定轮廓铣】对话框中，单击【选择或编辑切削区域】按钮 ⏹，弹出【切削区域】对话框，选择零件加工面，如图10-129所示。

图10-129　设置切削区域

07 在弹出的【固定轮廓铣】对话框【驱动方法】组中，选择曲面区域方法，弹出【曲面区域驱动方法】对话框，选择加工曲面，如图10-130所示。

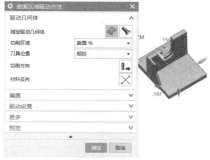

图10-130 设置曲面区域驱动方法

08 在弹出的【固定轮廓铣】对话框【刀轨设置】组中，设置刀轨加工参数，如图10-131所示，单击【生成】按钮 ▶。至此完成支架铣削加工，如图10-132所示。

图10-131 设置加工刀轨

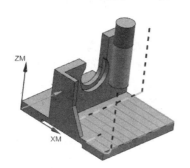

图10-132 完成支架铣削加工

实例 262
波纹轮孔加工
案例源文件：ywj/10/262.prt

01 打开【加工环境】对话框，设置孔加工配置参数，如图10-133所示，单击【确定】按钮。

图10-133 设置加工环境

02 打开【创建刀具】对话框，选择钻头刀具类型，如图10-134所示，单击【确定】按钮。

图10-134 创建刀具

03 在弹出的【钻刀】对话框中，设置钻刀刀具参数，如图10-135所示，单击【确定】按钮。

图10-135 设置刀具参数

04 单击【主页】选项卡【插入】组中的【创建工序】按钮 ，打开【创建工序】对话框，设置钻孔工序参数，如图10-136所示，单击【确定】按钮。

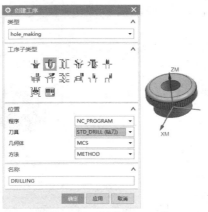

图10-136 创建加工工序

> ◎提示·◎
>
>   钻孔加工需要指定点位加工操作的几何体，即孔的位置，如指定孔、指定部件表面和指定底面等。

05 在弹出的【钻孔】对话框中，单击【选择或编辑特征几何体】按钮💠，弹出【特征几何体】对话框，选择加工孔，如图10-137所示。

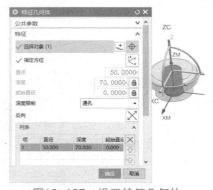

图10-137 设置特征几何体

06 在弹出的【钻孔】对话框【刀轨设置】组中，设置加工刀轨参数，如图10-138所示，单击【生成】按钮🏃。至此完成波纹轮孔加工，如图10-139所示。

图10-138 设置加工刀轨

图10-139 完成波纹轮孔加工

实例 263　◉ 案例源文件·ywj/10/263.prt

法兰罩孔加工

01 打开【加工环境】对话框，设置孔加工配置参数，如图10-140所示。

图10-140 设置加工环境

02 单击【主页】选项卡【插入】组中的【创建刀具】按钮🔧，打开【创建刀具】对话框，选择立铣刀刀具类型，如图10-141所示。

图10-141 创建加工刀具

03 在弹出的【铣刀-5参数】对话框中，设置刀具参数，如图10-142所示。

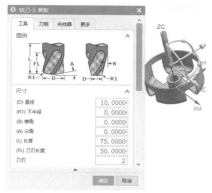

图10-142　设置刀具参数

04 单击【主页】选项卡【插入】组中的【创建工序】按钮，打开【创建工序】对话框，设置孔铣工序参数，单击【确定】按钮，如图10-143所示。

图10-143　创建加工工序

05 在弹出的【孔铣】对话框中，单击【选择或编辑特征几何体】按钮，弹出【特征几何体】对话框，选择加工孔，如图10-144所示。

图10-144　选择加工孔

06 在【孔铣】对话框【刀轨设置】组中，设置刀轨加工参数，如图10-145所示，单击【生

成】按钮。至此完成法兰罩孔加工，如图10-146所示。

图10-145　设置加工刀轨

图10-146　完成法兰罩孔加工

实例 264　刹车盘孔加工

◎ 案例源文件：ywj/10/264.prt

01 打开【加工环境】对话框，设置孔加工配置参数，如图10-147所示，单击【确定】按钮。

图10-147　设置加工环境

02 打开【创建刀具】对话框，选择钻头刀具类型，如图10-148所示。

图10-148　创建刀具

03 在弹出的【钻刀】对话框中，设置钻刀刀具参数，如图10-149所示。

图10-149　设置刀具参数

04 打开【创建工序】对话框，设置钻孔工序参数，如图10-150所示，单击【确定】按钮。

图10-150　创建加工工序

05 在弹出的【钻孔】对话框中，单击【选择或编辑特征几何体】按钮，弹出【特征几何体】对话框，选择加工孔，如图10-151所示。

06 在弹出的【钻孔】对话框【刀轨设置】组中，设置刀轨加工参数，如图10-152所示，单

击【生成】按钮。至此完成刹车盘孔加工，如图10-153所示。

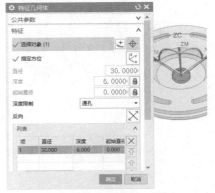

图10-151　选择加工孔

图10-152　设置钻孔刀轨

图10-153　完成刹车盘孔加工

实例 265 　案例源文件：ywj/10/265.prt

阶梯轴加工

01 打开【加工环境】对话框，设置车削配置参数，如图10-154所示，单击【确定】按钮。

02 单击【主页】选项卡【插入】组中的【创建刀具】按钮，打开【创建刀具】对话框，选择左车刀刀具类型，如图10-155所示，单击【确定】按钮。

03 在弹出的【车刀-标准】对话框中，设置刀具参数，如图10-156所示。

图10-154　设置加工环境

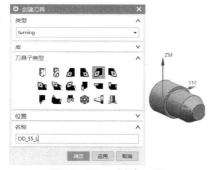

图10-155　创建刀具

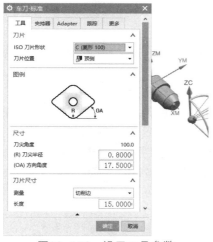

图10-156　设置刀具参数

04 打开【创建几何体】对话框，选择几何体类型，如图10-157所示，单击【确定】按钮。

图10-157　创建几何体

05 在弹出的【车削工件】对话框中，设置部件和毛坯参数，如图10-158所示，单击【确定】按钮。

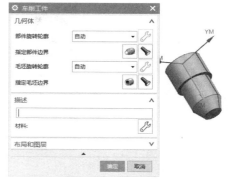

图10-158　设置车削工件

06 单击【主页】选项卡【插入】组中的【创建工序】按钮，打开【创建工序】对话框，单击【确定】按钮，设置外径粗车工序参数，如图10-159所示。

图10-159　创建加工工序

07 在弹出的【外径粗车】对话框【刀轨设置】组中，设置刀轨加工参数，如图10-160所示，单击【生成】按钮。至此完成阶梯轴加工，如图10-161所示。

◎提示·◎

粗车车削加工主要用来切除工件的大量材料。可以选择合适的车削方式，如单向线性切削类型、线性往复切削类型、倾斜往复切削类型、倾斜单向切削类型和单向轮廓切削类型等进行加工。

图10-160 设置加工参数

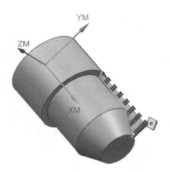

图10-161 完成阶梯轴加工

实例 266 🔘 案例源文件: ywj/10/266.prt

锥形头加工

01 打开【加工环境】对话框，设置车削配置参数，如图10-162所示。

图10-162 设置加工环境

02 打开【创建刀具】对话框，选择左车刀刀具类型，如图10-163所示。

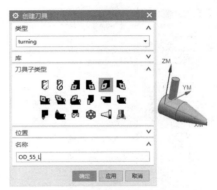

图10-163 创建刀具

03 在弹出的【车刀-标准】对话框中，设置刀具参数，如图10-164所示。

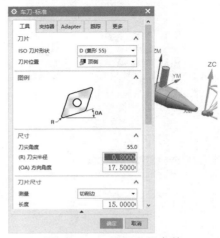

图10-164 设置刀具参数

04 单击【主页】选项卡【插入】组中的【创建几何体】按钮，打开【创建几何体】对话框，选择几何体类型，如图10-165所示。

图10-165 创建几何体

05 在弹出的【车削工件】对话框中，设置部件和毛坯参数，如图10-166所示。

06 单击【主页】选项卡【插入】组中的【创建工序】按钮，打开【创建工序】对话框，设置外径精车工序参数，如图10-167所示。

图10-166　设置车削工件

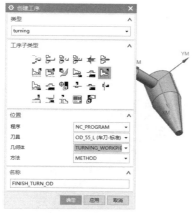

图10-167　创建加工工序

07 在弹出的【外径精车】对话框【刀轨设置】组中，设置刀轨加工参数，如图10-168所示，单击【生成】按钮 ▶ 。至此完成锥形头加工，如图10-169所示。

图10-168　设置加工参数

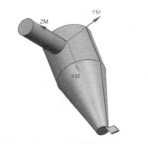

图10-169　完成锥形头加工

实例 267 ◉ 案例源文件：ywj/10/267.prt

螺纹接头加工

01 打开【加工环境】对话框，设置车削配置参数，如图10-170所示。

图10-170　设置加工环境

02 打开【创建刀具】对话框，选择左车刀刀具类型，如图10-171所示。

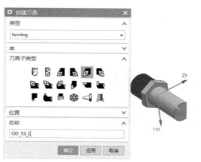

图10-171　创建刀具

03 在弹出的【车刀-标准】对话框中，设置刀具参数，如图10-172所示。

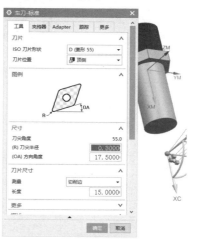

图10-172　设置刀具参数

04 打开【创建几何体】对话框，选择几何体类型，如图10-173所示。

图10-173　创建几何体

05 在弹出的【车削工件】对话框中，设置部件和毛坯参数，如图10-174所示。

图10-174　设置车削工件

06 打开【创建工序】对话框，设置外径粗车工序参数，如图10-175所示。

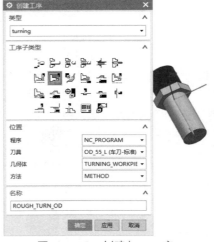

图10-175　创建加工工序

07 在弹出的【外径粗车】对话框【刀轨设置】组中，设置刀轨加工参数，如图10-176所示，单击【生成】按钮 。至此完成螺纹接头加工，如图10-177所示。

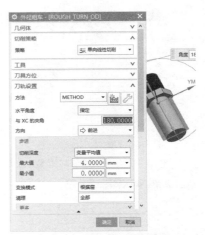

图10-176　设置加工参数

图10-177　完成螺纹接头加工

实例 268 　　　　案例源文件：ywj/10/268.prt

螺栓加工

01 打开【加工环境】对话框，设置车削加工和参数，如图10-178所示，单击【确定】按钮。

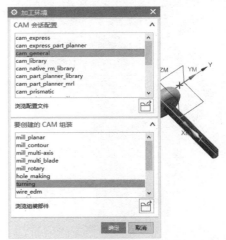

图10-178　设置加工环境

02 打开【创建刀具】对话框，选择左车刀刀具类型，如图10-179所示。

03 在弹出的【车刀-标准】对话框中，设置刀具参数，如图10-180所示。

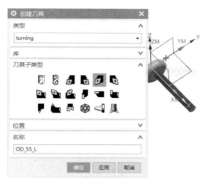

图10-179　创建刀具

图10-180　设置刀具参数

04 打开【创建几何体】对话框，选择几何体类型，如图10-181所示。

图10-181　创建几何体

05 在弹出的【车削工件】对话框中，设置部件和毛坯参数，如图10-182所示。

06 单击【主页】选项卡【插入】组中的【创建工序】按钮，打开【创建工序】对话框，设置外径精车工序参数，如图10-183所示。

07 在弹出的【外径精车】对话框【刀轨设置】组中，设置刀轨加工参数，如图10-184所示，单击【生成】按钮。至此完成螺栓加工，如

图10-185所示。

图10-182　设置车削工件

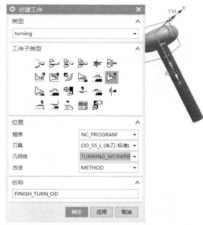

图10-183　创建加工工序

图10-184　设置加工参数

图10-185　完成螺栓加工

第 **11** 章 综合实例

绘制盘形凸轮

01 单击【主页】选项卡【直接草图】组中的【圆】按钮◯，绘制直径60和200的同心圆形，如图11-1所示。

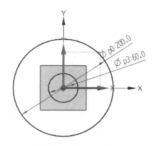

图11-1　绘制直径60和200的同心圆

02 单击【主页】选项卡【特征】组中的【拉伸】按钮，拉伸距离为20，创建拉伸特征，如图11-2所示。

图11-2　拉伸草图

03 绘制直径100的圆形，如图11-3所示。

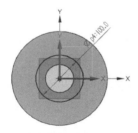

图11-3　绘制直径100的圆形

04 绘制直线并修剪，如图11-4所示。

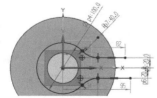

图11-4　绘制直线草图并修剪

05 创建基准平面，如图11-5所示。

图11-5　创建基准平面

06 再绘制直径10的圆形，如图11-6所示。

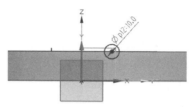

图11-6　绘制直径10的圆形

07 单击【曲面】选项卡【曲面】组中的【扫掠】按钮，创建扫掠切除特征，如图11-7所示。

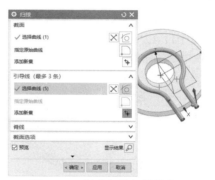

图11-7　创建扫掠切除特征

08 单击【主页】选项卡【特征】组中的【减去】按钮，创建布尔减运算，如图11-8所示。

图11-8　创建布尔减运算

09 绘制直径60和80的圆形，如图11-9所示。

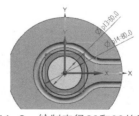

图11-9　绘制直径60和80的同心圆

⑩ 创建拉伸特征，拉伸距离为10，如图11-10所示。

图11-10　拉伸草图

⑪ 绘制8×30的矩形，如图11-11所示。

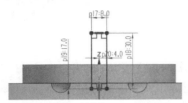

图11-11　绘制8×30的矩形

⑫ 创建拉伸切除特征，拉伸距离为140，形成凹槽，如图11-12所示。

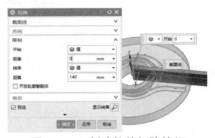

图11-12　创建拉伸切除特征

⑬ 创建边倒圆特征，半径为4，如图11-13所示。

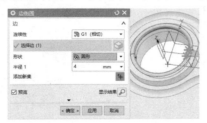

图11-13　创建半径4的边倒圆

⑭ 绘制6个直径20的圆形，如图11-14所示。

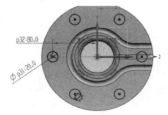

图11-14　绘制圆形草图

⑮ 创建拉伸切除特征，拉伸距离为140，形成孔，如图11-15所示。

图11-15　创建拉伸切除特征

⑯ 绘制两个矩形，如图11-16所示。

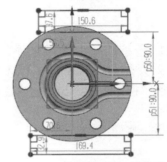

图11-16　绘制两个矩形草图

⑰ 创建拉伸切除特征，拉伸距离为140，形成缺口，如图11-17所示。至此完成盘形凸轮模型，结果如图11-18所示。

图11-17　创建拉伸切除特征

图11-18　完成盘形凸轮模型

实例 270

⊙ 案例源文件·ywj/11/270.prt

绘制十字卡箍

01 绘制三角形，如图11-19所示。

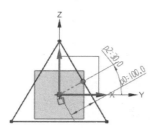

图11-19　绘制三角形

02 创建拉伸特征，拉伸距离为2000，如图11-20所示。

图11-20　拉伸草图

03 绘制直径800的圆形，如图11-21所示。

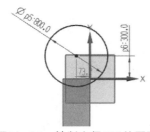

图11-21　绘制直径800的圆形

04 创建拉伸特征，拉伸距离为40，如图11-22所示。

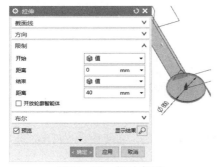

图11-22　拉伸草图

05 绘制三角形，如图11-23所示。

图11-23　绘制三角形

06 创建拉伸切除特征，拉伸距离为300，形成缺口，如图11-24所示。

图11-24　创建拉伸切除特征

07 创建孔特征，直径400，如图11-25所示。

图11-25　创建孔特征

08 单击【主页】选项卡【特征】组中的【阵列特征】按钮⚙，为孔创建圆形阵列特征，如图11-26所示。

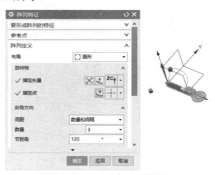

图11-26　创建阵列特征

09 单击【主页】选项卡【特征】组中的【合并】按钮📦，创建布尔加运算，如图11-27所示。

图11-27 创建布尔加运算

10 绘制300×300的矩形，如图11-28所示。

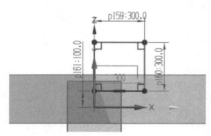

图11-28 绘制300×300的矩形

11 旋转草图，创建旋转切除特征，如图11-29所示。至此完成十字卡箍模型，结果如图11-30所示。

图11-29 创建旋转切除特征

图11-30 完成十字卡箍模型

绘制抓手

01 绘制直径70的圆形，如图11-31所示。

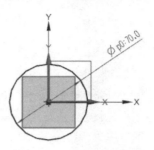

图11-31 绘制直径70的圆形

02 创建拉伸特征，拉伸距离为100，如图11-32所示。

图11-32 拉伸草图

03 绘制钩形草图，如图11-33所示。

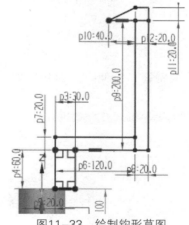

图11-33 绘制钩形草图

04 创建拉伸特征，拉伸距离为10，形成抓手臂，如图11-34所示。

图11-34 拉伸草图

05 为抓手臂创建圆形阵列特征，如图11-35所示。至此完成抓手模型，结果如图11-36所示。

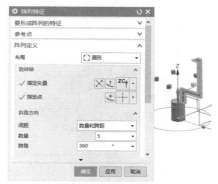

图11-35 创建阵列特征

图11-36 完成抓手模型

实例 272　● 案例源文件：ywj/11/272.prt
绘制固定座模具

01 绘制100×100的矩形，如图11-37所示。

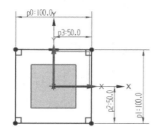

图11-37 绘制100×100的矩形

02 创建拉伸特征，拉伸距离为10，如图11-38所示。

图11-38 拉伸草图

03 绘制偏置距离为10的矩形并倒圆角，如图11-39所示。

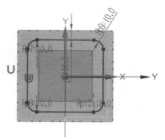

图11-39 绘制矩形并倒圆角

04 创建拉伸特征，拉伸距离为10，如图11-40所示。

图11-40 拉伸草图

05 绘制4个直径18的圆形和1个直径40的圆形，如图11-41所示。

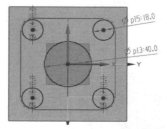

图11-41 绘制5个圆形草图

06 绘制圆的切线并进行修剪，如图11-42所示。

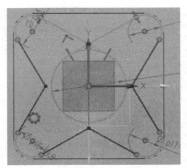

图11-42 绘制切线并修剪

07 创建拉伸特征，拉伸距离为20，形成凸模，如图11-43所示。

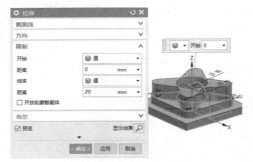

图11-43 拉伸草图

08 创建孔特征，直径为10，如图11-44所示。

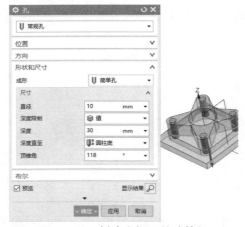

图11-44 创建直径10的孔特征

09 绘制直线和圆弧草图，如图11-45所示。

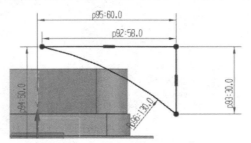

图11-45 绘制直线和圆弧草图

10 旋转上步绘制的草图，创建旋转切除特征，如图11-46所示。至此完成固定座模具模型，结果如图11-47所示。

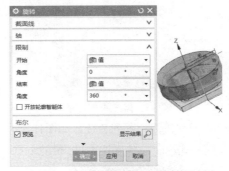

图11-46 创建旋转切除特征

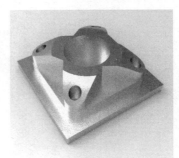

图11-47 完成固定座模具模型

01 绘制直径95和100的同心圆形，如图11-48所示。

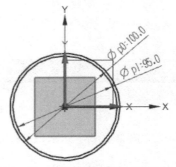

图11-48 绘制直径95和100的同心圆

02 创建拉伸特征，拉伸距离为240，如图11-49所示。

03 绘制180×120的矩形，如图11-50所示。

04 创建拉伸特征，拉伸距离为200，如图11-51所示。

图11-49 拉伸草图

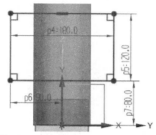

图11-50 绘制180×120的矩形

图11-51 拉伸草图

05 创建4个倒斜角特征，如图11-52所示。

图11-52 创建4个倒斜角

06 绘制两个非对称倒斜角，如图11-53所示。

图11-53 创建两个非对称斜角

07 再绘制两个矩形草图，如图11-54所示。

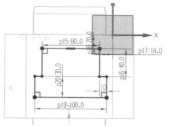

图11-54 绘制矩形草图

08 创建拉伸切除特征，拉伸距离为270，形成通孔，如图11-55所示。

图11-55 创建拉伸切除特征

09 继续创建孔特征，直径为80，如图11-56所示。至此完成连接箱体模型，结果如图11-57所示。

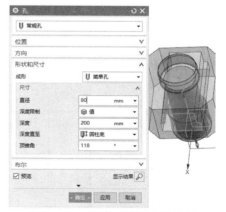

图11-56 创建直径80的孔特征

图11-57 完成连接箱体模型

绘制轴心零件

01 绘制100×100的矩形，如图11-58所示。

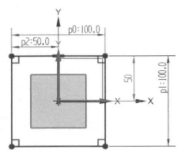

图11-58　绘制100×100的矩形

02 创建拉伸特征，拉伸距离为140，如图11-59所示。

图11-59　拉伸草图

03 再绘制两个矩形，如图11-60所示。

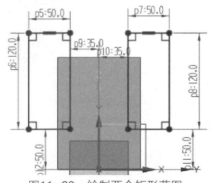

图11-60　绘制两个矩形草图

04 创建拉伸切除特征，拉伸距离为280，形成槽，如图11-61所示。

05 绘制圆形和矩形草图，如图11-62所示。

06 创建拉伸特征，拉伸距离为10，形成固定座，如图11-63所示。

07 创建倒斜角特征，如图11-64所示。

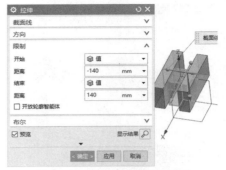

图11-61　创建拉伸切除特征

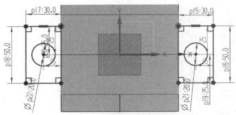

图11-62　绘制矩形和圆形草图

图11-63　拉伸草图

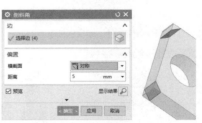

图11-64　创建倒斜角

08 绘制30×80的矩形，如图11-65所示。

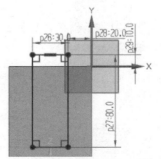

图11-65　绘制30×80的矩形

09 创建拉伸切除特征，拉伸距离为100，形成槽，如图11-66所示。

图11-66　创建拉伸切除特征

10 绘制100×40的矩形，如图11-67所示。

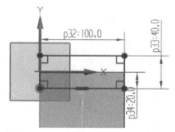

图11-67　绘制100×40的矩形

11 创建拉伸特征，拉伸距离为80，如图11-68所示。

图11-68　拉伸草图

12 创建倒斜角特征，如图11-69所示。

图11-69　创建倒斜角

13 绘制圆形和矩形草图，如图11-70所示。

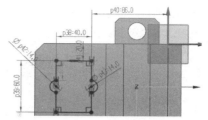

图11-70　绘制矩形和圆形草图

14 创建拉伸切除特征，拉伸草图距离为80，形成凹槽，如图11-71所示。至此完成轴心零件模型，结果如图11-72所示。

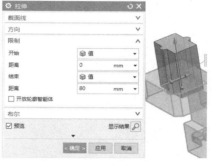

图11-71　创建拉伸切除特征

图11-72　完成轴心零件模型

实例 275　⊕ 案例源文件：ywj/11/275.prt

绘制操作杆

01 绘制直径40的圆形，如图11-73所示。

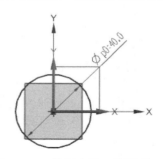

图11-73　绘制直径40的圆形

02 创建基准平面，如图11-74所示。

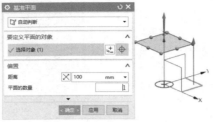

图11-74　创建基准平面

03 在基准平面上绘制直径50的圆形，如图11-75所示。

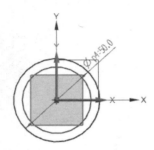

图11-75　绘制直径50的圆形

04 创建通过曲线组的特征，如图11-76所示。

图11-76　创建通过曲线组的特征

05 绘制直径60的圆形，如图11-77所示。

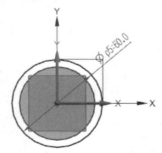

图11-77　绘制直径60的圆形

06 创建拉伸特征，拉伸距离为20，如图11-78所示。

图11-78　拉伸草图

07 再绘制直径50的圆形，如图11-79所示。

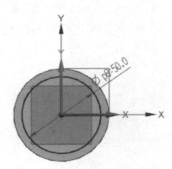

图11-79　绘制直径50的圆形

08 创建拉伸特征，拉伸距离为80，如图11-80所示。

图11-80　拉伸草图

09 创建边倒圆特征，半径为10，如图11-81所示。

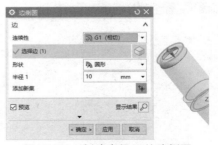

图11-81　创建半径10的边倒圆

10 绘制10×5的矩形，如图11-82所示。

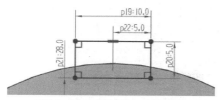

图11-82 绘制10×5的矩形

11 创建拉伸特征,拉伸距离为20,形成键,如图11-83所示。

图11-83 拉伸草图

12 创建边倒圆特征,半径为2,如图11-84所示。

图11-84 创建半径2的边倒圆

13 再次创建边倒圆特征,半径为1,如图11-85所示。

图11-85 创建半径1的边倒圆

14 单击【主页】选项卡【特征】组中的【阵列特征】按钮 🔩,创建线性阵列特征,如图11-86所示。至此完成操作杆模型,结果如图11-87所示。

图11-86 创建阵列特征

图11-87 完成操作杆模型

实例 276 ● 案例源文件:ywj/11/276.prt
绘制支架座

01 绘制圆形和矩形草图并修剪,如图11-88所示。

图11-88 绘制矩形和圆形并修剪

02 创建拉伸特征,拉伸距离为80,如图11-89所示。

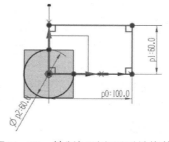

图11-89 拉伸草图

03 绘制140×60的矩形，如图11-90所示。

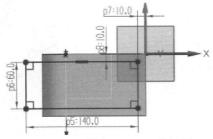

图11-90　绘制140×60的矩形

04 创建拉伸切除特征，拉伸距离为50，形成槽，如图11-91所示。

图11-91　创建拉伸切除特征

05 绘制直径40的圆形，如图11-92所示。

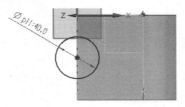

图11-92　绘制直径40的圆形

06 创建拉伸切除特征，拉伸距离为50，形成缺口，如图11-93所示。

图11-93　创建拉伸切除特征

07 绘制直径20的圆形，如图11-94所示。

08 创建拉伸特征，拉伸距离为70，如图11-95

所示。

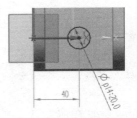

图11-94　绘制直径20的圆形

图11-95　拉伸草图

09 绘制六边形，如图11-96所示。

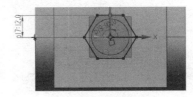

图11-96　绘制六边形

10 创建拉伸特征，拉伸距离为10，形成螺母头，如图11-97所示。

图11-97　拉伸草图

11 再绘制直径20的圆形，如图11-98所示。

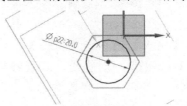

图11-98　绘制直径20的圆形

12 创建拉伸特征，拉伸距离为40，如图11-99所示。

图11-99　拉伸草图

13 单击【主页】选项卡【特征】组中的【螺纹刀】按钮■，打开【螺纹铣削】对话框，创建螺纹特征，如图11-100所示。至此完成支架座模型，结果如图11-101所示。

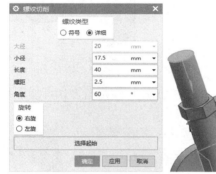

图11-100　创建螺纹切削

图11-101　完成支架座模型

实例 277
案例源文件：ywj/11/277.prt

绘制自锁挂件

01 绘制矩形和圆弧草图并进行修剪，如图11-102所示。

02 旋转草图，创建旋转特征，如图11-103所示。

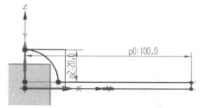

图11-102　绘制100×20的矩形和圆弧并修剪

图11-103　创建旋转特征

03 创建孔特征，直径为20，如图11-104所示。

图11-104　创建直径20的孔特征

04 单击【主页】选项卡【特征】组中的【阵列特征】按钮▦，为孔创建圆形阵列特征，如图11-105所示。

图11-105　创建阵列特征

05 绘制直径20的圆形，如图11-106所示。

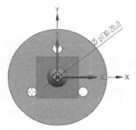

图11-106　绘制直径20的圆形

06 创建拉伸特征，拉伸距离为60，如图11-107所示。

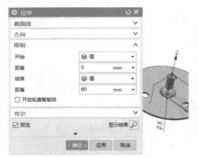

图11-107　拉伸草图

07 绘制4个矩形，如图11-108所示。

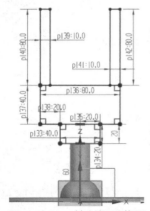

图11-108　绘制矩形草图

08 创建拉伸特征，拉伸矩形距离为60，形成挂件部分，如图11-109所示。

图11-109　拉伸草图

09 创建边倒圆特征，半径为10，如图11-110所示。

图11-110　创建半径10的边倒圆

10 绘制偏置矩形和半圆，如图11-111所示。

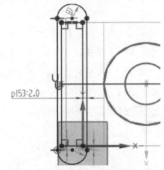

图11-111　绘制偏置矩形和半圆

11 创建拉伸特征，拉伸距离为10，如图11-112所示。

图11-112　拉伸草图

12 单击【主页】选项卡【特征】组中的【阵列特征】按钮，创建线性阵列特征，如图11-113所示。

图11-113　创建阵列特征

13 单击【主页】选项卡【特征】组中的【镜像特征】按钮，创建镜像特征，如图11-114所示。至此完成自锁挂件模型，结果如图11-115所示。

图11-114　镜像特征

图11-115　完成自锁挂件模型

实例 278　案例源文件：ywj/11/278.prt

绘制胶底座

01 绘制梯形草图，如图11-116所示。

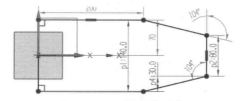

图11-116　绘制梯形草图

02 创建拉伸特征，拉伸距离为20，如图11-117所示。

图11-117　拉伸草图

03 创建边倒圆特征，半径为20，如图11-118所示。

图11-118　创建半径20的边倒圆

04 绘制矩形草图并进行倒圆角，如图11-119所示。

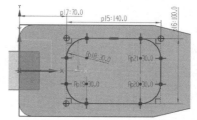

图11-119　绘制矩形并倒圆角

05 绘制偏置曲线，如图11-120所示。

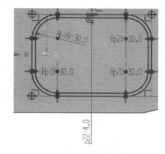

图11-120　绘制偏置草图

06 创建拉伸特征，拉伸距离为60，形成槽，如图11-121所示。

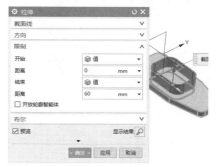

图11-121　拉伸草图

07 再绘制3个矩形，如图11-122所示。

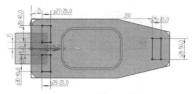

图11-122　绘制3个矩形

08 绘制端头圆形并进行修剪，如图11-123所示。

图11-123　绘制圆形并修剪

09 创建拉伸切除特征，拉伸距离为60，形成槽孔，如图11-124所示。

图11-124　创建拉伸切除特征

10 绘制斜线草图，如图11-125所示。

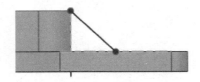

图11-125　绘制斜线

11 使用斜线草图创建筋板特征，如图11-126所示。至此完成胶底座模型，结果如图11-127所示。

图11-126　创建筋板特征

图11-127　完成胶底座模型

实例 279　●案例源文件　ywj/11/279.prt

绘制自定心卡盘

01 绘制三角形，如图11-128所示。

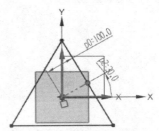

图11-128　绘制三角形

02 创建拉伸特征，拉伸距离为10，如图11-129所示。

图11-129　拉伸草图

03 创建倒斜角特征，如图11-130所示。

图11-130　创建倒斜角

04 再绘制三角形，如图11-131所示。

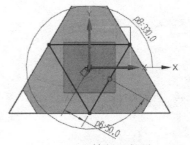

图11-131　绘制三角形

05 创建拉伸特征，拉伸距离为50，如图11-132所示。

图11-132 拉伸草图

06 创建倒斜角特征，如图11-133所示。

图11-133 创建倒斜角

07 绘制长55的矩形，如图11-134所示。

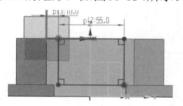

图11-134 绘制长55的矩形

08 创建拉伸特征，拉伸距离为200，如图11-135所示。

图11-135 拉伸草图

09 绘制30×20的矩形，如图11-136所示。

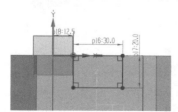

图11-136 绘制30×20的矩形

10 创建拉伸切除特征，拉伸距离为200，形成槽，如图11-137所示。

图11-137 创建拉伸切除特征

11 单击【主页】选项卡【特征】组中的【阵列特征】按钮，为槽创建圆形阵列特征，如图11-138所示。

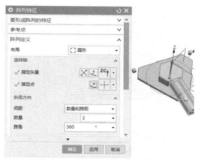

图11-138 创建阵列特征

12 最后创建沉头孔特征，如图11-139所示。至此完成自定心卡盘模型，结果如图11-140所示。

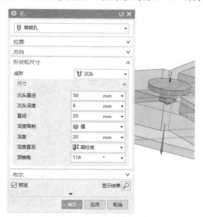

图11-139 创建沉头孔

图11-140 完成自定心卡盘模型

绘制槽零件

01 绘制圆形和矩形草图并进行修剪，如图11-141所示。

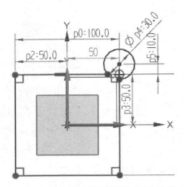

图11-141 绘制矩形和圆形草图并修剪

02 创建拉伸特征，拉伸距离为50，如图11-142所示。

图11-142 拉伸草图

03 创建孔特征，直径为20，如图11-143所示。

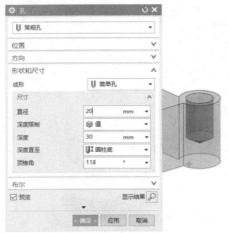

图11-143 创建直径20的孔

04 创建倒斜角特征，如图11-144所示。

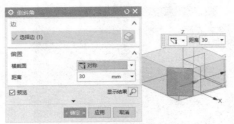

图11-144 创建倒斜角

05 绘制两个矩形，如图11-145所示。

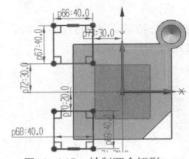

图11-145 绘制两个矩形

06 创建拉伸切除特征，拉伸距离为60，形成缺口，如图11-146所示。

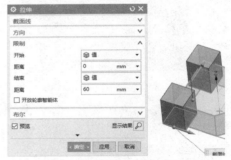

图11-146 创建拉伸切除特征

07 再绘制两个矩形并修剪，如图11-147所示。

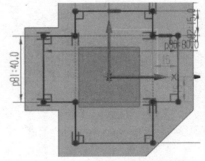

图11-147 绘制矩形草图并修剪

08 创建拉伸切除特征，拉伸距离为60，形成空心槽，如图11-148所示。

09 创建沉头孔特征，如图11-149所示。至此完成槽零件模型，结果如图11-150所示。

图11-148　创建拉伸切除特征

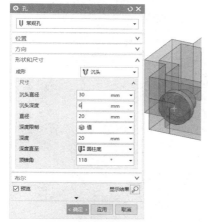

图11-149　创建沉头孔

图11-150　完成槽零件模型

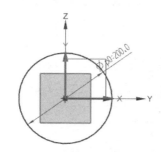

实例 281　　　案例源文件：ywj/11/281.prt

绘制风机壳

01 绘制直径200的圆形草图，如图11-151所示。

图11-151　绘制直径200的圆形

02 创建拉伸特征，拉伸距离为100，如图11-152所示。

图11-152　拉伸草图

03 创建边倒圆特征，半径为10，如图11-153所示。

图11-153　创建半径10的边倒圆

04 绘制半径180的圆弧，如图11-154所示。

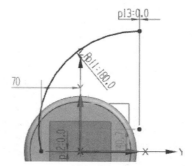

图11-154　绘制半径180的圆弧

05 创建基准平面，如图11-155所示。

图11-155　创建基准平面

06 在基准平面上绘制直径100的圆形，如图11-156所示。

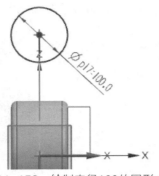

图11-156　绘制直径100的圆形

07 创建扫掠特征，如图11-157所示。

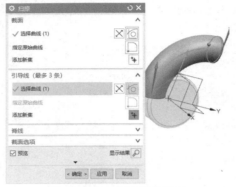

图11-157　创建扫掠特征

08 创建边倒圆特征，半径为20，如图11-158所示。

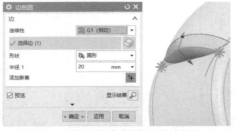

图11-158　创建半径20的边倒圆

09 创建抽壳特征，如图11-159所示。

图11-159　创建抽壳特征

10 绘制直径50的圆形，如图11-160所示。

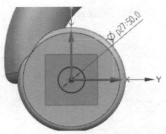

图11-160　绘制直径50的圆形

11 创建拉伸切除特征，拉伸距离为200，形成孔，如图11-161所示。至此完成风机壳模型，结果如图11-162所示。

图11-161　创建拉伸切除特征

图11-162　完成风机壳模型

01 绘制50×50的矩形草图，如图11-163所示。

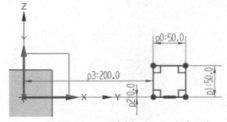

图11-163　绘制50×50的矩形

02 旋转草图，创建旋转特征，如图11-164所示。

图11-164　创建旋转特征

03 绘制扇形草图，如图11-165所示。

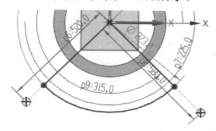

图11-165　绘制扇形草图

04 创建拉伸切除特征，拉伸距离为200，形成缺口，如图11-166所示。

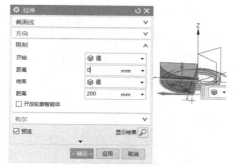

图11-166　创建拉伸切除特征

05 再绘制直径30的圆形，如图11-167所示。

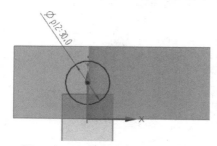

图11-167　绘制直径30的圆形

06 旋转圆形草图，创建旋转切除特征，如图11-168所示。

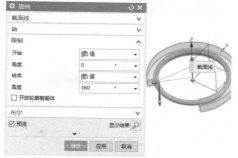

图11-168　创建旋转切除特征

07 创建基准平面，如图11-169所示。

图11-169　创建基准平面

08 在基准平面上绘制40×100的矩形，如图11-170所示。

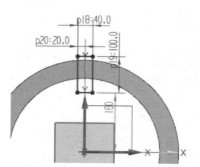

图11-170　绘制40×100的矩形

09 创建拉伸切除特征，拉伸距离为8，形成安装槽，如图11-171所示。

图11-171　创建拉伸切除特征

10 创建孔特征，直径为20，如图11-172所示。

图11-172　创建直径20的孔

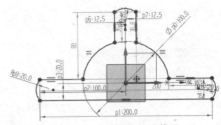

图11-175　绘制凸形草图

11 单击【主页】选项卡【特征】组中的【阵列特征】按钮❀，为孔创建圆形阵列特征，如图11-173所示。至此完成轴承圈模型，结果如图11-174所示。

02 创建拉伸特征，拉伸距离为10，如图11-176所示。

图11-173　创建阵列特征

图11-176　拉伸草图

03 创建孔特征，直径为10，如图11-177所示。

图11-174　完成轴承圈模型

图11-177　创建直径10的孔

04 绘制槽图形，如图11-178所示。

实例 283　⊙ 案例源文件：ywj/11/283.prt

绘制定位轴零件

01 绘制凸形草图，如图11-175所示。

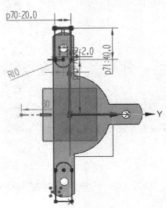

图11-178　绘制槽图形

UG NX 12 完全实训手册

05 创建拉伸切除特征，拉伸距离为4，形成安装槽，如图11-179所示。

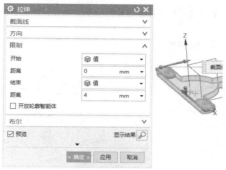

图11-179　创建拉伸切除特征

06 绘制直径70和90的同心圆形，如图11-180所示。

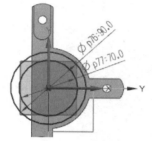

图11-180　绘制直径70和90的同心圆

07 创建拉伸特征，拉伸距离为60，如图11-181所示。至此完成定位轴零件模型，如图11-182所示。

图11-181　拉伸草图

图11-182　完成定位轴零件模型

实例 284　⊕案例源文件：ywj/11/284.prt
绘制传动轮配件

01 绘制直径50的圆形，如图11-183所示。

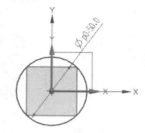

图11-183　绘制直径50的圆形

02 创建拉伸特征，拉伸距离为100，如图11-184所示。

图11-184　拉伸草图

03 再绘制直径4的圆形，如图11-185所示。

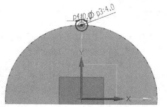

图11-185　绘制直径4的圆形

04 创建拉伸特征，拉伸距离为100，如图11-186所示。

图11-186　拉伸草图

05 单击【主页】选项卡【特征】组中的【阵列特征】按钮🔩，为圆柱创建圆形阵列特征，如图11-187所示。

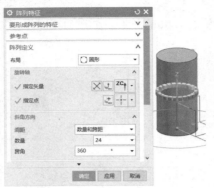

图11-187　创建阵列特征

06 绘制直径100的圆形，如图11-188所示。

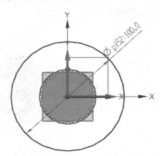

图11-188　绘制直径100的圆形

07 创建拉伸特征，拉伸距离为20，如图11-189所示。

图11-189　拉伸草图

08 绘制直径10的圆形，如图11-190所示。

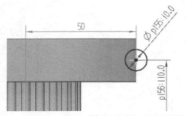

图11-190　绘制直径10的圆形

09 旋转草图，创建旋转切除特征，如图11-191所示。

图11-191　创建旋转切除特征

10 绘制直径40的圆形，如图11-192所示。

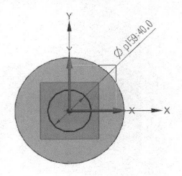

图11-192　绘制直径40的圆形

11 创建拉伸特征，拉伸距离为20，拔模角度为25°，如图11-193所示。

图11-193　拉伸草图

12 继续创建拉伸特征，拉伸距离为80，如图11-194所示。

13 绘制斜线，如图11-195所示。

14 单击【主页】选项卡【特征】组中的【筋

板】按钮 ，创建筋板特征，如图11-196所示。

图11-194 拉伸模型边线

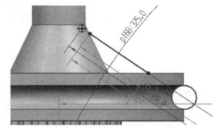

图11-195 绘制斜线

图11-196 创建筋板特征

15 单击【主页】选项卡【特征】组中的【倒斜角】按钮，创建倒斜角特征，如图11-197所示。至此完成传动轮配件模型，结果如图11-198所示。

图11-197 创建倒斜角

图11-198 完成传动轮配件模型

实例 285 ⊕ 案例源文件：ywj/11/285.prt

绘制风扇组

01 绘制200×100的矩形，如图11-199所示。

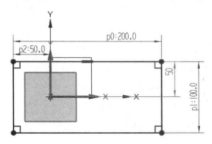

图11-199 绘制200×100的矩形

02 创建拉伸特征，拉伸距离为20，如图11-200所示。

图11-200 拉伸草图

03 创建边倒圆特征，半径为4，如图11-201所示。

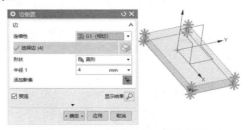

图11-201 创建半径4的边倒圆

04 绘制两个直径90的圆形，如图11-202所示。

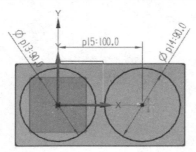

图11-202 绘制直径90的两个圆形

05 创建拉伸切除特征，拉伸距离为16，形成凹槽，如图11-203所示。

图11-203 创建拉伸切除特征

06 绘制直线和圆形草图，如图11-204所示。

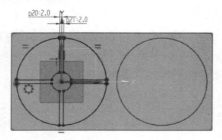

图11-204 绘制直线和圆形草图

07 创建拉伸切除特征，拉伸距离为16，形成支撑筋，如图11-205所示。

图11-205 创建拉伸切除特征

08 绘制直径12的圆形，如图11-206所示。

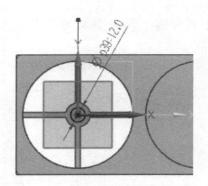

图11-206 绘制直径12的圆形

09 创建拉伸特征，拉伸距离为16，形成中间的轴，如图11-207所示。

图11-207 拉伸草图

10 绘制直线，如图11-208所示。

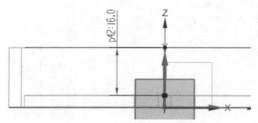

图11-208 在ZX面绘制直线

11 然后绘制斜线，如图11-209所示。

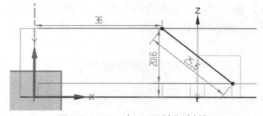

图11-209 在YX面绘制斜线

12 单击【曲面】选项卡【曲面】组中的【通过曲线组】按钮，创建通过曲线组特征，如图11-210所示。

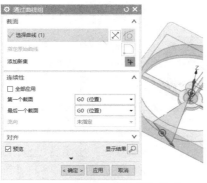

图11-210 创建通过曲线组的曲面

13 加厚曲面形成实体，如图11-211所示。

14 为曲面体创建圆形阵列特征，如图11-212所示。

图11-211 创建加厚特征

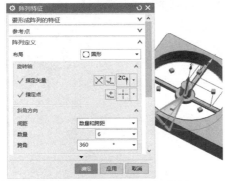

图11-212 创建圆形阵列特征

15 创建线性阵列特征，形成另一个风扇组，如图11-213所示。至此完成风扇组模型，结果如图11-214所示。

图11-213 创建线性阵列特征

图11-214 完成风扇组模型

实例 286　　◉ 案例源文件：ywj/11/286.prt

绘制冷凝器

01 绘制200×40的矩形，如图11-215所示。

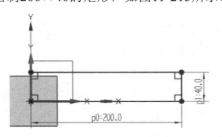

图11-215 绘制200×40的矩形

02 创建拉伸特征，拉伸距离为6，如图11-216所示。

图11-216 拉伸草图

03 再绘制两个矩形，如图11-217所示。

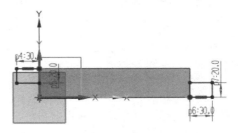

图11-217 绘制两个矩形

04 创建拉伸特征，拉伸距离为8，如图11-218所示。

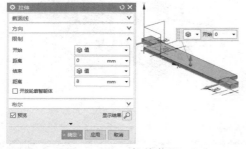

图11-218 拉伸草图

05 绘制两个直径10的圆形，如图11-219所示。

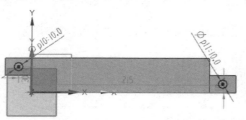

图11-219 绘制两个直径10的圆形

06 创建拉伸特征，拉伸距离为40，形成安装座，如图11-220所示。

图11-220 拉伸草图

07 创建基准平面，如图11-221所示。

图11-221 创建基准平面

08 在基准平面上绘制直线草图并倒圆角，如图11-222所示。

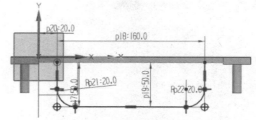

图11-222 绘制直线图形并倒圆角

09 再绘制直径10的圆形，如图11-223所示。

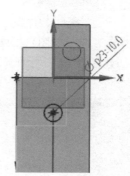

图11-223 绘制直径10的圆形

10 单击【曲面】选项卡【曲面】组中的【扫掠】按钮，创建扫掠特征，如图11-224所示。

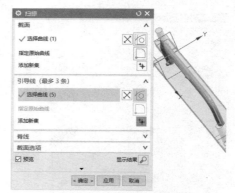

图11-224 创建扫掠特征

11 绘制1×30的矩形，如图11-225所示。

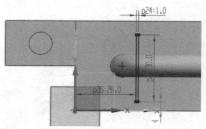

图11-225 绘制1×30的矩形

12 创建拉伸特征，拉伸距离为80，形成翅片，如图11-226所示。

图11-226　拉伸草图

13 单击【主页】选项卡【特征】组中的【阵列特征】按钮 ，为翅片创建线性阵列特征，如图11-227所示。至此完成冷凝器模型，结果如图11-228所示。

图11-227　创建阵列特征

图11-228　完成冷凝器模型

实例 287　　⊕ 案例源文件　ywj/11/287.prt

绘制格栅

01 绘制200×160的矩形，如图11-229所示。
02 创建拉伸特征，拉伸距离为10，如图11-230所示。

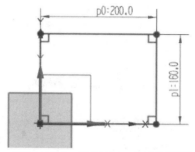

图11-229　绘制200×160的矩形

图11-230　拉伸草图

03 再绘制140×20的矩形，如图11-231所示。

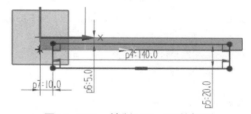

图11-231　绘制140×20的矩形

04 创建拉伸切除特征，拉伸距离为220，如图11-232所示。

图11-232　创建拉伸切除特征

05 绘制菱形草图，如图11-233所示。
06 创建拉伸切除特征，拉伸距离为220，形成格栅，如图11-234所示。

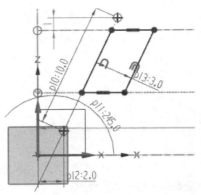

图11-233　绘制菱形草图

图11-234　创建拉伸切除特征

07 创建格栅的线性阵列特征，如图11-235所示。

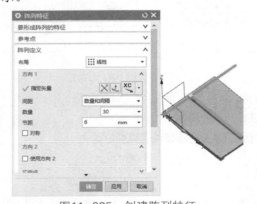

图11-235　创建阵列特征

08 绘制两个矩形，如图11-236所示。

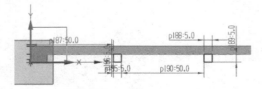

图11-236　绘制两个矩形

09 创建拉伸特征，拉伸距离为200，形成加强筋，如图11-237所示。至此完成格栅模型，结果如图11-238所示。

图11-237　拉伸草图

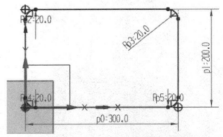

图11-238　完成格栅模型

实例 288

案例源文件：ywj/11/288.prt

绘制电池组壳体

01 绘制矩形并倒圆角，如图11-239所示。

图11-239　绘制矩形并倒圆角

02 创建拉伸特征，拉伸距离为20，如图11-240所示。

图11-240　拉伸草图

03 再绘制4个矩形，如图11-241所示。

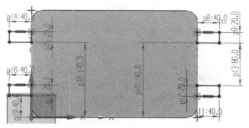

图11-241 绘制4个矩形

04 创建拉伸特征，拉伸距离为4，形成引出端口，如图11-242所示。

图11-242 拉伸草图

05 绘制60×120的矩形，如图11-243所示。

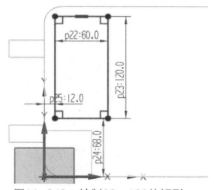

图11-243 绘制60×120的矩形

06 创建拉伸特征，拉伸距离为30，如图11-244所示。

图11-244 拉伸草图

07 创建倒斜角特征，如图11-245所示。

图11-245 创建倒斜角

08 绘制矩形并倒圆角，如图11-246所示。

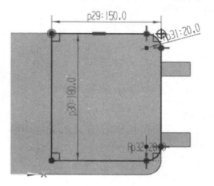

图11-246 绘制矩形并倒圆角

09 创建拉伸特征，拉伸距离为20，如图11-247所示。

图11-247 拉伸草图

10 创建倒斜角特征，如图11-248所示。

图11-248 创建倒斜角

11 绘制7个直径8的圆形，如图11-249所示。

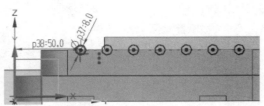

图11-249　绘制圆形草图

⓬创建拉伸特征，拉伸距离为100，如图11-250
所示。至此完成电池组壳体模型，结果如
图11-251所示。

图11-250　拉伸草图

图11-251　完成电池组壳体模型